职业教育食品类专业系列教材

食品安全快速检测技术

第三版

陈祖满　程春梅　主编

叶素丹　主审

SHIPIN ANQUAN
KUAISU JIANCE
JISHU

化学工业出版社

·北京·

内容简介

《食品安全快速检测技术》（第三版）比较系统地介绍了目前国内外关于食品安全检测中适用于现场快速检测的技术和常见检测指标，从实践教学入手，按照案例教学的方式编写。全书主要内容包括：绪论、快速检测技术分类、农药残留快速检测技术、兽药残留快速检测技术、重金属污染快速检测技术、食品添加物快速检测技术、食品微生物快速检测技术、生物毒素快速检测技术、包装材料有害释出物快速检测技术。附录列表描述了 17 大类食品及食品生产加工环节在安全性检测中有关快速检测的主要项目，并列出有关标准（国际级、国家级）中关于食品中有害物质的容许量指标，供读者参考。每个模块内容包括背景知识、快速检测技术的设计原理、快速检测的项目类别、思考题、实验实训等，方便各院校在实际教学中灵活使用。教材有机融入职业素养内容，落实立德树人根本任务；配套视频、动画以及仿真软件相关数字资源，可扫描二维码学习参考；配有电子课件，可从 www.cipedu.com.cn 下载参考。

本书适合职业本科食品相关专业的学生使用，也适用于高职高专食品检验检测技术、食品质量与安全等相关专业，还可供有关技术人员参考。

图书在版编目（CIP）数据

食品安全快速检测技术 / 陈祖满，程春梅主编.
3 版. -- 北京：化学工业出版社，2025. 4. -- （职业教育食品类专业系列教材）. -- ISBN 978-7-122-47511-4

Ⅰ. TS207.3

中国国家版本馆 CIP 数据核字第 2025UG9745 号

责任编辑：迟　蕾　李植峰　　　　　　　装帧设计：王晓宇
责任校对：李露洁

出版发行：化学工业出版社（北京市东城区青年湖南街 13 号　邮政编码 100011）
印　　装：北京云浩印刷有限责任公司
787mm×1092mm　1/16　印张 14½　字数 355 千字　2025 年 6 月北京第 3 版第 1 次印刷

购书咨询：010-64518888　　　　　　　售后服务：010-64518899
网　　址：http://www.cip.com.cn
凡购买本书，如有缺损质量问题，本社销售中心负责调换。

定　　价：49.80 元

《食品安全快速检测技术》（第三版）编审人员

主　　编　陈祖满　程春梅

副 主 编　阎光宇　张怀辉　董　鹏　汤海青

编写人员　陈祖满（浙江药科职业大学）

　　　　　程春梅（浙江药科职业大学）

　　　　　阎光宇（厦门海洋职业技术学院）

　　　　　张怀辉（云南农业职业技术学院）

　　　　　董　鹏（北京电子科技职业学院）

　　　　　汤海青（浙江药科职业大学）

　　　　　杨　静（上海中侨职业技术大学）

　　　　　李　臣（浙江农业商贸职业学院）

　　　　　黄　昭（芜湖职业技术学院）

　　　　　曹小敏（浙江药科职业大学）

　　　　　陈智理（广西农业职业技术大学）

　　　　　崔惠玲（漯河职业技术学院）

　　　　　李晓华（新疆石河子职业技术学院）

　　　　　盛华栋（浙江方圆检测集团股份有限公司）

　　　　　张成林（北京欧贝尔软件技术开发有限公司）

　　　　　梁晶晶（浙江省食品药品检验研究院）

　　　　　张化梅（宁波美成生物科技有限公司）

主　　审　叶素丹（浙江经贸职业技术学院）

前　言

随着"健康中国"的深入推进，食品安全越来越受到人们的关注，同时也深刻影响着社会的和谐稳定和经济的健康发展。随着科技的飞速进步和全球化的不断深入，食品产业链的复杂性日益增加，食品安全风险呈现多样化、隐蔽化趋势，提高食品安全检测技术水平与能力和提升食品安全检测效率与准确性，已成为保障食品安全的关键所在。常规检测多采用质谱、色谱分析检测技术，虽然精度较高，但存在检测程序复杂、耗时较长、投入较大、技术要求高、检测范围小等缺点，无法实现现场快速检测和初步筛选，导致食品安全监测滞后。因此，快速、高效的检测技术成为食品安全预警前移、应对挑战的有效手段，本教材从实践教学入手，按照案例教学的方式编写，在第二版的基础上做了以下几方面的修订。

① 按照食品类职业本科专业人才培养目标要求进行了深化和拓展，增加课程思政元素和职业素养目标，落实立德树人根本任务。

② 融入数字化教学内容，系统地介绍目前国内外关于食品安全检测中适用于现场快速检测的最新技术和常见检测指标。

③ 根据最新的食品安全国家标准、行业标准、行业规范等，更新相关的内容，体现教材的与时俱进。

全书主要内容包括绪论、快速检测技术分类、农药残留快速检测技术、兽药残留快速检测技术、重金属污染快速检测技术、食品添加物快速检测技术、食品微生物快速检测技术、生物毒素快速检测技术、包装材料有害释出物快速检测技术。在附录中列表描述17大类食品及食品生产加工环节在安全性检测中有关快速检测的主要项目，并列出有关标准（国际级、国家级）中关于食品中有害物质容许量指标，为读者提供使用参考。此外，本书配有电子课件，可从 www.cipedu.com.cn 下载参考。

全书采用模块式编写。每个模块内容包括背景知识、快速检测技术的设计原理、快速检测的项目类别、思考题、实训等，方便各院校在实际教学中灵活使用。

　　本书适合职业本科食品相关专业的学生使用，也适用于高职高专食品检验检测技术、食品质量与安全等相关专业。因职业本科教育刚刚起步，还处于不断探索、不断总结与积累经验和不断完善过程中，因此本教材难免存有不妥之处，恳请各位专家、读者不吝赐教，以便在再版时完善、丰富内容体系。谢谢！

编者

2024 年 10 月

目录
CONTENTS

绪 论

知识与能力目标

1. 了解食品安全快速检测的意义和主要快速检验方法。
2. 掌握样品采集原则及采集技术。
3. 掌握检验结果表述的要求及检验报告的内容。

职业素养目标

1. 增强食品安全意识和社会责任意识。
2. 养成科学、严谨的职业素养。

一、食品安全快速检测的定义和发展背景

食品安全快速检测技术是食品安全保障的重要支撑。我国农产品、食品生产企业数量多、规模小、分散，法治和自律意识不强；加之我国人口众多，消费人群和渠道也多，因而造成了食品安全问题多发。除了环保因素和生产条件的客观因素外，大多源于对农药、兽药、添加剂等违用、滥用等违法行为所致。要从根本上解决我国的食品安全问题，就必须对食品的生产、加工、流通和销售等各环节实施全程管理和监控，而实验室检测方法和仪器很难及时、快速而全面地从各环节监控食品安全状况，这就需要先进的能够满足这一要求的快速、方便、准确、灵敏的食品安全分析检测技术。因此，近年来这类技术发展很快，尤其以现代生物技术为基础的食品安全快速检测技术发展最快。

1. 食品安全快速检测技术历史沿革

食品安全快速检测技术经历了从 20 世纪 80 年代最早的纸片发展到当今的便携式仪器，从简单的几个项目的快速检测发展到现在的上百个项目的快速检测，从初期的食物中毒突发现场处理到今天的全民食品安全预防。

食品安全快速检测技术经历 5 个阶段的变革：快速检测试剂（包括试剂盒和试纸）；快

速检测箱（包括试剂盒、试纸及辅助工具）；快速检测仪器（读数仪器和辅助仪器）；快速检测箱（包括试剂盒、试纸、辅助工具、读数仪器及辅助仪器）；快速检测车。

2. 食品安全快速检测的定义

食品安全快速检测没有经典的定义，是一种约定俗成的概念。即：包括样品制备在内，能够在短时间内出具检测结果的行为称之为快速检测。通常认为，理化检验方法一般在两个小时内能够出结果的即可视为快速方法；微生物检验方法与常规方法相比，能够缩短 1/2 或 1/3 时间出具具有判断性意义结果的方法即可视为快速方法；现场快速检测方法一般在 30min 内能够出结果，如果能够在十几分钟内甚至几分钟内出具结果的即是较好的方法。

3. 食品安全快速检测技术研究进展及应用

现场快速检测方法与国家标准方法和仪器法相比具有操作简单、快速的优点，但由于大多数快速检测方法在样品前处理、操作规范性方面还有许多待完善之处，目前还只能作为快速筛选的手段而不能作为最终诊断的依据，兼具快速和准确两大优点是快速检测方法追求的目标。随着高新技术的不断应用，目前的食品安全现场快速检测主要呈现 4 大趋势：①检测灵敏度越来越高，残留物的分析水平已达到 1μg；②检测速度不断加快；③选择性不断提高；④检测仪器向小型化、便携化方向发展，使实时、现场、动态、快速检测逐渐成为现实。针对我国的特殊国情，目前我国基层单位很多速测技术的应用还只处于定性或半定量水平，易用型的小型化仪器的应用是当前和今后快速检测技术的发展趋势。

(1) 免疫分析技术、生物化学技术和生物传感器技术

农药残留快速检测方法中主要采用的技术是免疫分析技术、生物化学技术和生物传感器技术。免疫分析技术在农药快速检测的应用研究中十分活跃，测定几十种农药的酶免疫检测试剂盒检测灵敏度高、检测快速（10min 出结果）、成本低、使用简便、安全可靠，操作人员不需特殊培训，样品不需净化，若配备小型光度计，在 1h 内即可同时完成 20 多个样品的检测，其可信度可达 95% 以上。胆碱酯酶抑制的生物化学技术可以用于检测有机磷和氨基甲酸酯类农药。如速测卡法、速测片法和农药残毒光度计法，这三种方法也是目前国内应用较多的方法。农药速测卡特别适用于对农贸市场上的蔬菜进行初筛。近年来，研制出的生物传感器在检测有机磷和氨基甲酸酯类农药残留时具有灵敏度高、选择性好和检出限低（$\times 10^{-6}$ 数量级）等特点。这些传感器检测速度快，几分钟内可同时检测几个样品，准确度高，经复活剂处理可反复使用。

(2) 酶联免疫吸附技术

用于抗生素残留的快速检测方法主要有酶联免疫吸附检测法（ELISA）、放射免疫检测法、免疫传感器和生物芯片等方法。兽药残留是食品安全问题中重要的问题之一。目前在食用动物的饲养和疾病防治中大量使用抗生素和甾体激素等药物的现象十分普遍，兽药残留包括抗生素和盐酸克伦特罗（瘦肉精）等残留。其中抗生素包括六大类 50 余种。目前 ELISA 试剂盒已得到广泛应用，国家市场监督管理总局推荐 ELISA 试剂盒作为动物激素和抗生素残留的首选筛选试剂。ELISA 试剂盒用于盐酸克伦特罗（CLB）的检测，其优点是灵敏度高、操作简便、检测迅速且价格便宜，缺点是仍不能实现现场检测并且假阳性率较高。

(3) 原子荧光光谱仪

原子荧光光谱仪是我国科学工作者发明的一种高效、灵敏、快速的有害元素污染物分析

仪器，已列入国家标准方法。目前已经用于食品中砷、铅、汞、铬、镉五大有害元素的检测。直接测汞仪可测定固体和液体中汞含量而不需要进行样品前处理，每一个样品可在 5～6min 内完成，检出限为 0.05ng 级。

（4）比色测定技术

我国农产品中化学有害物质和食品中添加剂的快速检测大都采用比色法，通过试纸或试管中被检测样品的溶液颜色变化实现样品定性或定量检测。

对于食品安全快速检测技术而言，残留分析包括样品前处理和检测两大基本主题。传统样品前处理技术主要是索氏提取、液液分配、柱色谱等，现代技术涉及固相萃取技术（SPE）、固相微萃取技术（SPME）、基体分散固相萃取（MSPD）、分子印迹技术（MIT）、免疫亲和色谱（IAC）、凝胶渗透色谱（GPC）、加速溶剂萃取（ASE）、超临界流体萃取技术（SFE）、微波辅助萃取（MAE）等，这些现代技术得到了广泛应用。快速检测技术通常采用化学和生物两方面分析技术。化学方面主要指化学检测试剂盒（试纸、卡）和电化学传感器等；生物方面包括免疫学方法、分子生物学技术、生物传感器技术和生物芯片等。

4. 食品安全快速检测技术在食品安全治理中的应用

我国食品及农产品品种和总体数量巨大，食品及农产品的生产、加工、流通和消费环节情况相对复杂，总体上呈现食品及农产品体量大、从业主体多、规模化程度不高、从业人员质量安全意识和管理技能参差不齐等现状，随着社会经济的不断发展，食品及农产品质量安全水平稳步提升，但仍然会出现一些食品安全风险事件，政府监管部门不断适应食品安全风险变化的形势，采取有效的治理手段，引导食品及农产品的生产、加工、流通和消费，同时，对违法犯罪行为予以打击，确保老百姓的餐桌安全。

（1）食品安全快速检测技术应用的法规基础

经过十几年的快速发展，食品安全快速检测技术逐步成为食品安全管理和食品安全风险防控的重要技术支撑之一。2018 年 12 月修正的《中华人民共和国食品安全法》第一百一十二条规定："县级以上人民政府食品药品监督管理部门在食品安全监督管理工作中可以采用国家规定的快速检测方法对食品进行抽查检测"，该条款正式给予食品安全快速检测技术在食品安全治理过程中的法律地位。同时，为了降低食品安全快速检测技术应用的风险，该法第八十八条规定："采用国家规定的快速检测方法对食用农产品进行抽查检测，被抽查人对检测结果有异议的，可以自收到检测结果时起四小时内申请复检。复检不得采用快速检测方法"，通过该条款的规定，进一步明确了食品安全快速检测技术的应用范围。在实际应用过程中，基于该法的规范和食品安全快速检测技术的特性，通常将食品安全快速检测技术作为一种快筛手段，参与到食品安全的治理工作过程中。采用食品安全快速检测技术进行快筛，获得高风险食品及农产品质量安全风险线索，在实验室方法监督抽检的过程中侧重高风险食品及农产品的抽检，有效地提高了监督抽检工作的靶向性，提升了不合格食品及农产品的检出率。

2017 年，国家食品药品监督管理总局陆续发布蔬菜中敌百虫、丙溴磷、灭多威、克百威、敌敌畏残留，动物源食品中克伦特罗、莱克多巴胺及沙丁胺醇，水产品中孔雀石绿、硝基呋喃类代谢物，食品中呕吐毒素、罗丹明 B、亚硝酸盐、吗啡、可待因，食用油中黄曲霉毒素 B_1、液体乳中黄曲霉毒素 M_1 等有毒有害物质的快速检测技术和产品标准，一方面，着手对食品安全快速检测产品进行了规范；另一方面，为食品安全快速检测技术的应用创造了更好的条件，推动了食品安全快速检测技术的科学发展。

（2）食品安全快速检测技术在农产品种植、养殖过程中的应用

由于食品安全快速检测技术具有操作简单、不受检测场所限制等特性，符合现场检测的需要，在实际应用过程中，种植、养殖企业或食品及农产品监管部门可以采用检测箱、便携式检测仪等快速检测产品，在田间、地头等现场开展快速检测，从源头着手进行食品安全风险防控。

（3）食品安全快速检测技术在食品及农产品流通环节的应用

近几年，全国各地在主要的食品及农产品交易市场建立了食品及农产品快速检测工作站，对进入市场交易的食品及农产品进行抽样检测，并及时将检测结果予以公示，有效地防范了有毒有害食品及农产品进入交易市场，提升了老百姓的食品及农产品消费信心。

（4）食品安全快速检测技术在餐饮及酒店食品安全风险防控中的应用

餐饮及酒店场所，特别是大中专院校、中小学、幼儿园食堂具有集中就餐人数多、备餐作业周期短、操作环境控制水平不一的特点。采用食品安全快速检测技术，一方面，加强对食品及农产品采购过程中的质量验收，把好入口关；另一方面，通过对加工环节过程中的工具、餐饮具的快速检测，促进后厨严格执行标准化作业流程，加强清洁和消毒，确保不发生群体性感染事件。

另外，重大活动的餐饮食品安全保障也往往采用食品安全快速检测技术作为重要的食品安全风险防控技术手段。最近几年，在我国举办的重大活动举办过程中均采用实验室抽检与快检结合的方式，有效地防范了食品安全事故的发生，确保重大活动的安全、有序召开。

（5）物联网、大数据等信息化技术与食品安全快速检测技术的结合

伴随着食品安全快速检测技术的发展，食品安全快速检测仪器装备也迎来了快速发展的机会，社会上不断出现一些物联网终端形式的食品安全快速检测和在线监测设备，即时反馈各环节食品及农产品质量安全现状，丰富了我国建立食品安全追溯系统的基础信息，并借助大数据的分析应用，更好地服务于食品安全风险防控。

展望未来，食品安全快速检测技术将更进一步成为食品从业主体履行主体责任和政府监管部门实施食品安全监管和风险防控的重要技术手段，区块链等新技术在食品安全快速检测和治理领域的出现，也将更好地为消费者创造参与食品安全社会共治的条件。总之，食品安全快速检测技术及其应用具有广阔的发展空间，努力从事食品安全快速技术的学习、研究和应用，将为我国食品及农产品质量安全水平的提升做出重要的贡献。

二、食品安全快速检测分类及测定原理

1. 食品安全快速检测分类

食品安全快速检测分为现场快速检测和实验室快速检测。实验室快速检测着重于利用一切可以利用的仪器设备对检测样品进行快速定性与定量；现场快速检测着重于利用一切可以利用的手段对检测样品快速定性与半定量。现场的食品快速检测方法要求：①实验准备简化，使用的试剂较少，配制好的试剂保存期长；②样品前处理简单，对操作人员要求低；③分析方法简单、准确和快速。

（1）按照检测技术手段分类

目前国内外食品安全中常用的快速检测技术有化学比色分析检测技术、酶抑制技术、生物化学快速检测技术、免疫分析技术以及纳米技术等。

① 化学比色分析检测技术　食品安全快速检测中常用的如纸片法、试剂盒（卡）等方法，与一般的仪器分析方法相比，具有价格低、操作相对简便、结果显示直观、一次性使用、不需检修维护、专一性等优点，但方法灵敏度较低。

② 酶抑制技术　测定样品的种类有限，主要针对有机磷和氨基甲酸酯类农药，欧美将酶法作为普查农残和田间实地检测的基本手段，但酶法的假阳性、假阴性率也较高。

③ 免疫分析技术　可较好地测定有机磷、氨基甲酸酯类等几十种农药，这也是目前国外发展的主流技术；对于兽药残留的检测，所用仪器和试剂盒（卡）一半以上依赖进口，价格较高，国产产品的质量与价格都不具备明显优势，推广受到限制；用于毒素的测定，包括侧流式免疫吸附法和ELISA，后者是国外的主流技术，毒素的快速检测技术在国内应用较少，非常有必要发展重要毒素的免疫分析技术。

④ 生物化学快速检测技术　主要用于大肠菌群的检测，应用领域涉及鲜乳中菌落总数快速测定、畜禽产品大肠菌群快速测定等。致病微生物快速检测的主流技术大多为国外技术。

⑤ 纳米技术　2003年以后才逐渐在食品安全快速检测中应用，目前发展迅速。纳米技术与生物学、免疫学等技术结合应用于食品快速检测是近年来的研究趋势。

（2）按照检测项目分类

目前分为农药残留、兽药残留、微生物、重金属、毒素、添加剂及化学品、包装材料等的检测。

① 农药检测　农药是在农业生产中，为保障、促进植物的生长，所施用的杀虫、杀菌、杀灭其他有害动物（或杂草）的一类药物的统称。根据原料来源可分为有机农药、无机农药、植物性农药、微生物农药，此外，还有昆虫激素。根据加工剂型可分为粉剂、可湿性粉剂、可溶性粉剂、乳剂、乳油、浓乳剂、乳膏、糊剂、胶体剂、熏烟剂、熏蒸剂、烟雾剂、油剂、颗粒剂、微粒剂等。大多数是液体或固体，少数是气体。

因为农药的大量使用，已经使得害虫的抗药性大大增强。研究表明，至少有500多种昆虫对一些农药具有抗药性。近几年的检测结果显示，蔬菜农药残留量的抽查结果最为引人关注。有资料显示，全国23个大中城市的大型蔬菜批发市场，有47.5%的蔬菜农药残留量超过国家标准，其中包括非法使用国家禁用和限用的农药。

② 兽药检测　习惯上将用于预防和治疗畜禽疾病的药物称为兽药。兽药残留是指给动物使用药物后蓄积或储存在动物细胞、组织或器官内的药物原形、代谢产物和药物杂质。世界卫生组织食品添加剂联合专家委员会（JECFA）1987年第32次会议将兽药残留分为七类：抗生素类、驱肠虫药类、生长促进剂类、抗原虫药类、灭锥虫药类、镇静剂类和β-肾上腺素类，如土霉素、四环素、氯霉素等，特别是近年来的瘦肉精。

③ 重金属检测　重金属指原子量较大的金属元素，比如汞、铅、镉等；砷也可算重金属，但不是我们传统意义上的金属。通常来讲，重金属对人都有毒害作用。由于水域污染、土壤污染、大气污染等环境污染造成种植业、养殖业的农副产品的重金属污染。

④ 生物毒素检测　生物毒素（《海洋化学词典》中的概念）指海洋动植物和微生物产生的危害人类或其他生物生命过程的一类活性化学物质。目前估计有毒的海洋生物大约在1000种以上，但充分阐明有毒成分的化学结构和毒理作用的仅几十种。生物毒素中最主要的一类是各种霉菌产生的毒素，如由镰刀菌、黄曲霉菌、黑曲霉菌等产生的毒素。这些毒素

5

可以在植物上生长繁殖而且往往深入其内部，用浸泡、清洗、去皮等办法均难以彻底清除干净。

⑤ 添加剂检测　添加剂泛指为提高产品质量、性能和使用效果采用的配合料或辅助料，添加到产品主要原料当中，从而改善产品性能，主要用于印染、食品、饲料等行业。2018年12月修正的《中华人民共和国食品安全法》中定义食品添加剂，指为改善食品品质和色、香、味以及为防腐、保鲜和加工工艺的需要而加入食品的人工合成或者天然物质，包括营养强化剂。化学合成的食品添加剂一般有一定的毒性，超限量使用食品添加剂可能对人体造成一定的危害，特别是非法使用国家禁用或限用的添加剂对人体有很大危害，所以使用时要严格控制使用量。饲料添加剂指为满足特殊需要而在饲料中加入的少量或微量营养性或非营养性物质。

⑥ 包装材料检测　包装材料指用于制造包装容器、包装装潢、包装印刷、包装运输等满足产品包装要求所使用的材料，既包括金属、塑料、玻璃、陶瓷、纸、竹本、天然纤维、化学纤维、复合材料等主要包装材料，又包括涂料、黏合剂、捆扎带、装潢材料、印刷材料等辅助材料。当前国际上对用于包装材料的添加剂管理分为两大类，一是允许使用的"许可名单"，二是禁用助剂的"禁用名单"。经过多年实践，发现"禁用名单"存在着一个很大的缺陷，缺少对新物质的约束力。当一种新物质出现时，因为它不在现有的"禁用名单"之列，因此可以随便应用于食品包装材料当中，法规无法管理，因此原来制定"禁用名单"的日本和韩国纷纷转向"许可名单"制度，欧美和中国都采用"许可名单"制度。

2. 食品安全现场快速测定原理

（1）化学比色分析检测技术

化学比色分析检测方法主要分为：试纸色谱比色测定、试纸比色测定、试管比色测定、滴定比色测定四种方法。

① 试纸色谱比色测定　根据固定相基质的形式可以分为纸色谱、薄层色谱和柱色谱。其中纸色谱是指以滤纸作为固定相的色谱，其原理是利用被分离物质的物理、化学及生物学特性的不同，使它们在某种固定相中移动速度不同而进行分离和分析的方法。试纸色谱比色测定目前用于快速测定苏丹红、瘦肉精等有害物。

② 试纸比色测定　根据待测成分与经过特殊制备的试纸作用所显的颜色与标准比色卡对照，对待测成分定性或半定量。例如，用试纸显色定性作为限量指示测定农药等；用试纸显色的深浅来半定量测定食用油的酸价、过氧化值等。

③ 试管比色测定　根据待测成分与标准试管所显的颜色比较，对待测成分定性或半定量。例如，用试管显色作为限量指示测定鼠药、未熟豆浆等；用试管显色的深浅半定量测定亚硝酸盐、甲醇、二氧化硫等。试管比色测定可以是目视，也可以用便携式光度计。

目前应用便携式仪器对某些成分进行定性或定量的研究比较多，而且市场应用也比较广泛，如便携式甲醇速测仪、农药残留速测仪、食品添加剂速测仪、酸度计、电导仪等。

④ 滴定比色测定　用刻度或小口滴瓶分别滴定标准溶液和待测溶液，通过计算对待测成分进行定量。例如，酸碱、络合、氧化还原性物质等。

（2）分子生物学分析检测技术

聚合酶链式反应（PCR）是近年来分子生物学领域中迅速发展和广泛应用的一种技术。PCR技术主要用于检测细菌，其基本原理是应用细菌遗传物质中各菌属菌种高度保守的核酸序列，设计出相关引物，对提取到的细菌核酸片段进行扩增，用凝胶电泳和紫外核酸检测仪观察扩增结果。从样品前处理到 PCR 扩增及得出实验结果 24h 内完成。目前，免疫捕获 PCR 法、荧光定量 PCR 法、细菌直接计数法、ATP 生物发光法、微型自动荧光酶标法以及基因芯片技术等分子生物学分析检测技术已经应用到食品安全快速检测中。

（3）免疫学分析检测技术

免疫学分析检测技术通过抗原和抗体的特异性结合反应，再配合免疫放大技术来鉴别细菌。免疫学分析检测技术的优点是样品在进行选择性增菌后，不需分离，即可采用免疫技术进行筛选。由于抗原-抗体反应的特异性，所以该方法的种类特别多，目前用于食品安全检测的技术主要有免疫磁珠分离法、免疫检测试剂条、免疫乳胶试剂、免疫酶技术、免疫深沉法或免疫色谱法等。免疫法有较高灵敏度，增菌后可在较短的时间内达到检出度，抗原和抗体的结合反应可在很短的时间内完成。

（4）纳米技术

普通的 ELISA 技术采用的酶标板是一个固相载体，具有固/液相反应接触面积小、连接的抗体易脱落、反应速度慢且不彻底等缺点。目前研究成功的磁分离-酶联免疫吸附技术（MS-ELISA）是一种以磁性纳米材料代替传统 ELISA 中的酶标板，将 ELISA 的显色系统与磁分离技术相结合而形成的一种新型检测方法。这种技术主要利用纳米材料的高比表面积、易于形成胶体溶液等特性，使抗原-抗体分子接触面积变大，反应较为彻底；此外，磁分离使缓冲液的交换操作更为简便快速，灵敏度也得到了提高。目前该技术已广泛应用于食品的快速检测中。

三、样品采集与检测结果报告

1. 样品采集

食品安全现场快速检测采样时必须注意样品的生产日期、批号、代表性和均匀性，采样数量应能满足样品检测项目的需求，一式三份，供检验、复检、备检或仲裁用。

（1）采集样品分类

食品安全现场快速检测样品通常分为客观样品和主观样品两大类。

① 客观样品　在经常性和预防性食品安全卫生监督管理过程中，为掌握食品安全卫生质量，对食品生产、流通环节进行定期或不定期抽样监测。通常包括下面几方面。

a. 食品生产流通过程中，原料、辅料、半成品及成品抽样检验的样品，包括生产企业自检和监督管理部门的监测；

b. 食品添加剂的行政许可抽检样品；

c. 新食品资源或新资源食品的样品等。

② 主观样品　针对可能不合格的某些食品或有污染食物中毒或消费者提供情况的可疑食品和食品原料，在不同场所选择采样。通常包括以下几种情况。

a. 可能不合格食品及食品原料；

b. 可能污染源，包括容器、用具、餐具、包装材料、运输工具等；

c. 发生食物中毒的剩余食品，患者呕吐物、排泄物、血液等；

d. 已受污染或怀疑受到污染的食品或食品原料；

e. 掺假掺杂的食品；

f. 超期食品及消费者揭发不符合卫生要求的食品。

(2) 采样原则

采样时通常考虑样品的代表性、典型性、时效性及样品检测的程序性。

① 样品采集的代表性　这在采样中非常重要。食品因其生产批号、原料情况（来源、种类、地区、季节等）、加工工艺、储运条件以及生产、销售人员的责任心和安全卫生意识对食品质量有很重要的影响。所以，采样时必须考虑这些因素，使采集的样品能够真正反映被采集样品的整体水平。

② 样品采集的典型性　选择性样品的采集要注意针对性地采集能够达到监测目的的典型样品。通常包括下面几种情况。

a. 重大活动的食品安全保障，应采集影响食品安全的关键控制的样品；

b. 污染或疑似污染的食品，应采集接近污染源的食品或易被污染部分，同时还应采集确实被污染的同种食品样品以做对照试验；

c. 引起中毒或怀疑引起中毒的食品，这类样品种类较多，有呕吐物、排泄物、血液、肠胃内容物、剩余食物、药品和其他相关物质，尽量针对性地选择含毒量最多的样品；

d. 掺假或怀疑掺假的食品，针对性地采集有问题的典型样品，而不能用均匀的样品代替。

③ 样品采集的时效性　采样后应立即检测，如果不能立即检测，应采用适当的方法贮存，避免腐败变质造成失效或者污染。

④ 样品检测的程序性　采样、检验、留样、报告均应按规定的程序进行，各阶段都要有完整的手续，责任分清。

(3) 采样工具和容器

① 常用工具　钳子、螺丝刀、小刀、剪子、罐头或瓶盖开启器、手电筒、蜡笔、镊子、笔、胶带、记录纸等。

② 专用工具　根据样品性质不同，需选用不同的采样工具。

a. 长柄勺，用于散装液体样品采集。

b. 玻璃或金属管采样器，适用于深型桶装液体食品样品的采样。

c. 金属探管或金属探子，适用于采集袋装的颗粒或粉末状样品。

d. 取证设备等。

③ 采样容器　采样时根据采集样品的性质注意采样容器的选择。

a. 容器密封性好，内壁光滑，清洁干燥，不含待测物质及干扰物质。

b. 盛液体或半液体样品的容器，用具塞玻璃瓶、具塞广口玻璃瓶、塑料瓶等。

c. 盛固体或半固体样品的容器，用不锈钢、铝制、陶瓷、塑料制的容器。

d. 大宗食品采样备四方搪瓷盘，现场分样用。

e. 容器的盖或塞子必须不影响样品的气味、风味、pH 值及食物成分。

f. 酒类、油性样品忌用橡胶瓶塞；酸性食品忌用金属容器；测农药的样品忌用塑料容器。

(4) 采样技术

① 常规采样　首先做好现场采样记录、样品编号、留样工作。

a. 现场采样记录主要包括：被采样单位，样品名称，采样地点，样品产地、商标、数量、生产日期、批号或编号，样品状态，被采样的产品数量、包装类型及规格，感官所见（包装破损、变形、受污染、发霉、变质、生虫等），采样方式，采样目的，采样现场环境条件（包括温度、相对湿度及一般卫生状况），采样机构（盖章）、采样人（签名），采样日期等。

b. 采集的样品必须贴上标签，明确标记样品名称、来源、数量、采样地点、采样人及采样日期等内容，现场编号一定要与检测样品及留样编号一致。

c. 留样要注意下面几点：保持样品原来状态，易变质的样品要冷藏，特殊样品需在现场做相应的处理。

② 无菌采样　现场检测的无菌采样用具、容器要进行灭菌处理；操作人员采样前先用75％酒精棉球消毒手，再消毒采样开口处的周围。

③ 不同样品采集　由于样品形态、包装等差异，采样方法也不同。

a. 散装食品　液体、半液体以一池或一缸为单位，采样前，先检查样品的感官性状，均匀后再采样。如果池或缸太大，难以混匀，可根据池或缸的高度等距离分为上、中、下三层，在四角和中间不同部分三层中各取同样量的样品混合后，供检验用。流动液体采样，定时定量从输出口取样，后混合供检验用。固体样品可按堆型和面积大小采用分区设点或按高度分层采样。分区设点，每区面积≤50m²，设中心、四角五个点；两区界线上的两个点为两区共有点，如两个区设 8 个点，三个区设 11 个点，依次类推，边缘点距边缘 50cm 处。如果分层采样，要先上后下逐层采样，各样点数量一样，感官检查后，如性状基本一致，可混合成一个样品；如不一致，则分装。

b. 大包装食品　一般情况大包装液体样品容器不透明，很难看到容器内物质的实际情况，用采样管直通容器底部取出样品，检查是否均匀，有无杂质、异味等，然后搅拌均匀，供检验用。颗粒或粉末状如粮食、白砂糖等堆积较高，一般分上、中、下三层，用金属探子从各层分别取样，每层从不同方位采样数量一样，选取等量袋数，每袋取样次数一样，感官性状相同的混合在一起，不同的分别盛放。无论哪种采样，如样品数量较多，都应混合均匀，用四分区法平均样品。

c. 小包装食品（≤500g/包）　每一生产班次或同一批号的产品，随机抽取原包装食品 2～4 包。

d. 其他食品　肉类，同质的肉类按照上、中、下的采样原则，不同质的先分类后分别取样，也可以根据要求重点采集某一部位。鱼类，同质鱼堆在四角和中间分别采样，尽量从上、中、下三层抽取有代表性的样品。一般鱼类都采集完整的个体，大鱼（0.5kg 左右）三条作为一份样品，小鱼 0.5kg 为一份。食具：大食具 2 只、中食具 5 只、小食具 10 只，作为一份样品。

④ 食物中毒样品　采集剩余食物、呕吐物、排泄物及洗胃液，炊具、容器，患者血液或尿液，带菌者检查的样品，尸体解剖标本，原料、半成品及成品。注意，食物中毒样品的采集数量比普通采样数量多一些，便于反复试验；各种样品的采集要注意无菌操作，防止污染；及时、准确，有代表性，手续完备，检验目的明确，重点突出。

2. 结果报告

（1）现场快速检测中常用的计量和计数单位

- 质量单位：kg—千克，g—克，mg—毫克，μg—微克。
- 体积单位：L—升，mL—毫升，μL—微升。
- 时间单位：h—小时，min—分钟，s—秒。

- 长度单位：m—米，cm—厘米，mm—毫米。
- 电导单位：S—西门子，mS—毫西门子，μS—微西门子。
- 浓度单位：mg/100g，mg/100mL，g/100g，g/100mL，g/kg，mg/kg，mg/L，μg/kg，μg/L。

（2）现场快速检测结果的表述

食品安全现场快速检测的方法主要是定性检测、限量检测和半定量检测。

① 定性检测

- 阳性：表示检出了有毒有害物质。
- 阴性：表示未检出有毒有害物质。

② 限量检测

- 合格：表示检测结果在标准规定值范围内。
- 不合格：表示检测结果超出或达不到标准规定值。

③ 半定量检测　与限量检测方法的表述形式相同，或者与标准规定数值比较得出具体数据表示检测结果。

（3）食品安全现场快速检测结果报告

食品安全现场快速检测报告中不但要包括检测结果及处理意见，同时样品的相关信息也非常重要，主要包括：样品名称、样品来源、样品数量、编号或批号、采样或送样单位、采样或送样人、样品状态及包装、标示保质期、检测项目、检测依据等，除此之外，还有检测报告单编号、检验日期、检验者、核对者及签发人等内容。实际工作中，要根据现场的具体情况选择需要的样品信息，同时每份报告可以报告一份样品的检测结果，也可以同时出具数份样品的检测结果，样品数量较少时和数量较多时，可以选择不同的报告形式。

？ 思考题

1. 试述食品安全问题多发的原因。
2. 试述常用食品安全快速检测技术及其应用。
3. 如何控制或减少食品安全事件的发生？
4. 讨论制约食品安全现场快速检测技术发展的因素。
5. 试述实验室快速检测与现场快速检测的优缺点。
6. 叙述纸色谱比色测定法展开剂的选择原理。
7. 讨论食品安全现场快速检测的分类方法及其优缺点。
8. 试述定性、半定量、定量概念结果表述方法。
9. 试述采集食物中毒样品时，遵循的原则及采样方法。
10. 检测报告中必须包括的检样信息有哪些？

实训　样品采集

【目的要求】

掌握四分采样法、刮涂法、涂抹法三种常用采样方法及采样所需容器和器具的准备。

【方法】

四分采样法、刮涂法、涂抹法。

【操作步骤】

1. 采样容器和器具准备

(1) 采样容器的选择

防止污染，防止器壁对待测成分的吸收或吸附，防止发生化学反应。

(2) 采样容器的清洗

新玻璃容器经稀硝酸浸泡、清洗备用，测有机氯的玻璃瓶经重铬酸钾洗液浸泡、清洗备用。

(3) 微生物检测的容器准备

① 冲洗　玻璃或聚乙（丙）烯塑料容器洗净，用硝酸（1∶1）浸泡，再用自来水、蒸馏水冲洗干净。

② 灭菌　玻璃器具可以选择干热或高压蒸汽灭菌，干热灭菌在 160～180℃、2h 才可以杀死芽孢杆菌，高压蒸汽灭菌在 121℃、15min 即可杀死芽孢杆菌，经高压蒸汽灭菌的容器需在烤箱中烤干；玻璃吸管、长柄勺、棉拭子、盛有生理盐水的试管或锥形瓶等分别用纸包好，灭菌；镊子、剪子、小刀等用前在酒精灯上灼烧消毒。

2. 四分采样法采样

将样品倒在干净的平面容器上，堆成正方形，然后从样品左右两边铲起，从上方到下方，再换一个方向同样操作，反复混合 5 次，将样品堆成原来的正方形，按对角线分成四个区，取出两个对角样品，剩下的样品如此操作至接近所需样品量为止。

3. 刮涂法

在酒精灯火焰下燃烧灭菌的小刀（放凉），把表面干燥的污物刮下，装入干燥的灭菌容器中送检。

4. 涂抹法

用灭菌棉拭子蘸灭菌生理盐水，抹擦物体表面一定面积后，放入盛有灭菌生理盐水的试管中。

参 考 文 献

[1] 王林，王晶，周景洋. 食品安全快速检测技术手册. 北京：化学工业出版社，2008.
[2] 强卫. 快速检测在食品安全保障中的作用和意义. 中华医学与健康，2006，3（11）：53-55.
[3] Cleegg B S, et al. J Agfic Food Chem, 1999, 47 (12): 5031-5037.
[4] 王晶，王林，黄晓蓉. 食品安全快速检测. 北京：化学工业出版社，2002.
[5] 邢婉丽，程京. 生物芯片技术. 北京：清华大学出版社，2004.
[6] 周焕英，高志贤，孙思明，等. 食品安全现场快速检测技术研究进展及应用. 分析测试学报，2008，27（7）：29.
[7] 翁仕强，潘迎捷，赵勇，等. 纳米技术在食品安全快速检测中的应用. 渔业现代化，2009，36（3）：56-59.
[8] 张彩虹，陈剑刚，白燕玲. 中国热带医学，2008，8（5）：863-864.
[9] 蒋长征，张立军，戎江瑞，等. 中国预防医学杂志，2008，9（3）：215.
[10] 贺家亮，李开雄，于见亮，等. 食品研究与开发，2006，27（6）：176-178.
[11] 凌关庭. 可供开发食品添加剂（Ⅳ）——番茄色素及其生理功能. 粮食与油脂，2003，（1）：47-50.
[12] 何伟，李伟. 南京中医药大学学报，2003，21（2）：134-136.
[13] 《中华人民共和国食品安全法》.
[14] 张素霞，我国食品安全快速检测技术研究. 农产品加工，2009，5：62-64.

模块一　快速检测技术分类

 知识与能力目标

1. 掌握食品安全快速检测的基本技术类型。

2. 熟悉化学比色法检测试剂、ELISA 试剂盒、胶体金试纸条（检测卡）构建的一般原理。

3. 了解生物芯片、生物传感器在食品安全快速检测中的意义和优势。

 职业素养目标

1. 提高创新思维能力，激励学习和应用新知识，鼓励探索新的食品快速检测技术，完善现有检验方法。

2. 培养社会责任感和专业认同感。

📖 背景知识

20 世纪 80 年代末以来，由于一系列食品原料的化学污染、畜牧业中抗生素的应用、基因工程技术的应用，使食品污染导致的食源性疾病呈上升趋势，在发达国家，每年有大约 30％的人患食源性疾病。

在 2000 年世界卫生组织（WHO）大会上，食品安全被确认为公共卫生的优先领域。2001 年 WHO 又在日内瓦召开食品安全战略规划会议，起草了全球食品安全战略草案。目前食品安全问题主要集中在以下几个方面：微生物性危害、化学性危害、生物毒素、食品掺假等。污染来源包括：①农产品来源的农作物在种植生长过程中不当使用农药、化肥，畜产品和水产品在养殖过程中使用兽药，残留造成危害；②农作物采收、存储、运输不当，发生霉变或微生物污染；③食品加工、存储或运输不当，造成食品添加剂、重金属、微生物等污染和食品腐败变质；④另外还存在一些非法经营者为贪图私利，在食品中添加劣质甚至有害物质，致使食品中含有有毒、有害物质，这些都是食品安全的危害点。

针对现场的食品快速检测方法首先是能缩短检测时间，以及在样品制备、实验准备、操作过程和自动化上简化方法。可以从三个方面来体现：①实验准备简化，使用的试剂较少，配制好的试剂（应用浓度的溶液）保存期长；②样品经简单前处理后即可测试，对操作人员技术要求低；③简单、快速和准确的分析方法，样品在很短时间内测试出结果。

一般而言，农药残留、兽药残留、食源性病原菌和真菌毒素是食品安全检测与控制的主要对象。这些指标的快速检测技术，尤其现场快速检测技术，是本模块讨论的主要内容。

化学比色分析技术、酶抑制技术、免疫检测技术中的酶联免疫吸附法（enzyme linked immunosorbent assay，ELISA）和免疫胶体金试纸检测方法（gold immunochromatography assay，GICA）是目前应用比较成熟的现场快速检测方法。随着与食品安全相关检测装备的发展，食品安全检测车的出现，一些原来无法应用于现场的快速检测技术得以应用，如各种生物芯片、传感器和色谱质谱检测仪等。

项目一 理化快速检测技术

一、化学比色技术

化学速测法主要是根据有机磷农药的氧化还原特性。有机磷农药（磷酸酯、二硫代酸酯等）在金属催化剂作用下水解为磷酸肌醇等，水解产物和检测液反应，使检测液的紫红色褪去变成无色。该方法的特点是避免了用酶的不稳定性，但该方法局限于有机磷农药，灵敏度不高，易受一些还原性物质的干扰。

化学比色技术是利用迅速产生明显颜色的化学反应检测待测物质，通过与标准比色卡相比较进行目视定性或半定量分析。目前，常用的化学比色法包括各种检测试剂和试纸，随着检测仪器的不断发展，与其相配套的微型检测仪器也相应出现。化学比色分析技术在有机磷农药、硝酸盐、亚硝酸盐、甲醛、二氧化硫、吊白块、亚硫酸盐等化学有害物质和菌落总数、大肠菌群、霉菌、沙门菌和葡萄球菌等微生物的检测方面已经得到广泛应用。

化学比色分析法是根据食品中待测成分的化学特点，将待测食品通过化学反应法，使待测成分与特定试剂发生特异性显色反应，通过与标准品比较颜色或在一定波长下与标准品比较吸光度值得到最终结果。化学比色分析法是目前应用比较普遍与成熟的理化快速检测方法，被广泛应用于各类食品分析中。

1. 化学速测卡

目前比较常用的化学比色方法包括各种检测试剂和试纸，两者检测原理相同，在试纸上进行反应就是把化学反应从试管里移到滤纸上进行，按反应本质说，都是利用迅速产生明显颜色的化学反应定性或半定量检测待测物质。

目前，配套化学速测卡使用的便携式农药残留速测仪已经在市场上得到了应用。

2. 化学速测仪

随着检测仪器的不断发展，与其相配套的微型检测仪器也相应出现。与试剂检测方法相配套的微型光电比色计目前已发展得比较成熟，这方面国内技术水平与国外相差不大，如吉大小天鹅的五合一食品安全检测仪及军事医学科学院的微型光电检测仪。

与试纸检测方法配套使用的光反射仪，目前国内针对这方面的研究已开始起步，还没有商品化的仪器问世。国外已商品化的产品如德国默克公司生产的与试纸联用的光反射仪，大小只有 19cm×8cm×2cm。反射仪侧面有一个供插入试纸条的小门，其中有一个由金属弹簧控制、可以让光线通过的小窗口。仪器采用电池作电源，光电二极管作光源。光线照射到试纸条上后，一部分光线被试纸条吸收，另一部分被反射到一个 Cds 光电池，通过微安计来检测电流量，转化为浓度单位后直接显示在显示屏上。仪器本身有一个计时器和一个蜂鸣器，保证每次测定有相同的反应时间。反射仪的出现，不仅极大地提高了测定结果的精确度，而且使试纸法由原来只能进行定性、半定量分析发展为可根据需要直接进行定量检测的分析方法。国内目前也在积极开展这方面的研究，如军事医学科学院高志贤课题组，在借鉴国外先进仪器的基础上一直在开展检测试纸与小型光反射仪联用的研究。化学比色分析法与一般的仪器分析方法相比，具有价格便宜、操作相对简便、结果显示直观、一次性使用、不需检修维护、具有一定的灵敏度和专一性等优点。

(1) 适用范围

主要用于果蔬、茶、粮食、水及土壤中有机磷和氨基甲酸酯类农药的快速检测，特别适用于农产品质量检测站的快速检测，果蔬生产基地和专业户采摘前田间、地头检测，农贸批发销售市场现场检测，酒楼、食堂、家庭果蔬加工前安全检测。

(2) 检测原理

便携式农药残留速测仪是根据国家标准《蔬菜中有机磷和氨基甲酸酯类农药残留量的快速检测》（GB/T 5009.199—2003）中速测卡法（纸片法）而专门设计的仪器。仪器的检测原理是利用速测卡中的胆碱酯酶（ChE）（白色药片）可催化靛酚乙酸酯（红色药片）水解为乙酸和靛酚，由于有机磷和氨基甲酸酯类农药对胆碱酯酶的活性有强烈的抑制作用，因此，根据显色的不同，即可判断样品中含有机磷或氨基甲酸酯类农药的残留情况。

(3) 注意事项

① 本方法是生物化学反应，应尽可能避免一些物理和化学因素对酶活性的影响。反应最适 pH7.5 左右，测样偏酸或偏碱时应改用磷酸缓冲液浸提处理。反应中，药片表面应保持湿润，最好将每一批样品处理后统一加样，以免时间过长，水分蒸发。葱、蒜、萝卜、韭菜、芹菜、香菜、茭白、蘑菇及番茄汁液中含有对酶活性有影响的植物次生物质，容易产生假阳性。处理这类样品时，不宜剪切过碎，浸提时间不宜过长，以免液汁过多释放影响检测结果。必要时可采用整株（体）蔬菜浸提的方法进行测定。农药速测卡在常温条件下有效期为 1 年，储存时要求放在阴凉、干燥和避光处，有条件者放于 4℃冰箱中最佳。农药速测卡开封后最好在 3 天内用完，如一次用不完可存放在干燥器中。

② 果蔬农药残留快速检测卡，是用对农药高度敏感的酶和基质做成的卡片，可以快速检测蔬菜中有机磷和氨基甲酸酯这两大类用量较大、毒性较高的农药的残留情况。选用的酶对农药敏感，抗干扰性强，操作简便，可以不需要配制试剂，不需要专业的技术培训，任何仪器设备可单独使用，也可配套农药残留快速检测仪使用，提高检测效率。产品容易储存，携带方便，是现场检测的最佳方法。现国内各大果蔬批发市场都已把果蔬农药残留快速检测卡作为常规的检测方法。用此法先对大量的样品进行初筛，然后才用仪器法对少量阳性样品进行定量分析，就可以大大提高工作效率，节省检测成本。

③ 在微生物检测方面，PetrifilmTM Plate 系列微生物测试片，可分别检测菌落总数、大肠菌群数、霉菌和酵母菌数。用于菌落计数的可再生的水合物干膜，由上下两层薄膜组成，下层的聚乙烯薄膜上印有网格并且覆盖有培养基，上层是聚丙烯薄膜。生化试剂有特异

性显色物质和抗生素。待测样品处理后不需要增菌，直接接种纸片，适宜温度培养后计数。Petrifilm 测试片已经通过国际组织 AOAC 的认可。法国相关协会创办了一个食品微生物检测精确度比对项目——RAEMA，自 1988 年以来，共 450 个实验室参与，其统计结果中有 15％的实验室用 Petrifilm 测试片进行检测。检测对象包括大肠菌群、金黄色葡萄球菌等，并且结果显示用 Petrifilm 测试片有更高的检出率。许多实际样本试验也显示 Petrifilm 测试片法与传统方法相比在统计学上无显著性差异。表 1-1 列举了部分化学比色分析法在食品污染物快速检测中的应用。

表 1-1　化学比色分析法在食品污染物快速检测中的应用

检测项目	基本原理	应用介质
亚硝酸盐	亚硝酸盐在弱酸性条件下与对氨基苯磺酸重氮化后，和盐酸萘乙二胺偶合形成紫红色染料，检出限 $0.4\mu g/mL$，测定时间 10s	火腿肠、香肠
硝酸盐	选用简便高效的超声提取技术提取蔬菜中的硝酸盐，镉柱还原法还原硝酸盐后，盐酸萘乙二胺分光光度法测定亚硝酸盐含量	蔬菜
甲醛	甲醛与 4-氨基-3-肼基-5-巯基-1,2,4-三氮唑（AHMT）在碱性条件下发生加成反应并显色，检出限 $0.4\mu g/mL$，测定时间 5min	鱿鱼、虾
二氧化硫	采用半微量蒸馏、半导体制冷技术简化样品前处理方法，盐酸副玫瑰苯胺比色法测定，测定时间 30min	面粉等
吊白块	在加热或蒸馏条件下，样品中的甲醛分解出来，在过量铵盐存在下，与乙酰丙酮作用，生成黄色的 2,6-二甲基-3,5-二乙酰-1,4-二氢甲基吡啶，检出限 $0.125\mu g/mL$	面粉、腐竹
敌鼠	敌鼠或其钠盐在酸性介质中能与三氯化铁发生反应，生成砖红色物质，检出限 $0.025g/kg$	污染食品
亚硫酸盐	三乙醇胺吸收法，盐酸副玫瑰苯胺比色，检出限 $0.5\mu g/mL$	食糖、饼干、白葡萄酒
镉	在中性溶液中，镉与镉试剂结合显色，检出限 $1.0\mu g/mL$	大米
大肠菌群 大肠杆菌	绝大多数大肠杆菌能产生 β-葡萄糖苷酸酶，与培养基中的指示剂反应，产生蓝色沉淀环绕在大肠杆菌菌落周围；大肠菌群菌落在测试片上产酸，pH 指示剂使培养基变为暗红色，在红色菌落周围有气泡者为大肠菌群	餐具、食品
细菌总数	TTC（2,3,5-三苯基氯化四氮唑）接受氢后可形成非水溶性的红色三苯甲酯，在滤纸上形成红色点状物，计数红点的多少，即为细菌总数	餐具、食品

二、酶抑制技术

酶抑制技术是利用有机磷和氨基甲酸酯类农药抑制胆碱酯酶的特异性生化反应。酶抑制技术是研究比较成熟、在国内应用广泛的速测技术之一（表 1-2）。

表 1-2　酶抑制技术在食品污染物快速检测中的应用

检测项目	基本原理	应用介质
有机磷或氨基甲酸酯类农药	胆碱酯酶可催化红色的靛酚乙酸酯水解为蓝色的乙酸和靛酚，利用有机磷或氨基甲酸酯类农药对胆碱酯酶的抑制作用 大豆等植物为酶原提取物，对硫磷、甲胺磷、毒死蜱的检出限为 $0.15\mu g/mL$、$0.17\mu g/mL$ 和 $0.18\mu g/mL$，测定时间 25min 鸡脑为酶原提取物，对硫磷、辛硫磷和氧化乐果的检出限为 $1.0\times10^{-3}\mu g/mL$，测定时间 10min	蔬菜、水果

胆碱酯酶主要分为乙酰胆碱酯酶（AChE）和丁酰胆碱酯酶（BChE），农药对其抑制由于来源不同而有差异，对农药残留的检测精度也因不同品种的农药产品而不同，主要有酶抑制率法、速测卡法和酶生物传感器法。

1. 酶抑制率法（分光光度仪法）

有机磷和氨基甲酸酯类农药对胆碱酯酶的正常功能有抑制作用，其抑制率在一定范围内与农药浓度呈正相关。正常情况下，酶催化神经代谢产物（乙酰胆碱）水解，其水解产物与显色剂反应产生黄色物质，在分光光度计 410nm 处有最大吸收峰；如果有农药抑制了酶的活性，就不能水解乙酰胆碱，与显色剂反应则无色。通过测定其吸光度即抑制率来确定酶活，进而确定农药残留量。

目前，国内大多数农药残留速测仪都是利用颜色的变化（吸光度）原理研究设计。不同公司研制的仪器大同小异，只是有的用乙酰胆碱酯酶，有的用丁酰胆碱酯酶，在酶和底物应用方面存在差异，从而判定抑制率也存在差异。如农业农村部农药检定所设计的农药速测仪选用的丁酰胆碱酯酶，而厦门欧达科仪公司和上海光电技术研究所等设计的农残速测仪用的是乙酰胆碱酯酶。

2. 速测卡（纸片）法

胆碱酯酶可催化靛酚乙酸酯（红色）水解为乙酸与靛酚（蓝色），有机磷或氨基甲酸酯类农药对胆碱酯酶有抑制作用，使催化、水解、变色过程发生变化，导致酶片颜色呈浅蓝色或白色不变，与对照比较可判断出是否含有农药残留。不同公司生产的速测卡有的是利用乙酰胆碱酯酶，有的是用丁酰胆碱酯酶，性能各有优劣，对不同农药品种的敏感性也不同，对有机磷和氨基甲酸酯类农药残留检测限在 0.01～8mg/kg。

酶抑制技术检测农药残留操作简便、快速、灵敏、经济，样品无须净化，但此方法只能定性，不能定量，在检测韭菜、葱、蒜、萝卜、香菜、茭白、蘑菇及番茄时容易受干扰，只能用作有机磷和氨基甲酸酯类农药残留的初筛。

3. 酶生物传感器法

酶生物传感器（Enzyme Biosensor，EBS）是以酶为敏感元件的一种传感器，主要由识别底物的固定化层和与之密切结合的信号转换器组成。其工作原理是酶催化底物转换成产物，产物被转换器检测并转换为可定量的信号输出，从而达到检测被测底物浓度的目的。目前用于农药残留检测的生物传感器类型有：电流型生物传感器、电位型生物传感器、电压生物传感器、光纤生物传感器等。其中电流型生物传感器结构简单，酶层和转换器能紧密接触，灵敏度较高。Stoytcheva用碳化二亚胺共价键合乙酰胆碱酯酶在石墨电极表面，敌百虫的检测限为 $0.3\mu g/L$。乙酰胆碱酯酶包埋于聚乙烯醇-苯乙烯吡啶（PVA-SbQ）聚合薄层中，构成电流型酶生物传感器，检测有机磷农药，对氧磷和毒死蜱的检测限为 $0.3\mu g/L$ 和 $2.4\mu g/L$。Martorell 等用一步制备法制备环氧树脂酶电极，把乙酰胆碱酯酶和组成环氧树脂电极的组分混在一起制备复合电极，从而把酶的固定化和电极的制备过程合二为一。此种方法的最大优势是解决乙酰胆碱酯酶的重复使用问题，只需把电极表面重新抛光，去掉失活的表层，即可得到具有原始酶活性的新表面，去除了用变性剂恢复酶活性的麻烦。

三、便携式色谱-质谱联用仪

随着与检测技术相关的各种配套装备的不断发展，近几年针对食品安全的检测车使以前根本无法应用到现场的一些检测方法得到进一步应用，车载的色谱-质谱联用仪主要由主机、顶空设备、采样探头和专用笔记本电脑四部分组成，优点是可以较快速地检测到极低的污染，并能分析污染物质的化学成分，而且与仪器相配套的笔记本电脑里还储存有两千种有害化合物的分析材料，可以针对检测的物质立即从电脑里调出相关的资料进行分析，选取处置方法。随着国家对食品安全的重视，目前我国的许多相关单位已配备了食品安全检测车，这为便携式色谱-质谱联用仪的应用和推广提供了广阔的发展空间。

四、生物学发光检测技术

生物学发光检测技术的原理是利用细菌细胞裂解时会释放出三磷酸腺苷（ATP），在有氧条件下，萤火虫荧光素酶催化萤火虫荧光素和 ATP 之间发生氧化反应形成氧化荧光素并发出荧光。在一个反应系统中，当萤火虫荧光素酶和萤火虫荧光素处于过量的情况下，荧光的强度就代表 ATP 的量，细菌 ATP 的量与细菌数呈正比，从而推断出菌落总数。用 ATP 生物学发光分析技术检测肉类食品细菌污染状况或食品器具的现场卫生学检测，都能够达到快速适时的目的。国内外均有成熟的 ATP 生物学发光快速检测系统产品出售。

ATP 食品细菌快速检测系统——Profile-13560 通过底部有筛孔的比色杯将非细菌细胞和细菌细胞分离，细菌细胞不能通过这种比色杯，之后用细菌细胞释放液裂解细菌细胞，检测释放出的 ATP 量则为细菌的 ATP 量，由此得出细菌总数。此检测系统与标准培养法比对，相关系数在 90% 以上，且测定只需 5min。通过检测细菌的 ATP 量来控制不同食品卫生安全的产品，如检验食物表面的 Pocket Swab Plus、检测水产品表面的 Water GieneTM、检测生肉的 Charm CHEF 等，操作方法都是使用专用药签刮抹待测部位，然后将药签装入笔形管内，插入便携检测仪读数即可。

项目二 免疫学快速检测技术

一、酶联免疫技术

酶联免疫法（ELISA）是一种以酶作为标记物的免疫分析方法，也是目前应用最广泛的免疫分析方法之一。它将酶标记在抗体或抗原分子上，形成酶标抗体或酶标抗原，也称为酶结合物，将抗体抗原反应信号放大，提高检测灵敏度，之后该酶结合物的酶作用于能呈现出颜色的底物，通过仪器或肉眼进行辨别（彩图扫描二维码）。目前，ELISA 方法常用的固相载体是 96 孔聚苯乙烯酶标板，常用的酶是过氧化物酶（辣根）（HRP），常用的底物是邻苯二胺（OPD）和 $3,3',5,5'$-四甲基联苯胺（TMB）等。

按照测定方式不同，ELISA 可以分为许多种不同类型。

（1）根据分析对象不同

可分为测定抗原或半抗原的 ELISA 和测定抗体的 ELISA。

（2）根据分析方式的不同

可分为夹心 ELISA 和竞争 ELISA。

（3）根据固定物质的不同

可分为固定抗原的 ELISA 和固定抗体的 ELISA。

彩图

（4）根据是否使用放大系统

可分为不使用放大系统的直接 ELISA 和使用酶标二抗或生物素-亲和素等放大系统的间接 ELISA。

其中常用于测定抗原和半抗原的有直接竞争 ELISA、间接竞争 ELISA 和夹心 ELISA（又叫三明治 ELISA）三种方式。

虽然 ELISA 检测方法发展到今天已经是一项比较成熟的技术，但针对具体的检测项目还有许多的工作需要完善。由于抗体的特异性直接影响免疫反应的特异性，在多克隆抗体之后，1975 年 Köhler 和 Milstein 创建了杂交瘤技术并成功制备绵羊红细胞单克隆抗体，目前单克隆抗体主要由杂交瘤技术或基因重组技术制备。国外已用兽药单克隆抗体制备出了兽药残留检测的 ELISA 试剂盒；国内已研制出几种兽药单克隆抗体，并建立了兽药免疫检测的 ELISA。表 1-3 列举了部分目前国内外已制备的 ELISA 检测试剂盒。

表 1-3　ELISA 检测试剂盒在食品快速检测中的应用

检测项目	检测限	食品类型
氯霉素	0.1ng/mL	肉制品、水产品、乳制品、蜂蜜等动物源性食品
蓖麻毒素	0.4ng/mL	水产品、乳制品
孔雀石绿	0.6μg/mL	鱼、虾等水产品
胶质纤维蛋白	0.2%	肉等食品
葡萄球菌 C_2 型肠毒素	15pg/mL	牛乳

二、胶体金免疫分析技术

胶体金免疫分析，也称胶体金试纸条法，是将特异的抗体交联到试纸条上和有颜色的物质上，试纸条上有一条保证试纸条功能正常的控制线和一条或几条显示结果的测试线。当纸上抗体和特异抗原结合后，再和带有颜色的特异抗原进行反应时，就形成了带有颜色的三明治结构，并且固定在试纸条上；如没有抗原，则没有颜色。

免疫学分析法常用于检测有害微生物、农药残留、兽药残留及转基因食品。它的优点是特异性和灵敏度都比较高，对于现场初筛有较好应用前景；不足之处是由于抗原-抗体的反应专一性，针对每种待测物都要建立专门的检测试剂和方法，为此类方法的普及带来难度，如果食品在加工过程中抗原被破坏，则检测结果的准确性将受到影响。目前，国内外均已经有相当成熟的利用免疫学分析法的商业化试纸条，如美国的 Charm Sciences Inc. 研发的一系列用于检测牛乳中各种抗生素的免疫纸色谱胶体金试纸条 ROSA 系列。

目前比较常见的胶体金检测试纸条结构如图 1-1 所示。胶体金免疫检测区分为快速检测

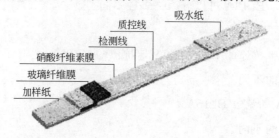

图 1-1　胶体金检测试纸条结构组成

卡和快速检测试纸条两种形式，其中，快速检测试纸条常见 3.5mm 宽的窄条和 5.0mm 宽的宽条，如图 1-2 所示。表 1-4 列举了部分免疫胶体金检测技术在食品分析中的应用。

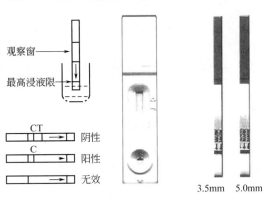

图 1-2　胶体金检测结果判读及
检测卡、试纸条样式

表 1-4　免疫胶体金检测技术在食品分析中的应用

检测项目	基本原理与检出限	应用介质
氨基甲酸甲酯	竞争抗体法，检出限 $0.25\mu g/mL$	蔬菜、水果
雌二醇	竞争抗体法，检出限 $0.1\mu g/mL$	水产品
B 型肉毒毒素	双抗夹心法，检出限 $0.05\mu g/mL$	肉或肉制品
盐酸克伦特罗	竞争抗体法，检出限 $3.0\mu g/mL$	畜禽、水产品
罂粟碱	竞争抗体法，检出限：$0.2\mu g/mL$	食糖、饼干、白葡萄酒
幽门螺杆菌	该试纸包被尿素酶单克隆抗体、CagA 或 VacA 单克隆抗体和抗鼠多克隆抗体	哺乳动物口腔唾液、胃液、反流呕吐物、牙斑、粪便
CryI(Ab)蛋白、CP4-EPSPS蛋白	在蛋白水平上进行检测，对转基因大豆 CP4-EPSPS 检出限可达 0.1%	转基因玉米、转基因大豆
Cry9C 蛋白	试纸条，0.25%水平	转基因玉米
阿片生物碱	竞争抗体法，反应时间 5min	火锅汤料、调料、凉皮等

项目三　分子生物学检测技术

一、生物芯片

生物芯片包括蛋白质芯片（免疫芯片、受体-配体芯片）、核酸芯片（寡核苷酸芯片、基因芯片）、有机分子芯片等。

1994 年美国能源部、防御研究计划署，俄罗斯科学院和俄罗斯人类基因组计划在 1000 多万美元的资助下研制出第一块用于测序的基因芯片。虽然当时的测序芯片在准确性方面尚有欠缺，但是它在疾病诊断、药物筛选、基因表达谱测定、环境监测、农作物优育优选和农业病虫监测、刑侦、军事等方面的应用前景却引起了广泛关注。*Science* 和 *Nature Genetics* 杂志分别在 1998 年 10 月和 1999 年 1 月出版了专集，系统介绍了生物芯片研究的重大进展。同时 *Science* 杂志还把生物芯片评选为 1998 年的世界十大科技突破之一。各国的政府、相关科研机构和企业对生物芯片技术都十分重视，以生物芯片为核心的各相关产业也在全球迅速崛起，世界范围有几百家较大公司在从事相关研究，提供产品和技术服务。

1. 免疫芯片

免疫芯片是一种特殊的蛋白芯片，芯片上的探针蛋白可根据研究目的选用抗体、抗原、受体等具有生物活性的蛋白质。芯片上的探针点阵，通过特异性免疫反应捕获样品中的靶蛋白，然后通过专用激光扫描系统和软件进行图像扫描、分析、结果解释，具有高通量、自动化、灵敏度高和多元分析等优点。由于单克隆抗体具有高度的特异性和亲和性，因此是比较好的一种探针蛋白，用其构筑的芯片可用于检测蛋白质表达丰度及确定新的蛋白质。

在免疫芯片的制作过程中，最关键的步骤是抗原或抗体的固定。根据固定原理可分为物理吸附法和共价结合法。物理吸附法简便易行，但是固定的抗原分子数少，在以后的洗涤过程中，固定分子容易脱落，影响结果的判读。近年来，免疫芯片的研制中多采用共价结合法进行抗原或抗体的固定，常用的材料包括玻璃片、硅片、金片、聚丙烯酰胺凝胶膜、尼龙膜等。在众多的共价固定材料中，通常采用的多是玻璃片及聚丙烯酰胺凝胶膜。采用聚丙烯酰胺凝胶膜固定抗原或抗体过程是通过光致聚合作用在玻璃片上制备众多的彼此分开的聚丙烯酰胺凝胶膜，然后用戊二醛进行膜的活化，活化膜上的醛基和抗原或抗体中的氨基反应形成酰胺键，从而完成识别分子的固定。其优点是固定的识别分子数量大，在其上进行的抗原-抗体反应近似于液相中的反应，反应速度快，信号强。另外，许多研究者采用玻璃片固定识别分子，玻璃片表面的羟基可以用3-氨丙基三乙氧基硅烷作表面处理，能够偶联核酸、酶、抗体（抗原）、蛋白质、多肽等各种分子，并且多数芯片需采用发光的检测方法，而玻璃片适合了这一要求。

在免疫芯片中常用的标记物有放射性同位素、酶、荧光物质等，依据标记物的不同采用不同的检测方法。采用放射性同位素标记抗原或抗体，具有特异性强、敏感性高的优点，但由于该方法有放射性污染和需要专门的检测设备等问题，其应用受到了一定的限制。采用酶及荧光物质（Cy3、Cy5）标记抗原或抗体，具有敏感、简便、快速的优点，这两种标记方法克服了放射性同位素标记法的不足，已成为免疫芯片中常用的标记物，抗原与抗体反应结束后用扫描仪进行荧光信号的检测。针对小分子的免疫芯片检测，由于小分子多数不具备两个以上供抗体结合的位点，不能用双抗夹心法进行测定，因此，在芯片上对小分子的检测均采用竞争法，即分别对其进行化学衍生并使之与大分子蛋白相偶联，合成各自的蛋白结合物，然后通过对蛋白的标记而间接标记小分子，检测时利用非标记小分子对检测液中偶联物产生的竞争强度来确定待测液中小分子的含量。

目前，免疫芯片大多处于研究开发阶段，在技术不成熟的情况下，免疫芯片检测容易产生灵敏度下降、分析误差增多、统计数据偏差较大等一系列问题，所以必须从技术工艺、硬件设施和管理规范等多个环节严格把关，为免疫芯片技术的日趋成熟和后续的产业化进程奠定坚实的基础。

免疫芯片在食品快速检测中的应用见表1-5。

2. DNA 芯片

基因芯片（Gene chip，DNA chip），又称 DNA 微阵列（DNA microarray），是指按照预定位置固定在固相载体上很小面积内的千万个核酸分子所组成的微点阵阵列。在一定条件

表 1-5　免疫芯片在食品快速检测中的应用

检测项目	基本原理与检出限
阿特拉津、罂粟碱	竞争法,检出限:阿特拉津 0.001μg/mL,罂粟碱 0.01μg/mL
雌二醇	竞争法,检出限:0.001μg/mL
葡萄球菌肠毒素 (SEA、SEB、SEC)	竞争法,检出限:SEA 为 0.01μg/mL,SEB 为 0.01μg/mL,SEC 为 0.1μg/mL
蛋白质	光刻掩膜真空沉积技术沉积金膜,N-乙酰半胱氨酸分子自组装及 EDC 偶联技术固定抗体,可同时测定三种抗体,最低可检出 0.5μg/mL 的羊抗兔 IgG,测定时间 2～3h
磺胺二甲基嘧啶、链霉素、泰乐菌素	偶联牛血清白蛋白的抗体溶于含 20%丙三醇的 PBS 缓冲液中,ProSys 5510 点样仪固定于活化的琼脂糖玻璃平板,可实现磺胺二甲基嘧啶、链霉素、泰乐菌素的同时测定,方法对以上三种物质的检出限分别为 3.26ng/mL、2.01ng/mL 和 6.37ng/mL

下,载体上的核酸分子可以与来自样品的序列互补的核酸片段杂交。如果把样品中的核酸片段进行标记,在专用的芯片阅读仪上就可以检测到杂交信号。

基因芯片技术由于同时将大量探针固定于支持物上,所以可以一次性对样品大量序列进行检测和分析。虽然基因芯片技术从本质上与 Southern 印迹或 Northern 印迹相同,只是探针密度极高而已,但它解决了传统核酸印迹杂交(Southern 印迹和 Northern 印迹等)技术操作繁杂、自动化程度低、操作序列数量少、检测效率低等不足。基因芯片以其可同时、快速、准确地分析数以千计的基因组信息的本领而显示出了巨大的威力。这些应用主要包括基因表达检测、突变检测、基因组多态性分析、基因文库作图及杂交测序等方面。有研究表明:通过 PCR 扩增检测靶基因,采用研制的寡核苷酸基因芯片与扩增产物在一定条件下进行杂交,杂交结果通过 ScanArray 3000 芯片扫描仪读取并与标准杂交图谱比较,从而判定样品中细菌的种属,并对分离的 20 株细菌进行基因芯片的杂交检测,同时用传统方法对这些菌株进行了鉴定,基因芯片检测结果与传统方法鉴定结果的一致性为 95%(19/20)。

基因芯片技术检测水和食品中常见致病菌具有快速、准确、易于操作等优越性,值得推广应用。采用基因芯片技术可检测细菌、真菌毒素、病毒、支原体、衣原体、立克次体等微生物。表 1-6 列举了部分 DNA 芯片技术在食品分析中的应用。

表 1-6　DNA 芯片技术在食品分析中的应用

检测项目	检测装置
金黄色葡萄球菌、沙门菌、志贺菌属、副溶血弧菌等常见致病菌	军事医学科学院卫生学环境医学研究所设计并制备,同时测定 20 株菌株
金黄色葡萄球菌	Gen-probe 系统
转基因农产品外源基因和表达调控元件	转基因农产品检测试剂盒
克伦特罗、链霉素、恩诺沙星、磺胺二甲基嘧啶	博奥生物芯片
蜡样芽孢杆菌	样品前处理简单,测定前不需要扩增,测定时间大约 30min

3. 液相悬浮芯片

Luminex 悬浮芯片技术是一种多功能的液相芯片分析平台,也称 xMAP® (Flexible Multiple-Analyte Profiling)、多功能悬浮点阵仪(Multi-Analyte Suspension Arrays, MA-SA)或液体芯片(Liquid Chip)。它有机地整合了有色微球(Color-coded microspheres or beads)、激光技术、最新的高速数字信号处理和计算机技术，集中了分子生物学、免疫学、高分子化学、激光物理学、微流体学、计算机科学等多门学科，使得 Luminex 悬浮芯片技术的检测特异性和灵敏度得到了前所未有的发展。它可以在一个 $25\sim50\mu L$ 的样品内同时检测最多达 100 种不同的检测项目（最新的 Luminex 200 可以同时检测 200 种），具有重复性与稳定性好、高通量、检测指标可灵活选择及高灵敏度、高信噪比等诸多优点。与传统的固相芯片相比，它克服了固相芯片在大分子检测时受表面张力、空间效应等对反应动力学的干扰；优化实验条件后，近似完全液相的反应体系对特异性生物学反应的影响几乎可以忽略，检测结果的稳定性和重复性也因此得到很大的提高。Luminex 的多参数高通量分析具有节约试剂和标本、操作简单等多种优势，被越来越多的科研和临床工作者所接受。

液体悬浮芯片的技术原理并非等同于传统意义上的固相生物芯片。该系统的检测载体为 2 种被染上不同荧光染料、各 10 种不同浓度梯度的聚苯乙烯微球（直径为 $5.6\mu m$），每种检测微球上被定义上一个唯一的编码地址。理论上，不同荧光微球上包被不同的探针分子。可国外已开始将 Luminex 悬浮芯片技术应用于多种病原微生物和毒素的快速检测研究，并取得了重要研究进展。Zoltan 等利用 Luminex 100TM 液相芯片系统对干燥 10 年以上的 HIV-1（HIV1-p24 和 HIV1-gp41）、HCV（NS3，NS4 和 Core）和 HBV（HBsAg）抗体阳性的血斑实现了即时定量检测，其结果与 ELISA 和 Western 印迹有很高的相符性，且操作简便快速，价格低廉。Dirk 等将寡核苷酸探针固定到微球表面对猪霍乱病毒（CSFV）、牛病毒性腹泻病毒 1 和 2（BVDV1 和 BVDV2）、绵羊边界病病毒（BDV）进行同时检测，最低检出限为 $0.2\sim10TCID50/mL$（半数组织培养感染量），为黄病毒科病毒的检测和分型提供了灵敏和特异的方法。同时，Dirk 等将液体芯片技术用在禽流感病毒的检测中，对包括 H5N1 型高致病性禽流感病毒在内的 10 种禽流感病毒亚型进行检测，并用 cELISA 进行方法比对，两种方法的灵敏度和特异度的一致性分别达到 99.3% 和 93.1%。Luminex 液相芯片系统的应用与研究在国内刚刚起步，目前还未得到足够的重视。目前国内主要将该技术用于临床检验和诊断，高志贤课题组在国家科技支撑计划的支持下，探索将悬浮芯片应用于食品卫生检测领域的农药、兽药分析。

虽然悬浮芯片在多个生物医学的领域中具有明显的优势，但是在基因表达谱分析、基因诊断、获得的基因信息量等方面，仍然无法和传统的基因芯片相比。

悬浮芯片最大的缺点是：不能连续在线监测待测样品中靶标物的浓度，或者监测样品中靶标物同微球上探针的结合情况，这也是悬浮芯片与大多数光纤、SPR、压电等以采集物理信号为主的生物传感器相比的劣势。另外，多元液相反应条件的优化与匹配、同一反应体系中交叉反应的抑制与消除也要研究者更多地加以考虑和分析。

二、生物传感技术

生物传感器是将生物感应元件的专一性与一个能够产生和待测物浓度成比例的信号传导器结合起来的一种分析装置。国际纯粹与应用化学联合会（IUPAC）对化学传感器的定义为：一种小型化的、能专一和可逆地对某种化合物或某种离子具有应答反应，并能产生一个与此化合物或离子浓度成比例的分析信号的传感器。

生物传感器应用的是生物机理，与传统的化学传感器和离线分析技术（如 HPLC 或 MS）相比有着许多不可比拟的优势，如高选择性、高灵敏度、较好的稳定性、低成本、能在复杂的体系中进行快速在线连续监测。它在现场快速检测领域里有着广阔的应用前景，表 1-7 列举了几种生物传感器在食品快速分析中的应用。

表 1-7　几种生物传感器在食品快速分析中的应用

检测项目	检测装置及说明
葡萄球菌肠毒素 B	双层类脂膜电化学基因传感器,响应时间不足 10min
金黄色葡萄球菌 C_2	Gen-probe 系统,石英晶体免疫传感器
左旋咪唑	SPR 传感器,响应时间 6min,检出限 $5\times10^{-2}\mu g/mL$
丙烯酰胺	电化学传感器,检出限 $1.2\times10^{-10}mol/L$
丁酰肼	分子印迹压电传感器,响应时间约 10min,检出限 $5\times10^{-5}\mu g/mL$
食品中常见肠道细菌	压电免疫传感器,通过葡萄球菌蛋白 A 将抗肠道菌共同抗原的单克隆抗体包被在 10MHz 的石英晶体表面,以大肠杆菌为例,菌液浓度在 $10^{-9}\sim10^{-6}mL$ 范围内响应

三、食品现场快速检测技术发展趋势

目前的食品现场快速检测主要呈现 4 大趋势。

① 由于高新技术的应用，检测能力不断提高，检测灵敏度越来越高，残留物的超痕量分析水平已达到 ng/g 级水平，如图 1-3 所示。

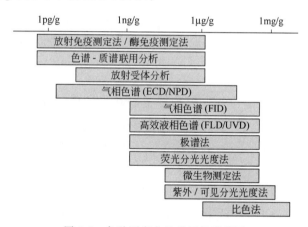

图 1-3　各种测定方法的灵敏度范围

② 检测速度不断加快，智能化芯片和高速电子器件与检测器的使用，使食品安全检测周期大大缩短。

③ 选择性不断提高，高效分离分段、各种化学和生物选择性传感器的使用，使在复杂混合体中直接进行污染物选择性测定成为可能。

④ 由于微电子技术、生物传感器、智能制造技术的应用，检测仪器向小型化、便携化方向发展，使实时、现场、动态、快速检测正在成为现实。

针对我国的特殊国情，目前我国基层单位很多快速检测技术的应用还只处于定性或半定量水平，易用型的小型化仪器的应用是当前和今后快速检测技术的发展趋势。另外，食品样品复杂多样，前处理烦琐费时，建立快速检测方法的同时进一步完善样品的前处理方法，研制适合的小型前处理装置，对于缩短现场快速测定时间及提高测定的准确性具有重要的意义。

? 思考题

1. 什么是免疫反应特异性？
2. 何为假阳性？
3. 何为假阴性？

实训 化学速测仪使用

【目的要求】

对照仪器操作说明书，能够熟练操作，并能举一反三应用类似的快速检测仪。

【检测原理】

便携式农药残留速测仪是根据国家标准方法 GB/T 5009.199—2003 速测卡法（纸片法）而专门设计的仪器。农药残留速测仪是利用速测卡中的胆碱酯酶催化靛酚乙酸酯水解为乙酸和靛酚，由于有机磷和氨基甲酸酯类农药对胆碱酯酶的活性有强烈的抑制作用，因此，根据显色的不同，即可判断样品中含有机磷或氨基甲酸酯类农药的残留情况。

【器材】

化学速测仪等。

【操作步骤】

1. 开机

按住面板上的"开/关"键约 2s，仪器开机（开机后再次按此键可关机）；按"模式"键切换至"温度"，当温度达到 40℃时，仪器发出一声提示音，即预热完成，可以开始测试。

2. 装片

将速测卡撕去上盖膜对折后再展开，插入压纸条下的各通道加热板上（注意红色药片在上方，白色药片在下方），检查速测卡放置位置是否正确，速测卡中间的虚线应与压条对齐，不要歪斜。

3. 取样

选择有代表性的蔬菜或瓜果皮，擦去表面泥土，剪成 $1cm^2$ 左右碎片，取 5g 放入带盖瓶中，加入 10mL 纯净水或缓冲溶液，振荡 50 次（有条件用户可配备超声波清洗器搅拌），静置 2min 以上，每批最好做 9 个检样，同时做一个纯净水或缓冲液的空白对照。每剪完一个样品，剪刀要洗净后方可处理另一个样品，以免交叉污染。用移液枪取 $80\mu L$ 样品液加到白色药片上。如果检测是在采样现场或条件简陋的情况下进行，可直接在待检蔬菜叶尖部位滴 2~3 滴洗脱液，用另一片菜叶尖部在滴液处轻轻摩擦，使蔬菜表面的残留农药充分溶入洗液中，然后滴一滴在（白色药片上）（瓜果皮的操作同上）。

4. 测试

按"启动"键，反应开始倒计时 10min（"反应"指示符亮）。当听到仪器发出急促的蜂鸣提示音时关闭上盖，显色开始倒计时 3min（"显色"指示符亮）。待仪器发出缓和的蜂鸣提示音时，打开仪器上盖，进行结果判定。

【结果判定】

与空白对照卡比较，若白色药片不变色或略有淡黄色均为阳性结果。不变色为强阳性结果，说明农药残留量较高；淡黄色为弱阳性结果，说明农药残留量相对较低。白色药片变为橘黄色或与空白对照卡相同，为阴性结果。

【课堂讨论】

① 如何提高测定结果的准确性？
② 仪器为什么要求预热？

参 考 文 献

[1]　现代食品快速检测检验鉴别方法与安全卫生质量保障控制国际标准化通用管理.
[2]　高志贤，等. 食品安全现场快速检测技术研究进展. 上海食品药品监管情报研究，2008，(1)：12-16.
[3]　王晶，等. 食品安全快速检测技术. 北京：化学工业出版社，2002.
[4]　陈福生，等. 食品安全检测与现代生物技术. 北京：化学工业出版社，2004.

模块二　农药残留快速检测技术

 知识与能力目标

  1. 掌握速测卡法和分光光度法快速检测食品中有机磷及氨基甲酸酯类农药的基本原理及基本技能。

  2. 熟悉有机磷及氨基甲酸酯类农药的免疫分析检测方法。

  3. 了解熏蒸剂的检测意义及方法。

 职业素养目标

  1. 辩证地看待农药在农业生产中的作用及可能造成的潜在的食品安全问题、环境问题，提升食品安全意识和环保意识。

  2. 培养诚实守信，严谨的工作精神。

  3. 培养分析与解决问题的能力。

📖 **背景知识**

1. 农药残留现状

  农药是指用于预防、消灭或者控制危害农业、林业的病、虫、草和其他有害生物，以及有目的地调节植物、昆虫生长的化学合成或者来源于生物、其他天然物质的一种物质或者几种物质的混合物及其制剂。根据防治对象，可分为杀虫剂、杀菌剂、杀螨剂、杀线虫剂、杀鼠剂、除草剂、脱叶剂、植物生长调节剂等。按其化学结构大致可分为以下几类：有机氯类、有机磷类、氨基甲酸酯类、拟除虫菊酯类等。

  在有害生物综合防治体系中，农药由于具有高效、快速和使用简便的特点，占据了非常重要的地位。据统计，使用农药平均可以挽回 35％ 的作物损失。预计在今后相当长的一个时期内，以农药为主体的化学防治仍然是不可缺少的主要农业管理措施之一。

  但是，事物总是一分为二的，在看到农药巨大优点的同时，农药的毒性危害以及所引起的农药残留和抗药性问题越来越受到人们的关注，特别是因农药残留所引起的食品安全问题更是备受瞩目。据联合国粮农组织报告，全球每年估计有 100 万～500 万起农药中毒事件发

26

生。我国在 20 世纪 80 年代每年发生农药中毒 10 余万人，病死率近 20%；进入 20 世纪 90 年代后虽然发生数有所下降，但仍然保持在较高的水平。据 1992～1996 年对 26 个省、自治区、直辖市的不完全统计，5 年间全国共报告农药中毒 247349 例，年均病死率为 9.95%。而在此之前的 1962 年，美国女科学家 Rachel Carson 在其著名的著作《寂静的春天》中报道了有机氯化学农药可以造成人的生殖障碍、引起肝病等现象，从而导致了后来对六六六和 DDT 等有机氯类杀虫剂的全球禁用。

那么，目前我国的农药消费情况又是什么状况呢？我国是世界上化肥、农药总施用量最高的国家，约占世界总消费量的 30%。这些药剂被植物体所截留的不足 20%，有 80% 以上进入环境中，造成对环境的污染。不仅被植物体所截留的部分会产生残留毒性，进入环境中的部分也会通过食物链达到生物富集，进而产生残留毒性，造成食品安全问题。

随着农药法制的建设和人们对食品安全要求的不断提高，中国的农药残留问题在近年来得到了很大的改善，但仍然存在许多问题。比如陕西对蔬菜中的有机磷农药残留情况进行了调查，三年的检出率分别为 12.0%、21.2% 和 41.3%，超标率分别为 10.6%、17.5% 和 30.4%，均呈上升趋势。其中检出率及超标率较高的为甲拌磷、敌敌畏、氧乐果、乙酰甲胺磷，其次为甲胺磷、对硫磷、甲基对硫磷等。山东临沂在相同年份对蔬菜的检测结果显示，检出率和超标率分别达 19.0% 和 12.8%。浙江青田对蔬菜进行了检测，在近 1 万个样品中乐斯本、毒死蜱、敌敌畏等有机磷农药的超标率达到 7.8%。内蒙古通辽从大米中检测出水胺硫磷和灭多威分别超标 33.3% 和 66.7%。吉林曾报道大豆、红豆和绿豆中 DDT 的超标率分别为 6.3%、12.3% 和 12.5%。浙江宁波曾对市售鲜活水产品中农药的残留现状进行了调查，发现各类水产品中超标率由高到低依次为螃蟹（18.5%）、鲫鱼（14.8%）、草鱼（13.6%）、黄鱼（12.9%）、梭子蟹（11.1%）、河虾（8.7%）、鲢鱼（8.0%）、对虾（7.4%）和鳊鱼（4.8%）。这些调查说明农药残留问题依然存在，而且比较严重。

当消费者食用了含有农药残留的食品，特别是喷洒了高毒农药不久的食品时，会引起急性中毒；而长期食用农药残留量较高的食品，农药在人体内逐渐蓄积，最终会导致机体生理功能发生变化，导致慢性中毒。这一方面会影响到国民的健康，同时也严重影响到农产品的出口创汇。比如，我国的主要农产品出口国日本于 2005 年重新修订了有关农药残留标准的规定，颁发了食品中农业化学品（农药、兽药及饲料添加剂等）残留"肯定列表制度"，对 135 种农作物，724 种农药分别制定了 28000 个农药残留标准，对没有设立标准的一律执行 0.01mg/kg 的上限，这一方面对中国农产品出口日本设置了非常严格的门槛，但同时也将会促进中国对农药残留的严格控制。我国目前已经颁发并正在实施的有 NY 5070—2002《无公害食品 水产品中渔药残留限量》、GB 2763—2021《食品安全国家标准 食品中农药最大残留限量》等。因此，必须适应国际新形势，制定合理的残留新标准。

随着食品中农药残留最高限量标准不断提高，检测难度越来越大，对检测技术的要求也越来越高。这就需要有相应的检测技术与之相匹配，尤其是快速检测技术。

2. 常用农药的分类及性质

目前我国最主要的农药品种包括有机磷和氨基甲酸酯类。

有机磷农药由于其药效高、毒性大、易于被降解、广谱性等特点，成为目前农药生产中吨位最大，也是世界上生产和使用最多的农药品种。有机磷农药结构通式可表示为图 2-1。

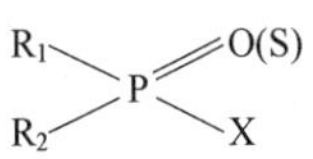

图 2-1 有机磷农药结构通式

X 为酰基，是多种具酸性化合物的负离子，X 常见的形式为"—OR"

或 "—SR"，其中 R 为较复杂的或带有取代基的烃基及杂环基。酰基是有机磷农药分子中的酸性基团，"P—X" 键为酸酐键。R_1 常见的是烷氧基，R_2 常见的是烷氧基、氨基、烃基等。农药品种有敌敌畏、乐果、氧化乐果、对硫磷、甲基对硫磷等。

有机磷农药作为典型的酶毒剂，可以通过消化道摄入，也可以通过皮肤、黏膜、呼吸道吸收。其急性毒性主要归因于对胆碱能神经突触后膜上的乙酰胆碱酯酶活性的抑制，使酶不能起催化乙酰胆碱水解的作用，导致组织中能使神经过度兴奋的乙酰胆碱过量蓄积。乙酰胆碱传导介质代谢紊乱，可导致迟发性神经毒性，引起运动失调、昏迷、呼吸中枢麻痹、瘫痪，甚至死亡。

尽管有机磷农药属非持久性农药，但大量使用必然会对环境产生负面影响。在某些环境条件下可以转化为某种持久性的有机污染物。

氨基甲酸酯类农药是继有机磷之后出现的一类农药，主要有呋喃丹、涕灭威、灭多威、残杀威、叶蝉散、速灭威、西维因等。氨基甲酸酯类农药的结构特性是含有一个 N-甲基基团，为白色晶体，难溶于水，易溶于丙酮、二氯甲烷、氯仿、乙腈等，碱性和高温条件下很易被水解，具有杀虫效力强、作用迅速等特点。它的最大优点是在植物中只短暂停留，大多数的氨基甲酸酯类农药在施用后很短的时间内就可被降解成相应的代谢产物，这些代谢产物通常具有与母体化合物相同或更强的活性。例如，涕灭威亚砜比涕灭威本身具有更有效的抗胆碱酯酶作用。当要监控农药残留的时候，这些在数量上更多于母体氨基甲酸酯类农药的代谢产物必须考虑在内。

20 世纪 70 年代以来，由于有机氯农药受到禁用或限用，以及抗有机磷杀虫剂的昆虫品种日益增多，氨基甲酸酯类农药的用量逐年增加，这就使得氨基甲酸酯类农药的残留情况备受关注。

3. 快速检测方法

农药残留问题近年来引起了各国政府的高度关注，同时也成为舆论焦点。但是像蔬菜等特殊的农产品，其保鲜期很短，还没检测完毕，可能就已经被销售殆尽了。因此，势必要求发展一些快速、灵敏、便捷的农残检测方式用来作为实验室检测的辅助方法，对大量样品加以筛选定性，以减少送实验室定量检测的压力。为此，农药残留快速检测方法也就应运而生。常用的快速检测方法有以下几种。

（1）酶抑制法　有机磷和氨基甲酸酯类农药都是神经毒剂，对参与神经生理传递过程的乙酰胆碱酯酶（AChE）具有抑制作用，使该酶的分解作用不能正常进行，从而导致底物乙酰胆碱的积累，影响动物正常的神经传导，引起中毒或死亡。胆碱酯酶催化底物水解，其产物可与显色剂反应产生颜色，研究工作者将这一原理应用到农药残留检测中，如果农产品样品提取液中不含有或含有很低的有机磷或氨基甲酸酯类农药，酶的活性就不被抑制，试样中加入的基质就被酶全部或大部分水解，水解产物与加入的显色剂反应产生颜色；反之，如果试样提取液中含有一定量的有机磷或氨基甲酸酯类农药，酶的活性就被抑制，试样中加入的基质就不能被酶水解或仅少部分水解，从而不显色或颜色很浅。

酶抑制法就是利用农药对胆碱酯酶的抑制作用，加入特定的显色剂，通过颜色深浅的变化确定是否有农药残留或农药残留相对量的快速检测方法。酶抑制法因其检测仪器造价不高，试剂生产已成规模，稳定性好，操作简便、速度快，特别适宜现场检测或对大批量样品的筛查，已是目前普遍使用的快速检测方法。

如何选择酶原是实现快速、准确检测的关键。酶原有来自动物的胆碱酯酶和从植物中提取的植物酯酶。

①　动物酶原　动物胆碱酯酶法是基于有机磷或氨基甲酸酯类农药的毒性抑制乙酰胆碱酯酶催化底物水解生成乙酸和胆碱，后者与 5,5'-二硫代双（2-硝基苯甲酸）反应，生成黄色产物 5-硫代-2-硝基苯甲酸，其在 410nm 处有最大吸收，测定其在单位时间内的生成量，即可测得乙酰胆碱酯酶的活性。通过测定乙酰胆碱酯酶受抑制的程度来检测有机磷或氨基甲酸酯类农药，绝大多数研究都是基于动物胆碱酯酶这一原理进行的。

胆碱酯酶广泛存在于动物的组织中，1953 年 Stedman 等首先从马血清中分离出乙酰胆碱酯酶，此后不同来源的乙酰胆碱酯酶相继得到纯化和研究。目前已分离纯化的动物来源的乙酰胆碱酯酶主要集中在动物肝脏和血液，如猪肝、鸡血等，也有利用蚯蚓及海洋鱼类、甲壳类动物的神经组织、脑组织分离乙酰胆碱酯酶。近年来很多学者致力于从昆虫体内提取乙酰胆碱酯酶，如家蝇、麦二叉蚜、烟草天蛾、黄粉甲、豆荚草盲蝽、马铃薯叶甲及棉铃虫等。迄今为止，酶抑制法进行农药残留检测以从敏感家蝇中提取的乙酰胆碱酯酶效果最佳，其敏感性优于其他来源的乙酰胆碱酯酶。更有进一步研究表明，家蝇羽化后 2～3 天时其头部的乙酰胆碱酯酶敏感性最高。

②　植物酶原　动物酯酶常表现为保持期短，需冷冻低温保存。植物酯酶酶原丰富，提取和保存较为方便，以一定比例的水或缓冲液混合离心获得的上清液即可作为粗酶液，在 -4℃ 保存即可。与动物酯酶相比，植物酯酶抑制法的测量准确度和精密度均不逊色，能达到快速检测农药残留的目的。

植物酯酶可以催化乙酸萘酯水解为萘酚和乙酸，萘酚与显色剂固蓝 B 盐作用形成紫红色偶氮化合物，从而发生显色反应（图 2-2）。有机磷或氨基甲酸酯类农药能抑制植物酯酶的活性，使反应速率发生变化，紫红色的偶氮化合物产量不同，吸光度值也不同，即酶的活性受到抑制的程度不同。

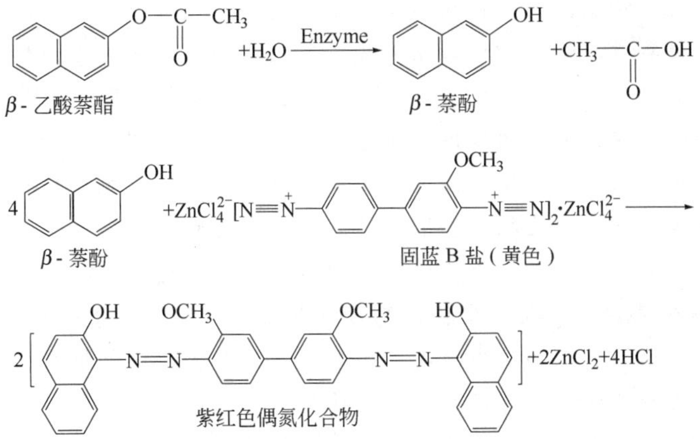

图 2-2　植物酯酶催化的显色反应

酶抑制法大体可分为肉眼观察法（酶片法、试纸法、速测卡法）、目视比色法（检测箱法、酸碱指示剂法、试剂盒法）、pH 计测量法和光度法。本模块主要介绍速测卡法和分光光度法。这两种方法现在广泛地用于大型超市、集贸市场等现场农残检测。

（2）免疫分析法　众所周知，高等动物都有免疫功能，当细菌、病毒和有害物等病原入侵时，能产生抵御外来物的抗体，这就是动物的免疫反应。致病的外来物被称为抗原。免疫是机体识别和排除进入体内的抗原性异物的保护性反应。免疫反应，即抗体-抗原反应，不仅发生在生物体内，在体外亦能进行，而且反应是高度特异（即对特定结构的农药有选择性）、高度灵敏的（可达 pg/kg～mg/kg 水平）。

农药免疫分析始于 1968 年，E. R. Centeno 等制备了抗 DDT 和马拉硫磷抗体，应用放射免疫法测定。随后 L. Sernberger 等先后开发出狄氏剂、艾氏剂、苯菌灵、百草枯等农药的免疫分析法。1981 年，R. Ercegovich 等研制出对硫磷、2,4-滴和 2,4,5-涕的放射免疫分析法（RIA），检测限可达 $0.1\mu g/kg$，为世人所瞩目。但当时大部分农药的残留量都可以使用气相色谱法等测定，再加上存在人工合成抗原及制备抗体的困难，免疫分析技术未被普遍重视。

近年来，随着新农药的开发利用和人们对环境污染、人体健康等问题的日益关注，对农药残留分析方法的选择性和灵敏度要求越来越高，同时对分析对象的种类和样品数量的要求也在不断增加。因此迫切需求新的分析方法。免疫分析，尤其是特别适合农药残留分析的酶联免疫分析法，以其高度特异性和灵敏度在 20 世纪 80 年代得到了快速发展。

酶联免疫法具有专一性强、灵敏度高、快速、操作简单等优点，试剂盒可广泛用于现场样品和大量样品的快速检测，可准确定性、定量。但由于受到农药种类多、抗体制备难度大、在不能确定样本中的农药残留种类时检测有一定的盲目性及抗体依赖国外进口等影响，酶联免疫法的应用范围受到较大的限制。目前，我国市场上酶联免疫法成品试剂盒多依赖从国外进口。

目前国外已研制出几十种农药的酶联免疫试剂盒，对于免疫分析技术在农药快速检测中的应用研究十分活跃，包括有机磷类、拟除虫菊酯类、有机氯类、三嗪类、氨基甲酸酯类等。某些有机磷农药的检测限可达到纳克甚至皮克级，一些试剂盒已经商品化，广泛用于现场样品和大量样品的快速监测。

目前用于现场快速筛选的有酶联免疫吸附测定法（ELISA）试剂盒和有机磷农药免疫胶体金快速检测试剂板。

（3）生物传感器法　生物传感器通常是对特定种类化学物质或生物活性物质具有选择性和可反应的分析装置。传感器的生物敏感层与复杂样品中特定的目标分析物（如酶与底物、抗体与抗原、外源凝集素与糖、核酸与互补片段）之间的识别反应会产生一些物理化学信号（如光热、声音、颜色、电化学）的变化，这些变化通过不同原理的转换器（如光敏管、压电装置、光极、热敏电阻、离子选择性电极等）转换成第二信号（通常为电信号），经放大后显示或记录。此研究在测定方法多样化、提高测量灵敏度、缩短反应时间、提高仪器自动化程度和适应现场检测等方面已取得了很大进展。根据生物传感器的信号转换器不同，又可分为电化学生物传感器、光学型生物传感器、测热型生物传感器、半导体生物传感器等。

① 电化学生物传感器　电化学生物传感器以电化学电极为信号转换器，和酶、微生物、动植物组织等其他生物识别元件结合组成。酶电极把固定化酶和电极结合在一起，当酶电极浸入被测溶液时，待测底物进入酶层发生酶促反应，产生或消耗一种可被测定的电活性物质（可氧化或还原的物质），由电极对其响应，将化学信号转变为电信号，从而加以检测。

王翔利用乙酰胆碱酯酶与有机磷农药之间的特殊亲和力，优化以乙酰胆碱酯酶为固定相的生物传感器的实验条件，采用石英晶体作惰性载体的材料，建立相应的理论模型，通过实验得到酶固定的最佳 pH 值及酶浓度环境，并对敌百虫溶液进行测定。制备的生物传感器可实现检测过程中的自动化和连续性，满足现场环境监测的要求，并可向市场化发展。

军事医学科学院研制出一种一次性使用安培型乙酰胆碱酯酶电极。该电极条是以丝网印刷技术制成，由四氰基对醌二甲烷修饰的工作电极和 Ag/AgCl 参比电极构成，然后用封闭体系内熏戊二醛蒸气的酶固定方法在电极表面固化 AChE，最后用含有大量非还原性多糖的酶稳定剂对传感器进行稳定化处理。该传感器于4℃冰箱保存一年后其活性无显著变化，是迄今为止常温保存时间最长的AChE传感器。

② 光学型生物传感器　光学型生物传感器主要由光纤和生物敏感膜组成。由敏感膜中生物活性成分对待测组分进行选择性的分子识别，然后再通过换能反应，把生物量转化为各种光信息，如荧光、磷光、拉曼光、化学发光和生物发光输出。它克服了化学发光分析选择性差的不足，兼有化学发光分析的灵敏性和酶法分析的专属性，具有探头直径小、信息传递容量大、能量损耗低和抗干扰能力强等优点。

③ 其他类型的生物传感器　用于农药残留检测的还有电晶体、半导体生物传感器等。石英晶体微天平（QCM）半导体生物传感器，可检测到低于$1mg/L$的西维因和敌敌畏。压电石英晶体生物传感器利用石英晶体对质量变化的敏感性，结合生物识别系统（抗原-抗体特异性结合）而形成一种自动化分析检测系统，具有灵敏度高、特异性好、响应快、小型简便等特点，可对多种抗原或抗体进行实时快速、在线连续的定量测定及反应动力学研究，克服了ELISA、RIA、荧光免疫分析法等免疫检测方法费时、昂贵、标记及操作烦琐的缺点，具有极广泛的发展前景及临床应用价值，成为生物传感器领域中的研究热点。

4. 实验室快速检测方法

前述的快速检测技术作为现场快速初筛检测，一般只能做到定性或半定量，特异性差。如某样品用酶抑制法进行快速检测呈阳性，只能说明该样品中含有高剂量的有机磷或氨基甲酸酯类农药，但具体是有机磷类还是氨基甲酸酯类却无法判断。若要进一步准确分析，精确定量，还需经实验室进一步验证，即用精密仪器检测样品中的农药残留量。该方法要求对样品进行预处理，包括提取、净化和浓缩，其特点是灵敏度高、准确性好。

（1）色谱法

① 气相色谱法（GC）　GC测定水果和蔬菜中多种农药残留分析，已经证明是一种经典适用的分析方法，也是多种农药检测的国家标准方法。GC是根据分析物质在固定相和流动相之间的分配系数的不同达到分离目的，并将分析物质的浓度转换成易被测量的电信号，然后送到记录仪记录下来的方法。目前，GC已由过去以填充柱为主转变为以毛细管为主。由于毛细管柱具有高效的分离能力，多种农药可以一次进样、快速地分离，从而进行定性和定量。同时，由于火焰光度检测器（FPD）和氮磷检测器（NPD）这些选择性很高的检测器相继问世，使极低的有机磷农药组分也能轻易地被检测出来，杂质干扰问题也比薄层色谱法大大地减少，因此气相色谱法以其简单、快速、灵敏和准确的优越特点，在检测农产品农药残留的分析测试中得到了广泛的应用。

② 高效液相色谱法（HPLC）　对于那些沸点太高、热稳定性差、不能汽化的有机磷农药尤为适用。HPLC一般采用C_{18}或C_{18}的填充柱，以甲醇等水溶性有机溶剂作流动相的反相色谱，选用紫外检测器，结果理想。

③ 薄层色谱法（TLC）　以固体吸附剂（如硅胶、氧化铝等）为载体，水为固定相溶剂，流动相一般为有机溶剂所组合的分配型色谱分离分析方法。薄层色谱法不需要特殊设备和试剂，方法简单、直观、灵活，但是灵敏度不高，需要与其他技术联用。

④ 色谱-质谱联用法　色谱-质谱联用法主要指气相色谱-质谱联用（GC-MS）和液相色谱-质谱联用（LC-MS）技术。通过联用，充分发挥色谱的分离、定量功能和质谱的定性功能。GC-MS用于农药残留检测，特别是对农药代谢物、降解物的检测和多残留检测等具有突出的特点。能同时实现100多种残留农药测定。LC-MS可以直接分析热不稳定性农药，

无须衍生化。即便农药没有完全被分离，也可以通过分子量的不同而得到定性。

（2）毛细管电泳（CE） 毛细管电泳（CE）具有分离效率高、快速、运行成本低、样品用量少等特点，近年来得到了迅速发展。毛细管区带电泳非常适用于那些难以用传统的液相色谱法分离的农药残留分析，分离度好，检出限低。

（3）光谱法 光谱技术对样品前处理要求低，对环境污染小，分析速度快。目前用于农药残留检测的光谱技术主要有红外光谱法、荧光光谱法和紫外-可见分光光度法。

① 红外光谱法 红外光谱是物质分子结构的反映，谱图中的吸收峰与分子中各基团的振动形式相对应。样品不需预处理，具有快速、简便的特点。

② 荧光光谱法 有机磷农药由于分子结构等原因，自身不能发荧光。有机磷农药对胆碱酯酶有抑制作用，有机磷农药的浓度越大，对胆碱酯酶的抑制越强，产生的 β-萘酚越少，则荧光的变化值越小，从而判断是否存在有机磷农药。荧光光谱法的灵敏度高，但其在实际样品检测中的应用还有待于进一步研究，如样品基质对检测的影响等问题。

③ 紫外-可见分光光度法 紫外-可见分光光度法是基于分子内电子跃迁产生的吸收光谱进行分析的一种常用的光谱分析法。

综上，农药残留检测技术发展到今天，已经取得重大进展，各种不同仪器技术的应用，大大提高了农药残留检测能力和检测的灵敏度、检测限及检测覆盖范围，为检测质量控制搭建了技术平台。采用现场快速初筛检测和实验室验证性检测结合，对结果阳性的样品用准确、可靠的方法进行验证，可大大减少分析工作量，提高分析效率，有利于加强农药残留监控的力度。但各类快速检测方法在应用过程中仍存在不少问题：如酶抑制法容易出现假阳性、假阴性，植物内含物对酶反应干扰严重，不同批次酶的质量、反应温度、处理时间等对检测结果影响较大，导致检测的专一性、可比性等下降；酶联免疫法在分析过程中出现交叉反应，导致检测的可靠性和灵敏度降低，方法难以标准化；生物传感器法测定存在选择性不高等问题。针对这些现象，快速检测技术还应向着稳定性好、灵敏度高的方向发展。

项目一 有机磷、氨基甲酸酯类农药快速检测

一、酶抑制法

1. 速测卡法

【适用范围】

本方法适用于蔬菜、水果、相应食物、水及中毒残留物中有机磷类和氨基甲酸酯类农药的快速检测。本方法摘自国家标准快速检测方法《蔬菜中有机磷和氨基甲酸酯类农药残留量的快速检测》（GB/T 5009.199—2003）和《蔬菜上有机磷和氨基甲酸酯类农药残毒快速检测方法》（NY/T 448—2001）。

【检测原理】

胆碱酯酶可催化靛酚乙酸酯（红色）水解为乙酸和靛酚（蓝色），有机磷或氨基甲酸酯

有机磷、氨基甲酸酯类
农药残留快速检测

类农药对胆碱酯酶有抑制作用，使催化、水解、变色的过程发生改变，由此可判断出样品中是否有高剂量有机磷或氨基甲酸酯类农药存在。

农药速测卡中一般含有白色和红色两种药片。白色药片载有胆碱酯酶，红色药片载有乙酰胆碱类似物靛酚乙酸酯，提取液中的农药与胆碱酯酶和靛酚乙酸酯反应，通过颜色判断样品中是否含有有机磷或氨基甲酸酯类农药。

【主要仪器】

便携式农药残留速测仪，农药残留速测卡，电子天平，超声波提取仪。

【试剂】

pH7.5磷酸缓冲溶液（提取液）：分别称取15.0g磷酸氢二钠与1.59g磷酸二氢钾，用500mL蒸馏水溶解。

【操作步骤】

（1）整体测定法

选取有代表性的蔬菜样品，擦去表面泥土，剪成1cm左右见方碎片，取5g放入洁净带盖瓶中，加入10mL纯水或pH7.5磷酸缓冲溶液（样品与浸提液的比例为1∶2），充分振摇（有条件时，可将提取瓶放入超声波提取器中振荡30s），静置2min以上，提取液备用。

取一片农药残留速测卡，用白色药片蘸取提取液（3～4滴），放置10min以上进行预反应，有条件时在37℃恒温装置中放置10min。预反应完成后的药片表面必须保持湿润。

将农药残留速测卡对折，使红色药片与白色药片叠合，用手捏3min或用恒温装置恒温（如便携式农药残留速测仪）3min，使两个药片充分发生反应。同时做空白对照。

（2）表面测定法（粗筛法）

擦去蔬菜表面泥土，滴2～3滴pH7.5磷酸缓冲液在蔬菜表面，用另一片蔬菜在滴液处轻轻摩擦。

取一片农药残留速测卡，将蔬菜上的液滴滴在白色药片上。

余下操作同整体测定法。

【结果判定】

与空白对照比较，白色药片呈天蓝色或与空白对照相同，表示样液中的农药残留量低于方法检出限；白色药片显浅蓝色，表示样液中含有农药，但残留量不太高；白色药片不变蓝，表示样液中的农药残留较高（彩图扫描二维码）。对检出农药残留的样品，可在实验室用国家规定的标准分析方法进一步确定具体农药品种和含量。

彩图

【灵敏度】

本法对部分常见农药的检出限见表2-1。

表2-1　速测卡对部分常见农药的检出限　　　单位：mg/kg

农药名称	检测限	农药名称	检测限	农药名称	检测限
敌敌畏	0.3	马拉硫磷	2.0	西维因	2.5
对硫磷	1.7	乐果	1.3	好年冬	1.0
乙酰甲胺磷	0.5	久效磷	2.5	敌百虫	0.3
甲胺磷	1.7	水胺硫磷	3.1	呋喃丹	0.5

【注意事项】

① 农药残留速测卡比较灵敏，待测液中只要有微量有机磷或氨基甲酸酯类存在，就能强烈地抑制蓝色产物的产生，凭肉眼就可从蓝色的深浅来判断农药的残留。

② 葱、蒜、萝卜、韭菜、芹菜、香菜、茭白、蘑菇及番茄汁液中，含有对酶有影响的植物次生物质，容易产生假阳性。处理这类样品时，可采取整株（体）蔬菜浸提或采用表面测定法。对一些含叶绿素较高的蔬菜，也可采取整株（体）蔬菜浸提的方法，减少色素的干扰。如测定番茄时，可将茄蒂放在提取液中浸泡 2min，取浸泡液测定。测定韭菜或大蒜时，可整根或整粒放入容器中，加入提取液后振摇提取测定。

③ 当温度条件低于 37℃，酶的反应速度随之减慢，药片加溶液后放置反应的时间应相对延长，延长时间的确定，应以空白对照用手指（体温）捏至变蓝的时间为参考，即可后续操作。注意样品放置的时间应与空白对照放置的时间一致才有可比性。

有时会出现空白对照不变色的情况，其原因一是药片表面缓冲溶液加得少，药片表面不够湿润，所以要注意控制适量添加液体，需保证 10min 预反应以后，白色药片表面仍为潮湿，否则容易造成蓝白相间的花片；二是温度太低，影响了酶的活性，抑制了反应的正常进行。

④ 白色药片和红色药片应尽可能完全叠合，否则容易造成白色药片在反应后部分呈蓝色，部分为白色，或蓝色不均匀的现象，影响结果判定。

⑤ 红色药片与白色药片叠合时间及结果观测时间非常重要。通常叠合反应时间以 3min 为准，3min 后蓝色会逐渐加深，24h 后颜色会逐渐退去；打开观察结果的时间应以 1min 内为准，打开的农药残留速测卡暴露在空气中时间过长，颜色很快会发生变化，影响结果测定。

⑥ 农药残留速测卡对农药非常敏感，测定时如果附近喷洒农药或使用卫生杀虫剂，以及操作者和器具沾有微量农药，都会造成对照和测定药片不变蓝。

⑦ 在确定样品是否呈有机磷或氨基甲酸酯类农药阳性结果时，要经过多次重复检测，必要时将样品送实验室进一步确定和定量。农药残留速测卡没有检出农药残留时，说明样品中所含的有机磷或氨基甲酸酯类农药残留量低于方法检出限，并不代表该样品中不含这类农药，也不代表其他种类农药残留不超标。

⑧ 农药残留速测卡应保存在无甲醛或杀虫剂的空间或储存柜内，要求放在阴凉、干燥、避光处，有条件者放于 4℃冰箱中最佳。农药残留速测卡开封后最好在 3 天内用完，如一次用不完可存放在干燥器中。

⑨ 目前市面上所使用的农药残留速测卡的酶原为动物乙酰胆碱酯酶。

⑩ 目前有改进的农药残留速测卡运用薄层-酶抑制技术制成。具体方法：将农药放在薄层板上展开后喷酶液，农药抑制斑点上的酶的活性，而其他部分不被抑制，可以使基质水解，水解产物与显色剂染料发生特定反应，形成某一特定颜色，与农药斑点颜色区分开来。根据检出样品斑点的大小、清晰度与农药标准斑点比较，进行定性分析与概略定量分析。薄层-酶抑制法采用酶原比较多，植物酶原如面粉酶、玉米面酶、大米（或小米）酶液，动物酶原如马血清、牛肝、蜂脑等。基质通常用乙酸，呈色剂常用蓝光重氮色盐蓝。

薄层-酶抑制法结合了薄层色谱法和酶抑制法，对有机磷农药测定灵敏度高、适用性广，对某些化学显色法检验不出或不易检验出的农药亦可灵敏检出，由于特异性比较好，因而对样品净化要求不高，技术更容易掌握，不需要贵重仪器等；但影响因素也很多，如酶液种类、酶液喷洒浓度、显色剂种类等，使得此法重现性差，所以采用薄层-酶抑制法时仅能概略定量。

2. 分光光度法

【适用范围】

本方法适用于叶菜、菜花和部分果菜、菜豆等蔬菜中有机磷和氨基甲酸酯类农药残留量的检测。

【检测原理】

在一定条件下，有机磷和氨基甲酸酯类农药对胆碱酯酶有抑制作用，抑制率与农药的浓度呈正比。本法利用酶催化乙酰胆碱水解，水解产物与显色剂反应生成黄色物质，该物质在412nm处有吸收，测定吸光度随时间的变化值，计算出抑制率，通过抑制率可以判断蔬菜中含有机磷或氨基甲酸酯类农药残留量的情况。

【主要仪器】

农药残留速测仪，电子天平，移液枪及配套管嘴，冰箱，超声波提取仪，恒温水浴。

【试剂】

（1）pH8.0缓冲溶液（提取液）

分别称取11.9g无水磷酸氢二钾和3.2g磷酸二氢钾，溶解于1000mL蒸馏水中。

（2）显色剂

分别称取160mg 5,5′-二硫代双（2-硝基苯甲酸）（DTNB）和15.6mg碳酸氢钠，溶解于20mL缓冲溶液中，4℃冰箱中保存。

（3）底物

称取125mg碘化硫代丁酰胆碱，溶解于15mL缓冲液中，摇匀后置4℃冰箱中保存备用。保存期不超过两周。

（4）丁酰胆碱酯酶或乙酰胆碱酯酶

根据酶的活性情况，用缓冲液溶解，3min内的吸光度变化控制在0.4～0.8。摇匀后置4℃冰箱中保存备用。

【操作步骤】

（1）样品处理

选取有代表性的蔬菜样品，冲洗掉表面泥土，剪成1cm左右见方碎片，取样品1g（非叶菜类取2g），放入烧杯或提取瓶中，加入5mL缓冲溶液，手摇振荡1～2min，或超声波振荡30s，浸出提取液，静置3～5min，待用。

（2）对照溶液测试

先于试管中加入50μL酶液和50μL显色剂，再加入2.5mL缓冲溶液，摇匀后于37℃放置15min，加入50μL底物摇匀，此时开始反应并显色，要立即放入仪器比色池中，记录反应3min时的吸光值ΔA_0。

（3）样品溶液测试

先于试管中加入50μL酶液和50μL显色剂，再加入2.5mL样品提取液，其他操作与对照溶液测试相同，记录反应 3min 的吸光度变化值 $\Delta A t$。

【结果计算及判定】

结果以酶被抑制的程度（抑制率）表示。

$$抑制率(\%)=[(\Delta A_0-\Delta A t)/\Delta A_0]\times100\%$$

当蔬菜样品提取液对酶的抑制率≥50％时，表示蔬菜中有高剂量有机磷或氨基甲酸酯类农药存在，需要重复检验 2 次以上确定结果。同时可在实验室进一步确定具体农药品种和含量。

【灵敏度】

本法对部分常见农药的检出限见表 2-2。

表 2-2　酶抑制率法对部分常见农药的检出限　　　　　　　单位：mg/kg

农药名称	检出限	农药名称	检出限	农药名称	检出限
敌敌畏	0.1	马拉硫磷	4.0	灭多威	0.1
对硫磷	1.0	乐果	3.0	丁硫克百威	0.05
辛硫磷	0.3	氧化乐果	0.8	敌百虫	0.2
甲胺磷	2.0	甲基异硫磷	5.0	呋喃丹	0.05

【注意事项】

① 本方法利用分光光度计即可进行检测，灵敏度高于速测卡法。如果配合农药残留速测仪，可有效地适应现场快速检测的需要。现在市场上使用的该类仪器品种各式各样，有 4 通道、5 通道、8 通道、12 通道的，大多是由分光光度计在结果计算功能上进行改进的专用农药残留速测仪。该类仪器使用简单方便，直接显现检测结果，配有数据管理软件，检测数据可上传，是目前省市一级对农药残留监督和县区一级日常检测的主要仪器。

② 目前市场上销售和使用的试剂种类较多，如何判断检测试剂好坏、是否适用，到目前为止，还没有一个相关的产品标准。各检测使用单位在选择检测试剂时，大多是根据仪器供应商的推荐，或直接选用自己熟悉的产品。事实上，这是一个理解误区，对一种合格的试剂来说，它应适合于任意一款的检测仪器（包括紫外分光光度计）。

③ 试剂质量判别法：用 5mL 的玻璃试管，按试剂的加入顺序和加入量，加入底物，立刻观察溶液颜色变化情况。若试管内溶液颜色立刻变黄，没有一个逐渐的过程，说明底物已经分解，不能再用；若试管内溶液颜色一直都没变化，表明酶已失活；若试管内溶液颜色逐渐变黄，说明试剂基本正常，具体是否能用，需待使用仪器测其空白样的活性才能确定。一般空白样 3min 的变化值为 0.4～0.8 较为合适。如果空白差值小于 0.2，最好不用。空白差值在 0.2～0.4，说明酶的活性较低，应当适当加大酶的用量，加大到 100μL，将空白差值调到 0.4～0.6。同时有条件的可使用酶标仪来测定酶的活性，结果更准确。

④ 试剂的配制和保存：使用的酶和底物的粉剂必须存放在冰箱的冷冻室（约−18℃），溶解后的酶溶液如暂时不用，要放在冷冻室内保存，用后的酶液放在冷藏室（0～5℃内），7 天内用完；酶液不要反复冷冻，最多不超过 2 次，否则会影响酶的活性。显色剂和底物液均保存在冷藏室（0～5℃）内。提取液在常温下保存。

⑤ 取样要注意叶菜类应去烂叶、枯叶，并切成宽度为 1cm 左右的试样。块太大，可能导致提取不完全；块太小，某些有颜色汁液会影响检测结果；豆类、块茎类取果皮至果肉

1cm 左右处的表皮试样；葱、蒜、萝卜、韭菜、芹菜、香菜、蘑菇及番茄汁液中含有对酶有影响的植物次生物质，处理这类样品时，可采取整株（体）浸提，避免次生物质干扰。还有一些含叶绿素较高的蔬菜也可采取整株（体）蔬菜浸提的方法以减少色素的干扰。另外，所测试样的不同部位农药残留情况不同，为准确反映该样品的农药残留情况，取样必须有代表性，不可以点代面。检测前的样品在称量前不能水洗，若沾有泥土或水，可用干净的毛巾擦干净。

⑥ 测试用的样品浸泡液尽量澄清。如测试用的样品浸泡液不澄清，其检测结果与实际情况相差很大。通常采用静置几分钟再吸取或用中速（或低速）的滤纸过滤的办法澄清样品浸泡液。

⑦ 酶抑制的温度和时间对酶的活性影响较大，应该严格控制。乙酰胆碱酯酶抑制温度 25～35℃，时间 20min；丁酰胆碱酯酶抑制温度 37～38℃，时间 30min。在气温高时，可通过缩短培养时间、降低培养温度、农药残留速测仪预热的时间不要太长等方式来增加检测数据的准确性。

⑧ 本实验用水均为蒸馏水或去离子水。

⑨ 每批样品的控制时间、温度条件必须与对照溶液的条件完全一致。

⑩ 如果吸光度趋于无穷大时，说明测定液混浊有干扰。

⑪ 假阳性和假阴性：假阳性是由于酶活性降低或失活，导致其在底物中不起作用，底物不能被水解，无法与显色剂结合显色，造成提取液中的农药抑制了酶的活性的假象。假阴性是因为某种农药对某种酶抑制作用很小或无作用而产生的，表现出无农药的假象。除此以外，在反应过程中化学干扰也有可能导致假阳性、假阴性现象的发生。检测中只能通过选择有较好活性、较强敏感性的酶来尽量减少此类问题的出现。

⑫ 抑制率出现低于 −10％ 的结果，主要是操作中存在系统误差、操作不熟练、加入底物后没有摇匀、水纯度不够等因素造成的。

当检测结果与空白值接近时，只能说明样品中有机磷或氨基甲酸酯类农药残留低于方法检测限，不能判定为不含有机磷或氨基甲酸酯类农药，也不能判定该样品中其他种类农药残留不超标。

二、免疫分析法

1. 有机磷农药免疫胶体金快速检测试剂板

【适用范围】

适用于快速检测蔬菜、水果、蜂蜜、蜂王浆、肌肉组织和水产品中的有机磷农药残留。

【检测原理】

有机磷农药免疫胶体金快速检测试剂板的中央膜面上固定有两条隐形线，有机磷农药抗原固定在测试区作为检测线（T 线），二抗固定在质控区作为对照线（C 线）。

当待检样品溶液滴入试剂板加样孔后，样品溶液因色谱作用往上扩散。如果样品溶液含有相应农药的残留，农药将和胶体金颗粒上的抗体先行反应，因此当胶体金颗粒随样品溶液扩散至 T 线时，胶体金颗粒上抗体的活性位点将因被样品溶液中的农药占据而无法与 T 线上药物抗原结合，所以当样品中的有机磷农药含量超过试剂板检出限时，试剂板上的 T 线将较 C 线显色淡甚至无显色，判定为阳性。反之，当样品中有机磷农药含量在试剂板检出限以下或无残留时，试剂板上的 T 线显色与 C 线相近或偏深，判定为阴性。

【主要仪器】

有机磷农药免疫胶体金快速检测试剂板（图 2-3），组织捣碎机，离心机或布氏漏斗，氮吹仪。

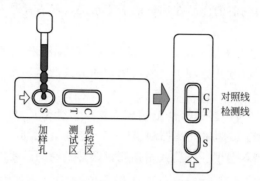

图 2-3　有机磷农药免疫胶体金快速检测试剂板

【试剂】

乙腈，氯化钠。

【操作步骤】

（1）样品处理

取 20g 左右的组织，切碎混匀；称取 10g 样本于烧杯中，加入大约 5mL 蒸馏水和 35mL 乙腈，用高速组织捣碎机提取约 1min；用布氏漏斗过滤或室温下 4000r/min 离心 5min，滤液或上清液转入离心管中；加入约 4g 氯化钠，上下翻转振荡 1～2min，静置 20min 分层；移取乙腈上清液 6mL 于试管中，在 50℃下氮气吹干。

（2）测定

将试剂板和待检样本溶液恢复至常温，用滴管吸取待检样品溶液，滴加 3 滴于加样孔中，加样后开始计时。

（3）结果读取

3～5min 后读取结果，其他时间判读无效。

【结果判定】

① T 线（检测线，靠近加样孔一端）比 C 线（对照线）深或一样深，表示样品中有机磷农药浓度低于试剂板检出限或无农药残留［图 2-4(a)］。

② T 线比 C 线浅，或 T 线无显色，表示样品中有机磷农药浓度高于试剂板检出限；T 线相比 C 线越浅，表示有机磷农药浓度越高［图 2-4(b)］。

③ 未出现 C 线，表明不正确的操作过程或试剂板已变质失效。判定为无效［图 2-4(c)］。在此情况下，应用新的试剂板重新测试。

图 2-4　有机磷农药免疫胶体金快速检测试剂板结果判定

【特异性及灵敏度】

有机磷农药免疫胶体金快速检测试剂板对 19 种农药标准品进行检测，对其中 13 种农药检出结果为阳性，见表 2-3。对 30mg/L 倍硫磷、久效磷、克线丹、马拉硫磷、敌百虫、克百威 6 种标准品的检出结果为阴性。

表 2-3　部分有机磷农药检出限　　　　　　　单位：mg/kg

农药名称	检出限	农药名称	检出限
毒死蜱	0.05	甲基对硫磷	0.375
对硫磷	0.2	杀螟硫磷	0.75
甲拌磷	0.75	乐果	3.0
水胺硫磷	3.0	喹硫磷	0.75
三唑磷	0.75	杀扑磷	1.5
甲胺磷	3.0	敌敌畏	3.0
乙酰甲胺磷	1.5		

【注意事项】

① 尽量不要触摸试剂板中央的白色膜面。

② 请勿使用过期的试剂板。

③ 原包装应储存于 4～30℃、阴凉、避光、干燥处，切勿冷冻。

2. ELISA 法

【适用范围】

适用于纺织品、棉花、粮食、水果、蔬菜、肉、乳、水和土壤中农药的残留检测。

【检测原理】

采用间接竞争 ELISA，微孔条上载有偶联抗原，有机磷农药与微孔条上的偶联抗原竞争有机磷农药的抗体，加入酶标记物后，与底物显色，样本吸光值与有机磷农药残留量呈反比，与标准曲线比较计算有机磷农药残留物的含量。

【主要仪器】

酶标板，移液器及吸头，EP 管。

【试剂】

有机磷 ELISA 试剂盒。

【操作步骤】

（1）样品处理

取适量蔬菜或水果样品，用搅拌机打碎，取 5g 于 30mL 塑料试管中，加 25mL 甲醇，加盖振荡 30min。振荡后将试管置高速离心机中以 6000r/min 离心 10min，上层清液备用。

（2）测定

酶标板分别设空白孔、标准孔、待测样品孔。空白孔加提取剂 100μL，其余孔依次加标准品和待测样品提取液 100μL。

每孔加检测溶液 A 100μL，酶标板加上覆膜，37℃反应 60min。弃去液体，甩干，用洗涤液洗板 3 次，每次浸泡 1～2min，大约每孔 400μL，甩干。每孔加检测溶液 B 100μL，酶标板加上覆膜，37℃反应 60min。弃去液体，甩干，用洗涤液洗板 5 次，每次浸泡 1～2min，每孔 350μL，甩干。

依序每孔加底物溶液 90μL，加上覆膜，37℃避光显色。30min 内，肉眼可见标准品的前 3～4 孔有明显的梯度蓝色，即可终止。依次每孔加终止溶液 50μL，终止反应，此时蓝色立刻转变成黄色，在 450nm 波长立即测定各孔的光密度（OD 值）。

【结果计算】

用对数坐标纸，标准物的浓度为纵坐标，OD 值为横坐标，绘出标准曲线。也可使用专业制作曲线软件进行分析，如 Curve Expert 1.3，根据样品的 OD 值由标准曲线查出相应的浓度，再乘以稀释倍数，即为样品的实际浓度。

【灵敏度】

本试剂盒测定有机磷农药的灵敏度为 1.0μg/mL。

【注意事项】

① 实验开始前，各试剂需平衡至室温。

② 在操作过程中必须保证样品分析与标样测定同步进行，以减小温育时间对分析结果的影响。如样品数量多，推荐使用多通道移液器。

③ 整个实验过程中，酶标板要保持一定的湿度。为防止样液蒸发，试验时将反应板置于铺有湿布的密闭盒内，酶标板加盖或覆膜，以避免液体蒸发；洗板后应尽快进行下一步操作，任何时候都应避免酶标板处于干燥状态。

④ 注意控制反应时间。加入底物后定时观察反应孔的颜色变化（比如，每隔 10min），如颜色较深，提前加入终止液终止反应，避免反应过强从而影响酶标板光密度读数。

⑤ 底物避光保存，在储存和温育时避免强光直接照射。

⑥ 实验前应预测样品含量，如样品浓度过高时，应对样品进行稀释，以使稀释后的样品符合试剂盒的检测范围，计算时再乘以相应的稀释倍数。

⑦ 用 ELISA 试剂盒检测农药残留，首先要将农药从样品中提取出来。多数农药是非极性或弱极性，不易溶于水，通常用有机溶剂进行提取。而 ELISA 反应是以水溶液作为反应介质，一般认为，ELISA 检测过程中样品溶液不能含有非水溶性溶剂，溶剂脂溶性越大，对免疫反应抑制率越大。但研究发现，反应介质中有适量水溶性有机溶剂（甲醇、丙酮、二甲基亚砜等）的存在，能增加农药特别是脂溶性农药在介质中的溶解性，降低其在实验器皿表面的吸附损失和破坏样品基质的亲脂性胶束。

━━━ 项目二　熏蒸剂快速检测——溴甲烷的测定

【适用范围】

适用于粮谷类中溴甲烷熏蒸剂残留量的测定。

【检测原理】

溴甲烷随水蒸气蒸出后被氢氧化钾-乙醇溶液吸收，经酸化后与过量硝酸银作用，剩余硝酸银与硫氰酸铵作用，生成红色混合物，用硫酸铁铵作指示剂，颜色的深浅与样品中溴甲烷成反比，从而可以求出溴甲烷的含量。反应式如下。

$$CH_3Br + KOH \longrightarrow CH_3OH + KBr$$
$$KBr + AgNO_3 \longrightarrow AgBr + KNO_3$$
$$AgNO_3 + NH_4CNS \longrightarrow AgCNS + NH_4NO_3$$
$$2NH_4Fe(SO_4)_2 + 6NH_4CNS \longrightarrow 2Fe(CNS)_3 + 4(NH_4)_2SO_4$$

【主要仪器】

水蒸气蒸馏装置，比色管。

【试剂】

① 6mol/L 硝酸。

② 5％氢氧化钾-乙醇溶液。

③ 0.010mol/L 硝酸银溶液。

④ 0.010mol/L 硫氰酸铵标准溶液。

⑤ 硫酸铁铵指示剂：称取 8g 硫酸铁铵溶于 100mL 水中。

⑥ 溴甲烷标准溶液：准确称取溴化钠 0.1084g，溶于 100mL 水中。此溶液每毫升相当于 1mg 溴甲烷。

【操作步骤】

（1）样品预处理

样品粉碎后过 200 目筛，称取 100g，置于圆底烧瓶中，接水蒸气蒸馏装置进行水蒸气蒸馏。馏出液用盛装 20mL 5％氢氧化钾-乙醇溶液的 100mL 容量瓶接收，馏出液体积达到 90mL 时停止蒸馏。加入 6mol/L 硝酸 5mL 使溶液呈酸性，加水至刻度，摇匀。

（2）标准曲线制作

准确吸取溴甲烷标准溶液 0mL、0.5mL、1.0mL、1.5mL、2.0mL、2.5mL，分别移入锥形瓶中，加入 5mL 6mol/L 硝酸溶液，再加入水，使总体积达到 50mL。分别准确加入 0.010mol/L 硝酸银溶液 1mL、0.010mol/L 硫氰酸铵标准溶液 1mL 以及硫酸铁铵指示剂 2mL，摇匀后通过干滤纸滤入 50mL 比色管中，备用。

（3）测定

准确吸取酸性溶液 50mL 置于锥形瓶中，分别准确加入 0.010mol/L 硝酸银溶液 1mL 和 0.010mol/L 硫氰酸铵标准溶液 1mL 以及硫酸铁铵指示剂 2mL，以下操作同标准曲线制作。与标准管比较定量，求出样品中溴甲烷的含量。

【结果计算】

$$溴甲烷(mg/kg) = \frac{m}{W} \times 1000$$

式中　m——样品管中相当于标准管的溴甲烷量，mg；

　　　W——检测时样品实际质量，g。

【注意事项】

① 粮食及其制品或一些其他食品原料在储藏过程中容易生虫或发霉，为了延长其保质期，在一定储藏条件下，常使用一些熏蒸剂进行熏蒸保藏。通常使用的粮食熏蒸剂有溴甲烷、二硫化碳、环氧乙烷、四氯化碳、氯化苦、氰化物、砷化物和磷化物等。有些熏蒸剂如

氯化苦对人体是有害的，二溴乙烷也是一种强致癌剂。有些熏蒸剂如氯化苦、二溴乙烷、氰化物、砷化物等在我国已停止使用，但进口粮食及其制品中时有检出，因此需要进行熏蒸剂残留量的测定。

② 由于食品中的环氧乙烷与无机氯化物化合合成相应的有害物质——α-氯乙醇，也需要对α-氯乙醇进行测定。

③ 微量的混合物采用 GC 进行分离测定，含量较高时可用常规比色法。

④ 目前食品中熏蒸剂残留量的检测还没有一种方便快捷的现场快速检测方法，大多是依据化学反应比色法或者利用气相色谱仪进行分析。目前市场上出现的 MB-02 溴甲烷熏蒸气体检测仪则是针对熏蒸气体进行检测。比如在封闭的集装箱外检测溴甲烷的泄漏量；地窖和包装箱的溴甲烷的浓度。该检测仪灵敏度高，一旦检测到溴甲烷，几秒钟内就会读数，声音报警；同时它体积小，重量轻，携带和存放都很方便。

⑤ 样品需粉碎过 200 目筛以提高准确度。

？ 思考题

1. 酶抑制法测定有机磷或氨基甲酸酯类农药的基本原理是什么？
2. 速测卡法测定有机磷或氨基甲酸酯类农药时需要注意哪些问题？
3. 分光光度法测定有机磷或氨基甲酸酯类农药时需要注意哪些问题？
4. 熏蒸剂的检测方法有哪些？并简述其检测原理和检测过程。

实训 2-1 速测卡法快速测定果蔬中农药残留

【目的要求】

通过实训，理解速测卡法的基本原理，掌握速测卡法检测的基本技能。

【原理方法】

胆碱酯酶可催化靛酚乙酸酯（红色）水解为乙酸和靛酚（蓝色），有机磷或氨基甲酸酯类农药对胆碱酯酶有抑制作用，使催化、水解、变色的过程发生改变，由此可判断出样品中是否有高剂量有机磷或氨基甲酸酯类农药存在。

【器材】

农药残留速测卡，超声波提取仪，便携式农药残留速测仪，电子天平。
果蔬样品 3~4 个品种。

【试剂】

pH7.5 的磷酸缓冲液：分别称取 15.0g 磷酸氢二钠与 1.59g 磷酸二氢钾，用 500mL 蒸馏水溶解。

【操作步骤】

(1) 样品前处理

① 整体测定法 将果蔬样品剪成 1cm 左右见方碎片，取 5g 放入烧杯中，加入 10mL 缓冲溶液，摇匀，静置 10min 以上或用超声波提取仪提取 2min 左右，得到的浸泡溶液为样品

提取液。

② 表面测定法 擦去果蔬表面灰尘，滴 2~3 滴缓冲溶液在果蔬表面，用另一片果蔬在滴液处轻轻摩擦，得到的液滴为样品提取液。

（2）分析检测

取一片农药残留速测卡，用白色药片蘸取样品提取液（3~4 滴），在便携式农药残留速测仪（37℃）放置 10min 以上进行预反应，预反应后的药片表面必须保持湿润。将农药残留速测卡对折，用手捏 3min 或用便携式农药残留速测仪恒温 3min，使红色药片与白色药片叠合发生反应。每批测定应设一个缓冲液的空白对照检测卡。

与空白对照检测卡对比，白色药片不变色或为浅蓝色均为阳性结果，白色药片变为天蓝色或与空白对照检测卡相同为阴性结果。

【课堂讨论】

① 哪些果蔬宜采用整体测定法，哪些果蔬宜采用表面测定法，为什么？

② 白色、红色药片上分别固定的是什么？

实训 2-2 酶抑制率法测定米面、果蔬中农药残留（分光光度法）

【目的要求】

通过实训，理解酶抑制率的基本原理，掌握酶抑制法检测的基本技能。

【原理方法】

基于被测样品中残留的有机磷或氨基甲酸酯类农药，在一定条件下对乙酰胆碱酯酶活性的抑制作用，而影响酶显色反应的速率，其抑制率与农药的浓度呈正相关，故可通过对酶显色反应速率的监测，确定样品中农药残留量。

【器材】

农药残留速测仪，超声波提取仪，离心机。

米面、果蔬样品 3~4 个品种。

【试剂】

（1）pH8.0 的磷酸缓冲液

分别称取 11.9g 无水磷酸氢二钾与 3.2g 磷酸二氢钾，用 1000mL 蒸馏水溶解。

（2）显色剂

分别称取 160mg 5,5′-二硫双(2-硝基苯甲酸)（DTNB）和 15.6mg 碳酸氢钠，用 20mL 缓冲溶液溶解，4℃ 冰箱中保存。

（3）底物

称取 25mg 硫代乙酰胆碱，加 3mL 蒸馏水溶解，摇匀后置于 4℃ 冰箱中保存备用。

（4）乙酰胆碱酯酶

根据酶的活性情况，用缓冲液溶解，3min 的吸光度变化控制在 0.3 以上，摇匀后置于 4℃ 冰箱中保存备用。保存期不超过 4 天。

【操作步骤】

（1）样品前处理

① 米面样品的前处理　把将要检测的米或面按上、中、下3层各布4个点采样，每个点采样0.5kg，然后混合在一起，搅拌均匀后按4分法对角取样0.5kg作为测量样品。正确称取0.50g样品3份，分别放进干净的样品提取瓶中，再分别向其中加入5.0mL pH8.0的磷酸缓冲溶液，搅拌均匀。超声波提取6min，离心2min，取上清液，过滤（0.45μm），移取2.50mL到比色瓶中。

② 果蔬样品的前处理　叶菜蔬菜取可食用叶片部分，擦去表面泥土；果实蔬菜用带刮皮器的水果刀顺皮削下一片，然后切成1cm左右见方碎片，称取3份样品，每份样品2.00g，置于样品提取瓶中，再分别向其中加入10.0mL pH8.0的磷酸缓冲溶液，使提取液浸没样品，超声波提取6min，取上清液2.50mL到比色瓶中。

（2）分析检测

向比色瓶中的待测液中分别加入0.1mL乙酰胆碱酯酶、0.1mL显色剂，摇匀后在37℃放置15min。再加入0.1mL底物摇匀，立刻放入检测仪中，记录反应3min的吸光度变化值ΔA_t。同时做空白对照测试，记录反应3min时的吸光值ΔA_0，按下列公式计算抑制率：

$$抑制率(\%) = [(\Delta A_0 - \Delta A_t)/\Delta A_0] \times 100\%$$

抑制率≥50%时为阳性结果。

【课堂讨论】

① 不同样品的前处理有何不同？

② 为什么要严格控制时间、温度？它们对检测结果有何影响？

实训 2-3　免疫胶体金试剂板法测定有机磷农药残留

克百威免疫胶体金快速检测

【目的要求】

通过实训，熟悉免疫分析法测定农药残留的原理及方法。

【原理方法】

待检抗原和药物抗原与胶体金上相应固相抗体竞争结合，通过与对照线颜色深浅比较判断出样品中是否有高剂量有机磷农药存在。

【器材】

有机磷农药免疫胶体金快速检测试剂板，组织捣碎机，离心机或布氏漏斗、氮吹仪。果蔬、水产品等待检样品。

【试剂】

乙腈，氯化钠。

【操作步骤】

（1）样品处理

称取切碎混匀后的样品10g于烧杯中，加入大约5mL蒸馏水和35mL乙腈，用高速组织捣碎机提取约 1min；用布氏漏斗过滤或室温下 4000r/min 离心 5min，滤液或上清液转入离心管中；加入约 4g 氯化钠，上下翻转振荡 1～2min，静置 20min 分层；移取乙腈上清液 6mL 于试管中，在 50℃下氮气吹干。

（2）测定

将试剂板和待检样本溶液恢复至常温，用滴管吸取待检样品溶液，滴加 3 滴于加样孔中，加样后开始计时。

（3）结果读取

3～5min 后读取结果，试剂板上的 T 线较 C 线显色淡或甚至无显色，判定为阳性。试剂板上的 T 线显色与 C 线相近或偏深，判定为阴性。

【课堂讨论】

免疫胶体金快速检测试剂板如何维护？

参 考 文 献

[1] 杨伟群，金红日. 蔬菜有机磷农药残留不同检测方法比较. 中国公共卫生，2007，23（8）：958-959.
[2] 杨东鹏，张春荣，董民，等. 酶抑制分光光度法检测蔬菜上有机磷和氨基甲酸酯类农药残留的方法的研究. 中国农学通报，2004，20（4）：58-60.
[3] 黑亮，胡月明，严会超，等. 蔬菜中农药残留的分析检测技术及解决措施. 广东农业科学，2007，（8）：63-65.
[4] 王小瑜，王相友，孙霞，等. 蔬菜有机磷农药残留检测试剂包检测条件的优化 [J]. 农业机械学报，2008，39（4）：97-100.
[5] 刘永杰，张金振，曹明章，等. 酶抑制法快速检测农产品农药残留的研究与应用. 现代农药，2004，3（2）：25-27.
[6] 刘云国，林东风，李八方，等. 食品中农药及药物残留检测技术研究进展. 海洋水产研究，2004，25（2）：83-87.
[7] 全洪友. 关于提高蔬菜农药残留检测速度与精度的思考. 现代农业科技，2009，（16）：328.
[8] 刘萍，张进忠. 有机磷农药残留检测技术研究进展. 环境污染与防治，2006，28（1）：55-57.
[9] 王翔. 有机磷生物传感器的研制. 西南民族大学学报（自然科学版），2006，32（03）：25.
[10] 蒲晓亚，张贵安. 乙酰胆碱酯酶抑制率法：可快速检测米面果蔬中有机磷农药残留. 监督与选择，2008，（8）：53-55.
[11] 张宁. 两种酶快速检测有机磷农药残留条件优化研究. 江苏农业科学，2006，5（1）：141-143.
[12] 王林，王晶，张莹，等. 蔬菜中有机磷和氨基甲酸酯类农药残留量的快速检测方法研究. 中国食品卫生杂志，2003，15（1）：39-41.
[13] 何颖，张涛. 蔬菜中有机磷农药残留的分光光度法快速检测. 环境化学，2005，12（6）：711-713.
[14] 吴迎春，聂峰. 水果蔬菜中有机磷农药残留的快速检测技术研究. 陕西理工学院学报，2009，25（3）：73-76.
[15] GB/T 5009.199-2003.
[16] 王明泰，牟峻，吴剑，等. 蔬菜水果中 77 种有机磷和氨基甲酸酯类农药残留量检测技术研究. 食品科学，2007，28（3）：247-249.
[17] 黄梓平，王建宁. 利用化学发光技术对有机磷农药进行检测分析. 青海师范大学学报（自然科学版），2003，（1）：59-63.
[18] 夏敏，王欣欣，杨文学，等. 酶联免疫技术快速测定蔬菜和水果中的农残. 现代科学仪器，2006，1：103-105.
[19] NY/T 448—2001.
[20] 王大宁，董益阳，邹明强. 农药残留检测与监控技术. 北京：化学工业出版社，2006.
[21] 朱坚. 食品中危害残留物的现代分析技术. 上海：同济大学出版社，2003.
[22] 朱国念. 农药残留快速检测技术. 北京：化学工业出版社，2008.
[23] 周蔚，吴厚斌. 2016 年度农药舆情分析. 农药科学与管理，2017，38（5）：15-20.
[24] 杨益军. 2017 农药行情趋好 多重因素助力企业盈利. 营销界（农资与市场），2017，2：69-71.

模块三　兽药残留快速检测技术

知识与能力目标

1. 掌握常见的兽药残留快速检测基本方法和基本操作技能。

2. 熟悉兽药的基本类型，熟悉常见的免疫学检测原理、微生物学检测原理和受体-配体反应原理等在兽药残留快速检测中的应用概况。

3. 通过学习，了解如何获得关于兽药残留的有关标准依据和检测试剂制造商信息，以便更好地理解食品中兽药残留控制的途径、技术方法、标准或法规依据等。

职业素养目标

1. 辩证地看待兽药在畜牧业生产中的作用及可能造成的潜在的食品安全问题、环境问题，提升食品安全意识和环保意识。

2. 培养诚实守信，严谨的工作精神及分析解决问题的能力。

3. 培养具有一定的法规、标准意识和食品安全意识，具有高度的社会责任感和专业使命感。

📖 背景知识

1. 兽药残留概况

用于预防和治疗畜禽疾病的药物称为兽药。兽药残留是指给畜禽使用兽药或添加剂后，药物以其原形及其代谢产物的形式蓄积或储存在动物的细胞、组织、器官或可食性产品（如蛋、乳）中。FAO/WHO 联合组织的国际食品中兽药残留立法委员会把兽药残留定义为：是指动物产品（肉、蛋、乳、水产及其制品）的任何可食部分所含兽药的母体化合物及/或其代谢物，以及与兽药有关的杂质的残留。所以兽药残留的形式包括原药，也包括药物在动物体内的代谢产物，另外，药物或其代谢产物与内源大分子共价结合产物称为结合残留。动物组织中存在共价结合物（结合残留）则表明药物对靶动物具有潜在毒性作用。

有人将兽药残留区分为抗生素类、磺胺药类、呋喃药类、抗球虫药、激素药类和驱虫药类6类。也有人把兽药残留分为7类，分别为抗生素类、驱肠虫药类、生长促进剂类、抗原虫药类、灭锥虫药类、镇静剂类和β-肾上腺素能受体阻断剂。

世界绝大多数国家都已具体规定了动物性食品中兽药的最高残留限量（MRL）。所谓最高残留限量，即动物用药后产生的允许存在于食品表面或内部的该兽药残留的最高量。样品中药物残留高于最高残留限量，即为不合格产品，禁止生产出售和贸易。中国作为畜禽产品生产绝对量最大的国家，食品的进出口标准必须国际化，相关法律必须与国际法接轨。无论是哪一个国家，如果不执行相关药物的残留标准，就不可避免地在食品贸易中发生拒收、扣留、退货、索赔和终止合同等事件。动物源食品（肉、蛋、乳、水产及其制品）的安全是全世界关注的焦点，其中兽药残留问题是影响动物源食品安全的重要因素之一，尽管世界各国采取了一系列政策和监控措施，但世界范围内涉及食品安全的恶性、突发事件时有发生，动物性食品安全现状仍然令人担忧。

从动物性食品中的兽药残留对人体健康产生的危害看，主要表现在以下几个方面。

（1）人体细菌对抗菌药物产生耐药性 动物在反复接触抗菌药物（尤其是饲料药物添加剂）后，体内的耐药菌株大量繁殖。在一定的情况下，动物体内耐药菌株通过动物性食品传播给人，从而给医学临床上感染性疾病的治疗造成困难。如深受人们喜欢的火锅，被耐药菌株污染后的肉片、牛肝、毛肚、鸭肠等被人们误食后，对身体的危害情况值得进一步研究。

（2）特殊毒性作用 主要包括致畸、致突变、致癌作用以及生殖毒性作用。例如，妊娠妇女在一定的妊娠阶段，如果食入的动物性食品中含有苯丙咪唑类药物，就有可能发生胎儿畸形、兔唇等。

（3）一般毒性作用 是指对人体导致的有害或不良生物学改变，机体表现出各种功能障碍等，根据接触时间的长短，可产生急性毒性、亚慢性毒性或慢性毒性作用。当通过食品一次摄入大量的某种残留兽药，有可能发生急性中毒。如瘦肉精（盐酸克伦特罗）的急性中毒事件。人在食入含瘦肉精残留的猪肉或猪肝等内脏后，可导致心悸、恶心、头晕、肌肉震颤，还有代谢紊乱，即引起血液中乳酸、丙酮酸浓度升高，出现酮病等。当长时间地摄入食品中少量的某些残留兽药，则可能发生慢性中毒。

（4）变态反应 少数抗生素和化学合成的抗菌药物（如青霉素、四环素和磺胺类药物等）能致敏易感的个体，变态反应的症状多种多样，如各种形态的皮疹等，严重的可发生过敏性休克而危及生命。

（5）激素样作用 具有性激素样活性的化合物作为同化剂用于畜牧生产已有40余年。动物的肿瘤发生率有上升趋势，因而引起人们对食用组织中同化剂残留的关注。

有7种兽药不能长期使用，否则容易超过动物性食品中兽药限量。

（1）呋喃唑酮（痢特灵） 长期应用，能引起出血综合征。如不执行休药期的规定，在鸡肝、猪肝、鸡肉中有残留，其潜在危害是诱发基因变异和致癌。

（2）磺胺类 长期使用能造成蓄积中毒，其残留能破坏人造血系统，造成溶血性贫血症、粒细胞缺乏症、血小板减少症等。

（3）喹乙醇 在饲料中添加，可促进畜禽生长，因其效果好，价格便宜，饲料厂普遍使用。但它是一种基因毒剂、生殖腺诱变剂，有致突变、致畸和致癌性。

（4）氯霉素 其对畜禽的不良反应是对造血系统有毒性，使血小板、血细胞减少和形成视神经炎。雏鸡肝内酶系统尚未发育完全，影响肝对氯霉素的解毒，肾脏排泄功能低下，使氯霉素滞留。其残留的潜在危害是氯霉素对骨髓造血功能有抑制作用，可引起人的粒细胞缺乏病、再生障碍性贫血和溶血性贫血，对人产生致死效应。

（5）土霉素 长期大剂量使用土霉素能引起肝脏损伤以致肝细胞坏死，致使中毒死亡。

如未执行休药期间规定，其残留使人体产生耐药性，影响抗生素对人体疾病的治疗，并易产生人体变态过敏反应。

（6）硫酸庆大霉素　用于养鸡中，易出现尿酸盐沉积、肾脏肿大、过敏性休克和呼吸抑制，特别是对脑神经前庭神经有害，而且反复使用易产生耐药性。

（7）出口肉鸡产品不允许使用的其他抗生素　有甲砜霉素、金霉素、阿维霉素、土霉素、四环素等几种，都是因抗生素能致癌的成分对人体有间接危害。也有一些要求在出栏前14天停用的如青霉素、链霉素；要求出栏前5天停用的有恩诺沙星、泰乐菌素；要求出栏前3天停用的有盐霉素、球痢灵。

另外，食品安全的标准不同，对食品安全方面表现出来的要求存在显著的地区差异。由于标准差异，在国民经济活动中产生的影响有时非常深远。众所周知，欧盟是世界上对食品安全要求最高，也是相关技术法规体系最完备、最严格的地区。水产品是我国最大宗的出口农产品。欧盟是我国水产品出口的四大市场之一，在我国水产品出口中占有重要地位。近年来，质量安全往往成为影响我国水产品出口最突出的问题，并屡屡造成我国出口水产品被退货、销毁甚至全面禁止。2002年1月，欧盟以我国水产品多次被检出氯霉素残留为由发布2002/69/EC号决定，全面停止从我国进口动物与动物源性食品。

2. 食品中兽药残留的来源

养殖动物使用兽药的主要途径如下。

（1）预防和治疗畜禽疾病用药　在预防和治疗畜禽疾病的过程中，通过口服、注射、局部用药等方法可使药物残留于动物体内而污染食品。

（2）饲料添加剂中兽药的使用　为了治疗动物的某些疾病，在饲料中常添加一些药物，还可促进畜禽的生长。当这些药物以小剂量拌在饲料中，长时间地喂养食用动物，通过饲料使药物残留在食用动物体内，从而引起肉食品的兽药残留污染。

（3）食品保鲜中引入药物　为食品保鲜有时加入某些抗生素等药物来抑制微生物的生长繁殖，这样也会不同程度地造成食品的药物污染。

兽药残留的原因主要有两个方面：一是兽药自身质量的问题；二是兽药在使用过程中违规。具体而论，兽药残留污染的主要原因包括以下几点。

（1）兽药使用不当　使用兽药时，在用药剂量、用药部位、给药途径和用药动物的种类等方面不符合用药规定，从而造成药物残留在体内，并使之存留时间延长，以致需要增加休药天数才能有效消除其对人体的不良影响。

（2）休药期的规定没有得到严格遵守　1996年美国对威斯康星、艾奥瓦、印第安纳等州进行了兽药残留的调查，发现由于饲喂兽药添加剂没有遵守休药期，而使所检查的屠宰猪中27%的猪在屠宰前用过抗微生物药、10%的猪肉中含有超量抗微生物药残留，可见是否严格遵守有关休药期的规定直接影响到上市畜禽产品的兽药残留情况。

（3）屠宰前使用兽药　有些生产厂商在畜禽屠宰前使用兽药用来掩饰其临床症状，以逃避屠宰前检查。这种行为很可能导致动物性食品中的兽药残留。

（4）使用未经批准的药物　使用未经批准的药物作为饲料添加剂来喂养可食性动物，是造成食用动物的兽药残留又一重要原因。这种现象不仅在我国屡见不鲜，在美国也大量存在，并且近年来还有愈演愈烈之势。例如美国食品和药物管理局1970年对兽药残留的调查结果表明，使用未经批准的药物占兽药残留的6%。10年后美国兽医中心对兽药残留的调查结果显示，使用未经批准的药物占兽药残留的17%。

（5）兽药使用方法不当，或不按规定进行用药记录　按错误的用药方法用药，或未做用药记录的行为也将造成违章用药，并造成药物残留于食用动物中。1985年美国兽医中心对兽药残留的调查结果显示，未做用药记录造成的兽药残留占兽药残留总量的 12％。

（6）兽药污染正在加工、运输的饲料　当将盛过抗菌药物的容器用于储藏饲料或将盛过药物的储藏器没有充分清洗干净而使用，都会造成饲料加工过程中兽药污染。

（7）因厩舍、粪池中含兽药而造成的二次污染和交叉污染　厩舍、粪池中含有抗生素等药物的废水和排放的污水，以及动物的排泄物中含有兽药，都将引起污染和再污染。

3. 食品中兽药残留控制及其分析

我国农业部在 2002 年发布的《动物性食品中兽药最高残留限量》标准，对常用兽药及其残留物在不同动物品种的组织中的最高残留限量确定了具体的标准，并且规范了相关的名词术语。GB 31650—2019《食品安全国家标准　食品中兽药最大残留限量》替代农业部公告第 235 号相关部分内容。

（1）总残留　指对食品动物用药后，动物产品的任何可食用部分中药物原形或/和其所有代谢产物的总和。

（2）食品动物　指各种供人食用或其产品供人食用的动物。

（3）日允许摄入量　是指人的一生中每日从食物或饮水中摄取某种物质而对其健康没有明显危害的量，以人体重为基础计算，单位 $\mu g/kg$ 体重。

为了有效控制药物残留，各国都已经制定了兽药使用的法律与法规及使用的有关标准。

（1）休药期　食品动物从停止给药到许可屠宰或它们的产品（乳、蛋）许可上市的间隔时间，简单地说，就是最后一次用药到屠宰上市前的间隔时间。

（2）奶废弃期　即奶牛从停止给药到它们所产的奶许可上市的间隔时间。

依据 NY/T 472—2022《绿色食品　兽药使用准则》，将在 A 级绿色食品中禁止使用的兽药分为 7 类。见表 3-1。

表 3-1　生产 A 级绿色食品不应使用的药物目录

序号	种类		药物名称	用途
1	β-受体激动剂类		所有 β-受体激动剂类及其盐、酯及制剂	所有用途
2	激素类	性激素类	己烯雌酚、己二烯雌酚、己烷雌酚、肼二醇、戊酸雌二醇、苯甲酸雌二醇及其盐、酯及制剂	所有用途
		同化激素类	甲基睾丸酮、丙酸睾酮、群勃龙（去甲雄三烯醇酮）、苯丙酸诺龙及其盐、酯及制剂	所有用途
		具雌激素样作用的物质	醋酸甲孕酮、醋酸美化孕酮、玉米赤霉醇类、醋酸氯地孕酮	所有用途
3	催眠、镇静类		安眠酮	所有用途
			氯丙嗪、地西泮（安定）、苯巴比妥、盐酸可乐定、盐酸赛庚啶、盐酸异丙嗪	所有用途
4	抗菌药类	砜类抑制剂	氨苯砜	所有用途
		酰胺醇类	氯霉素及其盐、酯	所有用途
		硝基呋喃类	呋喃唑酮、呋喃西林、呋喃妥因、呋喃它酮、呋喃苯烯酸钠	所有用途
		硝基化合物	硝基酚钠、硝呋烯腙	所有用途
		磺胺类及其增效剂	所有磺胺类及其增效剂的盐及制剂	所有用途
		喹诺酮类	诺氟沙星、氧氟沙星、培氟沙星、洛美沙星	所有用途
			恩诺沙星	乌鸡养殖
		大环内酯类	阿奇霉素	所有用途
		糖肽类	万古霉素及其盐、酯	所有用途

续表

序号	种类		药物名称	用途
4	抗菌药类	喹噁啉类	卡巴氧、喹乙醇、喹烯酮、乙酰甲喹及其盐、酯及制剂	所有用途
		多肽类	硫酸黏菌素	促生长
		有机胂制剂	洛克沙胂、氨苯胂酸（阿散酸）	所有用途
		抗生素滤渣	抗生素滤渣	所有用途
5	抗寄生虫类	苯并咪唑类	阿苯达唑、氟苯达唑、噻苯达唑、甲苯咪唑、奥苯达唑、三氯苯达唑、非班太尔、芬苯达唑、奥芬达唑及制剂	所有用途
		抗球虫类	氯羟吡啶、氨丙啉、氯苯胍、盐霉素及其盐和制剂	所有用途
		硝基咪唑类	甲硝唑、地美硝唑、替硝唑、洛硝达唑及其盐、酯及制剂	所有用途
		氨基甲酸酯类	甲奈威、呋喃丹（克百威）及制剂	杀虫剂
		有机氯杀虫剂	六六六（BHC）、滴滴涕（DDT）、林丹、毒杀芬（氯化烯）及制剂	杀虫剂
		有机磷杀虫剂	敌百虫、敌敌畏（DDV）、皮蝇磷、氧硫磷、二嗪农、倍硫磷、毒死蜱、蝇毒磷、马拉硫磷及制剂	杀虫剂
		汞制剂	氯化亚汞（甘汞）、硝酸亚汞、醋酸汞、吡啶基醋酸汞及制剂	杀虫剂
		其他杀虫剂	杀虫脒（克死螨）、双甲脒、酒石酸锑钾、锥虫胂胺、孔雀石绿、五氯酚酸钠、潮霉素B、非泼罗尼（氟虫腈）	杀虫剂
6	抗病毒类药物		金刚烷胺、金刚乙胺、阿昔洛韦、吗啉（双）胍（病毒灵）、利巴韦林等及其盐、酯及单、复方制剂	抗病毒

目前，各国或组织的残留监控计划和官方监控分析方法一般采用如 GC-MS 或 LC-MS 等经典的仪器分析确证方法。这些方法往往耗时冗长，设备昂贵，试剂消耗量大，不易推广。基层或参考实验室必须在相对短的时间内完成大量复杂样品的检测，这意味着要求开发高通量而低成本的快速筛选方法用于确证分析前筛选出可能的阳性样品，当然这些筛选方法必须在一定水平上能检测出一个或一类被分析物。快速筛选方法有一定比例的假阳性是可以接受的，因为假阳性样品将被进一步确证分析。

但是，快速筛选方法必须尽量避免出现假阴性率或将假阴性率降到最低限度，因为假阴性样品将不再被进一步分析。此外，快速筛选方法还要求操作容易、不需要昂贵的仪器设备、高通量、快速且低成本、敏感性好、再现性好。

兽药残留检测快速筛选方法中最常用的是微生物学方法和免疫学方法，色谱方法也有应用，但它更多时候是作为确证方法使用。每种方法各有优劣。微生物学方法主要用于检测动物性食品中抗菌药物残留，前处理等操作简单，已有很多试剂盒应用。免疫学方法的产品主要是 ELISA 检测试剂盒，商品化的试剂盒很多，并且最近基于放射免疫分析的方法及基于生物传感器的方法都已有商品化的应用。色谱方法则主要是由不同检测系统组成的两种类型，即 HPLC（高效液相色谱）和 HPTLC（高效薄层色谱）。

一般而言，兽药残留分析技术具有以下特点：待测物质浓度低，样品基质复杂，干扰物质多，兽药残留代谢产物多样或不明，动物种类多样，对药物代谢存在差异。

因此，对兽药残留检测方法的普遍要求应该包括：快速、高通量、定量、准确度和精确度、确证、法定的和质量控制。

本模块将主要介绍常见的、有批准文号管理的产品上市的兽药残留现场快速检测方法，介绍各类快速检测的原理、主要器材、快速检测的适用范围等，关于实验室快速检测方法只作一般介绍。

项目一　　兽药残留快速检测原理

一、微生物法快速检测兽药残留

微生物法检测动物性食品中抗菌药物残留的原理是根据抗菌药物对微生物生理功能、代谢的抑制作用，来定性或定量确定样品中药物残留。一般通过选用不同的菌种和培养基（配方及 pH 的不同），并在培养基中加入某些成分，利用抗菌药物对不同细菌敏感性的差异，以及影响药物活性的特定成分和培养条件来推断受检物的化学结构。微生物法也可以作为确证分析方法，但它更多的是被用于快速筛选。

微生物法试剂盒具有单个试剂盒分析样品数量大、操作便捷、灵敏度高及对条件要求低等优点，适于养殖场及食品加工车间使用。许多发达国家都有一套用微生物法快速检测抗菌药物在动物组织中残留的方法。美国和加拿大开发 STOP 法和 CAST 法后又补充了一个 FAST 法，主要用于牛屠宰厂，并且计划用于猪屠宰厂。欧盟没有统一的法定检测方法，常用的方法为：德国三碟实验法、欧盟四碟实验法等。这些方法都以抑菌区域为检测指征，检测样品主要包括：肾脏、肝脏、肌肉等固体以及牛乳、蜂蜜、尿液等液体样品。而牛乳等液体样品的检测主要以生物化学分析为原理，以颜色变化为检测手段。

1. 平皿法

枯草芽孢杆菌、藤黄微球菌、嗜热链球菌、嗜热芽孢杆菌是微生物学筛选法的主要菌种。德国三碟实验法、欧盟四碟实验法、美国 STOP 法及我国伍金娥等开发的拭子法均采用枯草芽孢杆菌。欧盟四碟实验法为提高对 β-内酰胺类抗生素的敏感性，也在其中一个平皿接种藤黄微球菌。张可煜等采用藤黄微球菌检测氨苄青霉素残留，其敏感性也很好。美国的 STOP、CAST、FAST 法对于氯霉素和磺胺类药的检测灵敏度不高，CAST 法对于磺胺类药的灵敏度高于 STOP 法，但检出的残留限量也只有 $1\mu g/g$。STOP、CAST 法检测时间在一般在 $16\sim24h$，FAST 法最快 6h 出结果。德国三碟实验法是在 3 个平皿中设置 3 个不同的 pH 值，即 pH6.0、pH8.0 和 pH7.2。在 pH7.2 的平皿中加入 TMP 作为测定磺胺类药物的增效剂。该方法对四环素类抗生素、β-内酰胺类抗生素、氨基糖苷类抗生素、喹诺酮类药物的敏感性好，但对个别药物的检测限却高于欧盟等组织规定最高残留限量，如氨苄青霉素。欧洲四碟实验法用于欧洲许多国家，例如丹麦、西班牙、英国、瑞士、法国、意大利和希腊等，其检测方法与德国三碟实验法相近，只是对 β-内酰胺类抗生素的敏感性更好，对大环内酯类抗生素的灵敏度也比德国三碟实验法好。

2. 生化检测法

牛乳等液体样品兽药残留检测主要利用培养基、pH 等因素改变引起指示剂颜色变化的生物化学原理来指示检测结果，其检测法或试剂盒有：TTC、Delvotest、Charm Science、Aria micro test 等。TTC 法在我国成为鲜乳中抗菌药物残留检测的标准方法，它采用的菌种为嗜热链球菌，可在 2.5h 左右取得较好的结果，对青霉素的灵敏度为 4ng/g。荷兰于 20 世纪 70 年代开发的 Delvotest 为国际乳业联合会推荐方法，菌种为嗜热脂肪芽孢杆菌。它有两种形式：一种是安瓿瓶形式，用来检验少量样品；另一种是微孔形式（The Delvo SP），可同时测定 96 个样品，耗时约 2.5h。The Delvo SP 盒能筛选多种类的抗菌药，其灵敏度为：青霉素 G 为 2ng/g、四环素为 100ng/g、红霉素和磺胺类为 50ng/g。此外，Charm Farm test 和 Charm A M-96 等一系列牛乳兽药残留检测产品，灵敏度分别达到青霉素 G 为 3ng/g、土霉素为 100～150ng/g、磺胺二甲嘧啶为 50～100ng/g、泰乐菌素为 40～50ng/g、庆大霉素为 300～500ng/g，基本能满足养牛场检测要求。

二、免疫学方法快速检测兽药残留

免疫学快速检测是基于抗原-抗体特异性反应的检测方法。其分类方法一般可分为放射免疫分析、酶免疫分析、荧光免疫分析、发光免疫分析、胶体金免疫分析、仪器免疫分析和无标记免疫分析等。1959 年建立的放射免疫分析被认为是免疫分析的建立标志，并获得了 1977 年的诺贝尔生理学或医学奖。放射免疫分析在兽药残留的分析中应用广泛，但因其需要放射性标记，需要做相应的防护处理，试验要求比较高，限制了其在兽药残留分析上的广泛应用。近年来没有显著毒害作用的酶联免疫吸附试验和胶体金免疫分析应用日益广泛，特别是胶体金免疫分析以其方便、敏感、特异、无污染的特性，非常适合于兽药残留的现场检测，代表着兽药残留免疫分析的发展方向。

兽药残留的免疫学快速检测方法的建立主要包括以下内容：检测对象的选择、检测对象结构分析和免疫半抗原的合成、人工结合抗原的制备与鉴定、抗体的制备、检测方法的确立与方法评价等。检测对象结构分析和免疫半抗原的合成、人工结合抗原的制备与鉴定通常情况下是免疫学方法建立的关键和技术难点。

1. 药物结构分析和半抗原的合成

兽药多为小分子化合物（分子量小于 5000Da），在免疫学上属于半抗原的范畴，不具备免疫原性，无法直接刺激动物机体产生抗体，需要先和大分子载体（如蛋白质）偶联以后方可用于抗体的生产。半抗原的免疫学特性决定了其抗体的免疫特异性，一般来说，结构越复杂，其抗体的特异性和亲和力越高，不同的化学基团、取代位置和旋光性均影响抗体的特异性。在多数情况下，检测对象的结构不适合用于直接和蛋白质等载体直接偶联，需要根据分析的目的和免疫学理论进行抗原改造，通过合成化学的方法获得有活性基团的半抗原。半抗原改造的原则是和载体偶联以后可以最大限度地暴露原药物的结构特征，要注意避开免疫原性强的抗原决定簇，通过间隔臂的选择，使苯环、杂环等基团充分暴露。

2. 人工结合抗原的制备

通过选择小分子半抗原中的活性基团或者改造后加入的活性基团，选择适当的偶联试剂、载体蛋白和连接条件进行人工结合抗原的制备。一般说来，半抗原中可以用于交联的活性基团有氨基、羧基、苯基、酚基、巯基和羟基等，根据不同的活性基团选择适当的偶联试剂。如氨基，可选择重氮化法、戊二醛法或者 EDC 法等，具体可参照此方面的专著文献；载体蛋白可以选择牛血清白蛋白（BSA）、兔血清白蛋白（RSA）、人血清白蛋白（HAS）、卵清蛋白（OVA）和血蓝蛋白（KLH）等，选择的主要原则是蛋白质载体对于受免动物的异源性，异源性越好，免疫原性越强，其次考虑其易得性和经济性。为了避免蛋白质变性及其生物活性的损失，药物或半抗原等与蛋白的交联应采用具有中等反应活性的试剂，在温和的条件（如接近中性的 pH、室温、水溶液）中进行。

3. 抗体的制备

多克隆抗体和单克隆抗体都可以用于兽药残留的免疫学检测。多克隆抗体的制备包括动物免疫（免疫程序、免疫剂量的选择）、抗体纯化和鉴定等；单克隆抗体在免疫动物以后还要经过细胞融合、杂交瘤细胞株的建立、抗体的生产和鉴定等程序。多克隆抗体具有高度的异质性，不同个体产生的抗体成分不同，即使同一个体不同时间采集的抗血清的亲和性和选择性也可能存在很大差异。单克隆抗体以其永续性和高度均一性等特点，更加适合建立兽药残留的免疫学检测方法。

4. 检测方法的确立

以抗原和抗体反应为基础的免疫学分析早已被用于食品成分鉴定，用于检测动物性食品中的兽药或化学物质残留具有很高的灵敏性、特异性和实用价值。但是，兽药大多是小分子半抗原，不能刺激动物机体产生免疫应答获得抗体，需与大分子物质如牛血清白蛋白、人血清白蛋白等连接构成完全抗原后才能作为免疫原。因此，半抗原的结构改造是抗体制备的关键和难点。

（1）胶体金免疫色谱试验测定法

也称胶体金试纸条、速测卡或速测试纸条（图 3-1 和图 3-2）。胶体金免疫色谱试验的原理是采用柠檬酸三钠还原 $HAuCl_4$ 聚合成金颗粒，由于金颗粒之间的静电作用和布朗运动，使其保持水溶胶状态，胶体金富含电子和强大的给电子能力。在胶体溶液 pH8.2 条件下，胶体金以非共价键与兽药小分子抗体结合形成金标抗体（Ab-Au），将金标抗体吸附于玻璃纤维棉上，一端与固定有兽药小分子蛋白质偶联物（检测线）和二抗（质控线）的硝酸纤维素膜（NC 膜）相连，另一端与样品垫相连。而后连同其他所需的吸水纤维、支撑材料、覆盖材料等按照设计工艺进行制作和组装，制成快速检测试纸。检测样品中不含兽药小分子，金标抗体就会与兽药小分子蛋白质偶联物反应而被部分截获，金颗粒富集而出现明显直观的红色条带，未完全结合的金标抗体至质控线时同样会出现红色条带；检测样品中含有兽药小分子，兽药小分子与兽药小分子蛋白质偶联物竞争性结合金标抗体，检测线不出现或出现很弱的红色条带。快速检测试纸检测小分子物质残留，检测时间仅需数分钟。

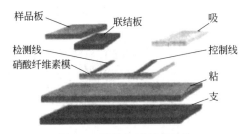

图 3-1 胶体金试纸条结构

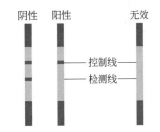

图 3-2 胶体金试纸条外观及结果判读

（2）酶联免疫吸附测定法

所构建的试剂称作快速检测试剂盒。ELISA 是最常用的酶免疫测定法，其试剂盒的建立首先要求把兽药小分子和载体蛋白偶联，用作抗体生产的免疫原和检测的包被原。结合在固相载体表面的兽药小分子或酶标记抗体仍保持其抗体抗原结合活性，酶标记抗体同时也保留酶的活性。

夹心法一般原理和方法是将包被抗体吸附在固相载体上，加入从样品中提取的抗原并与固相载体上的抗体结合，洗掉多余的抗原，再加入酶（如过氧化物酶）标二抗并重新洗涤，去掉多余的酶标二抗。经过一定条件的孵育后，被吸附的酶标二抗的量可以显色并通过仪器读数。该数值与样品中被分析物的量呈一定比例关系，从而可判定药物残留的量。

直接竞争法将包被抗体吸附在固相载体上与含有抗原的样品提取物一起孵育，当达到平衡后加入酶标抗原，酶标抗原将占据样品抗原未交联的空位。这样样品中抗原越多，吸附的酶标抗原就越少。结果通过显色读取。竞争 ELISA 采用的是非均相竞争模式，可分为直接竞争模式和间接竞争模式，由于标记酶的催化效率很高，间接地放大了免疫反应的结果，使测定方法达到很高的敏感度。

目前已开发了多种药物残留检测的 ELISA 试剂盒，例如：检测畜禽肉和鱼肉中的四环素、泰乐菌素；检测牛乳及肉中的氯霉素；检测畜禽肉和蛋中的硝基咪唑；检测畜禽肉中的磺胺类；检测牛乳中的庆大霉素、双氢链霉素和多黏菌素；检测饲料中的杆菌肽、螺旋霉素、泰乐菌素、喹乙醇和维吉尼亚霉素等药物残留的 ELISA 试剂盒。这些试剂盒可用于食品加工车间检测，实用性强，但为了避免手工操作的烦琐和误差，目前几家机构正着手开发自动化的 ELISA 检测。此外，很多药物如镇静剂的 ELISA 试剂盒还正在研制。

（3）放射免疫及荧光免疫测定法

放射免疫分析（RIA）采用放射性物质作为标记物，根据抗原抗体结合后结合物的放射活性测定残留，该方法灵敏度高，但采用放射性物质不利于环境保护。荧光免疫测定法（FIA）使用荧光物质作为标记物，由于易受背景干扰等原因，限制了 FIA 的灵敏度。近年来发展了一些方法如荧光偏振免疫测定法、荧光萃取增强免疫测定法和时间分辨荧光免疫测定法，大大提高了 FIA 的灵敏度，适合应用于兽药残留分析。免疫试剂盒相对于常规检测方法的主要优点是单个试剂盒分析样品数量大、操作便捷、高特异性和灵敏度，例如 Holtzapp le 等制备的检测组织中氟喹诺酮类药物残留的酶联免疫法，检测限为 2ng/mL；Samsonova 等采用间接免疫法测定牛乳中氨苄青霉素的含量，检测限为 5.0ng/mL。

（4）生物感应器

生物感应器在食品分析领域的应用日益扩大，近年来也成为兽药残留快速筛选研究的热点。生物感应器主要由两个元件组成：生物学识别元件——通常是一个抗体；信号转换元件——连接着数据采集和处理系统的精密接触元件。其分析过程有几个必需元素：分析靶标与生物受体（抗体）结合并产生生物化学信号，该信号被不同原理的传感器（如光敏感、压电装置、光极、热敏电阻、离子选择性电极等）转化成电子信号，然后电子信号被计算机等处理成最后的结果。靶标与生物受体的相互作用分析是基于表面膜的响应，当在溶液中的分子聚集浓度有改变时，溶液中靶标与感应器的结合程度的表征可通过测量表面膜的响应折射出来。也有把药物残留靶标被共价键固定在感应芯片表面的技术。

生物感应器能适时操作并能同步检测一份样品中一种或多种兽药残留，其构建要求对免疫反应的基本原理、在人工传感器表面的生物化学表征和传感器的信号放大通路等方面非常熟悉。近来的应用包括检测牛乳中的黄酮和蜂蜜中的泰乐菌素，一些研究者还报道了样品不需要净化处理的方法。

此外，还有采用生物芯片阵列进行分子识别和分析的实时检测生物感应器。然而，用一张芯片检测众多的残留仍是困难的，因为受体表面的配体密度、活性抗体浓度和生物传感器流通率等很多因素影响着分析效果。酶生物感应器采用特异的能捕获并与检测物反应的酶，如青霉素 V 和青霉素 G 能用固定在一个隔膜或微孔玻璃表面的青霉素酶所检测，青霉素酶产生的青霉素噻唑酸导致 pH 值下降、染色剂的荧光浓度下降或电子传导增加。其他形式的生物感应器有基于对特定种类的抗生素敏感的抗生素受体蛋白。这些感应器与 ELISA 一样具有高通量和兼容性。其方法和原理是生物受体蛋白被用化学方法连接于没有抗生素的微孔板孔眼内表面，然后按顺序加入抗体和连接的过氧化物酶，产生颜色并读数。当有抗生素出现的时候，受体就不能结合酶。酶显色后其颜色浓度与抗生素浓度成一定比例关系。这种感应器已经成功地检测了牛乳和血清中 ng/mL 级浓度的四环素、链霉素和大环内酯类等抗生素。

生物感应器因为耗时少和分析大量样品时可能在短时间内同时分析多个残留物，具有很好的实用价值，并已在某些参考实验室取得了良好效果。生物感应器更适用于完全自动化和计算机控制，具有广阔的前景。

5. 检测方法的评价

检测方法建立后要通过灵敏度、准确度、精密度、特异性、基质效应性和时间稳定性的系列研究去做综合评价，并且需要和色谱方法比较后方可定型。

据称，河南省动物免疫学重点实验室在抗生素类、化学抗菌类、兴奋剂类、镇静剂类、激素类等兽药的快速检测方面开展了一系列研究工作。针对畜牧业中主要兽药使用现状、代谢消除规律、危害程度、安全评价和国家颁布的有关政策法规，选择危害畜产品质量安全的30 多种兽药为研究对象，通过半抗原分子设计、偶联位点选择、间隔臂引入、偶联率确定、载体筛选等技术解决了半抗原药物免疫原性问题并成功制备了人工抗原；通过免疫剂量、免疫途径、免疫佐剂、免疫间隔、检测方法筛选以及抗体亲和力、类型和特异性鉴定，筛选亲和力高、特异性强的抗体，目前已建立了针对 32 种药物的标准化抗体库，为后续快速免疫检测试剂的研发奠定了基础；研制出了硫酸链霉素等 18 种兽药残留快速检测试剂盒，并研制出了莱克多巴胺等 18 种兽药残留快速检测试纸条。用试纸条检测样品中这些兽药残留，根据显色程度或是否显色用肉眼即可进行判定，检测过程可在 1～15min 内完成。目前正在完善各项技术参数，为进一步转化应用奠定了良好基础。

项目二 兽药残留检测卡与试剂盒

一、盐酸克伦特罗检测卡

【适用范围】

此方法应用于猪肉、内脏和猪尿液中盐酸克伦特罗含量的检测。

【检测原理】

本试剂运用抗原抗体的特异反应以及侧向色谱和胶体金技术，进行尿液中克伦特罗分子的快速定性检测。

用 BSA 偶联的克伦特罗分子与胶体金颗粒结合后，包被在醋酸纤维素膜上；在硝酸纤维素膜上将克伦特罗抗体和 BSA 抗体分别包被在检测区（T）和质控区（C）。当尿液样本加到加样孔后，样本中的克伦特罗分子与克伦特罗-BSA-胶体金偶联物一起色谱泳动到检测区，竞争与克伦特罗抗体结合，剩余的克伦特罗-BSA-胶体金偶联物继续泳动到质控区与抗体结合。因此，当样本中的克伦特罗浓度超过一定量后，胶体金偶联物就不能与克伦特罗抗体结合，此时检测区不出现紫红色线条；当样本中克伦特罗浓度低于一定值或样本中没有克伦特罗时，胶体金偶联物就与克伦特罗抗体结合，从而在检测区显示出一条紫红色线条；而无论样本中是否含有克伦特罗分子，质控区都会出现紫红色线条，以示检测有效。

【主要仪器】

食品加工机，低速离心机，电子秤（精度 0.1g），$250\mu L$ 单道微量移液器（移液枪）。

【材料与试剂】

盐酸克伦特罗检测卡、检测试剂 A（3％三氯乙酸溶液）、检测试剂 B（0.1mmol/L 氢氧化钠溶液）、pH 试纸（1～14）、剪刀、10mL 试管（或离心管）、一次性塑料吸管、一次性手套等。

【操作步骤】

从原包装铝箔袋中取出检测卡，在 1h 内应尽快地使用。

将肉或内脏样本用剪刀剪成碎条后放入食品加工机中用一字刀粉碎，称取 5g 粉碎样本置于试管中，加入 5mL 检测试剂 A。盖上盖，摇匀，浸泡约 10min。

用离心机离心装有上述浸泡液的试管 2min（3000r/min），用移液枪移取 $250\mu L$ 上清液转移入 2mL 检测管中，加入约 1 滴检测试剂 B，调整 pH 值至 7 左右。

将盐酸克伦特罗检测卡片置于干净平坦的台面上，用塑料吸管垂直滴加 3 滴无空气样品处理液于加样孔内。

等待紫红色条带的出现，测试结果应在 5min 时读取。

【结果判定】

阳性（＋）：仅质控区（C）出现一条紫红色条带，在测试区（T）内无紫红色条带出现。

阴性（－）：两条紫红色条带出现。一条位于测试区（T）内，另一条位于质控区（C）内。

无效：质控区（C）未出现紫红色条带，表明不正确的操作过程或检测卡已变质损坏，应重新测试 1 次，如仍为此现象，应更换检测卡或联系供应厂家。

阳性结果表明盐酸克伦特罗含量在阈值以上，阴性结果表明盐酸克伦特罗含量在阈值以下。

【灵敏度】

灵敏度（阈值）：根据每种检测卡控制浓度而定，盐酸克伦特罗有 3ng/mL、5ng/mL、6ng/mL 等控制规格，判断前请向供应厂家咨询控制阈值。

【注意事项】

① 针对猪组织和尿液采用不同类型的检测卡，应区别使用。

② 使用盐酸克伦特罗（尿液）检测卡对猪尿液进行检验时，直接将猪尿液代替样品处理液用于检测即可。

③ 肉及内脏中脂肪会导致假阳性结果，取样时请剔除肉眼可见的脂肪。

④ 盐酸克伦特罗检测卡应在常温下使用，对刚屠宰的猪肉或冷冻猪肉放置至室温方可检测。

⑤ 自来水、蒸馏水或去离子水不能作为阴性对照，可用与阈值接近的几个浓度阶梯来校验检测卡的灵敏度。

（本项目参考标准：NY/T 933—2005《尿液中盐酸克仑特罗的测定　胶体金免疫层析法》）

二、莱克多巴胺检测卡

【适用范围】

此方法应用于猪肉、内脏和猪尿液中莱克多巴胺含量的检测。

【检测原理】

运用竞争抑制胶体金免疫色谱的原理。利用胶体金标记特异性抗莱克多巴胺单克隆抗体，用 BSA 偶联的莱克多巴胺和羊抗鼠抗体包被在硝酸纤维素膜上，形成检测线和对照线。

当阴性样本加到加样孔后，单克隆抗体-胶体金偶联物通过色谱作用到达测试区，与 BSA 偶联的莱克多巴胺结合形成检测线；剩余的单克隆抗体-胶体金偶联物继续色谱移行到达质控区，与羊抗鼠抗体结合形成对照线。

当样本中的莱克多巴胺浓度超过一定量后，样本中的莱克多巴胺与单克隆抗体-胶体金偶联物结合，色谱到达测试区时，由于游离的单克隆抗体-胶体金偶联物减少或完全消失，使检测线显色变浅或无色；结合物色谱移行至质控区时，与包被在硝酸纤维素膜上羊抗鼠抗体结合，形成比阴性样本更深的对照线。

【主要仪器】

食品加工机，低速离心机，电子秤（精度 0.1g），$250\mu L$ 单道微量移液器（移液枪）。

【材料与试剂】

莱克多巴胺检测卡、检测试剂 A（3％三氯乙酸溶液）、检测试剂 B（0.1mmol/L 氢氧化钠溶液）、pH 试纸（1～14）、剪刀、1.5mL 离心管、10mL 试管（或离心管）、一次性塑料吸管、一次性手套等。

【操作步骤】

从原包装铝箔袋中取出检测卡，在 1h 内应尽快地使用。

将肉或内脏样本用剪刀剪成碎条后放入食品加工机中用一字刀粉碎，称取 5g 粉碎样本置于试管中，加入检测试剂 A 5mL。盖上盖，摇匀，浸泡约 10min。

用离心机离心装有上述浸泡液的试管 2min（3000r/min），用移液枪移取 $250\mu L$ 上清液转移入 2mL 检测管中，加入约 1 滴检测试剂 B，调整 pH 值至 7 左右。

将莱克多巴胺检测卡片置于干净平坦的台面上，用塑料吸管垂直滴加 3 滴无空气样品处理液于加样孔内。

等待紫红色条带的出现，测试结果应在 5min 时读取。

【结果判定】

阳性（＋）：仅质控区（C）出现一条紫红色条带，在测试区（T）内无紫红色条带出现。

阴性（－）：两条紫红色条带出现。一条位于测试区（T）内，另一条位于质控区（C）内。

无效：质控区（C）未出现紫红色条带，表明不正确的操作过程或检测卡已变质损坏，应重新测试 1 次，如仍为此现象，应更换检测卡或联系供应厂家。

阳性结果表明莱克多巴胺含量在阈值以上，阴性结果表明莱克多巴胺含量在阈值以下。

【灵敏度】

灵敏度（阈值）：根据每种检测卡控制浓度而定，如莱克多巴胺目前有 5ng/mL、10ng/mL 等控制规格，判断前请向供应厂家咨询控制阈值。

【注意事项】

① 针对猪组织和尿液采用不同类型的检测卡，应区别使用。

② 使用莱克多巴胺（尿液）检测卡对猪尿液进行检验时，直接将猪尿液代替样品处理液用于检测即可。

③ 肉及内脏中脂肪会导致假阳性结果，取样时请剔除肉眼可见的脂肪。

④ 莱克多巴胺检测卡应在常温下使用，不应对刚屠宰的猪肉或冷冻猪肉直接进行检测。

⑤ 自来水、蒸馏水或去离子水不能作为阴性对照，可用与阈值接近的几个浓度阶梯来校验检测卡的灵敏度。

（本项目参考标准：农业部 1025 号公告-6-2008，《动物性食品中莱克多巴胺残留检测酶联免疫吸附法》）

三、氯霉素检测卡

【适用范围】

可应用于牛乳、尿样、组织（肝、肉）、饲料、乳粉、水产或其制品中氯霉素含量的检测。

【检测原理】

采用高度特异性的免疫色谱检测技术，通过单克隆抗体竞争结合氯霉素偶联物和样品中可能含有的氯霉素。卡片上含有被事先固定于膜上测试区（T）的氯霉素偶联物和被胶体金标记的抗氯霉素单克隆抗体。

测试时，样品滴入检测卡样品孔内，如氯霉素在样品中浓度低于 0.5ng/mL（可调阈值）时，不能将胶体金抗体全部结合，于是没有被结合的胶体金抗体在色谱过程中与被固定在膜上的氯霉素偶联物结合，在测试区（T）内会出现一条紫红色线，颜色越深，表示氯霉素样品浓度越低。如果氯霉素在样品中浓度高于 0.5ng/mL（可调阈值）时，胶体金抗体被全部结合完，于是不再有胶体金在测试区（T）内与氯霉素偶联物结合，也就不出现紫红色线。因此当 T 线消失时，即表示氯霉素浓度大于 0.5ng/mL。无论氯霉素是否存在于样品中，一条紫红色条带都会出现在质控区（C）内。

【主要仪器】

低速离心机。

【材料与试剂】

氯霉素检测卡、检测反应试剂杯、吸管、1.5mL 离心管、一次性塑料吸管、一次性手套等。

【操作步骤】

以牛乳氯霉素检测为例说明。

将采集的样品进行编号，放于常温（20～30℃）室内，低温牛乳的流动性差，不适合进行试纸色谱检测。

用一次性吸管取 1mL 摇匀的原乳，加入离心管内，然后扣紧离心管盖，对称放入离心机转头内，3000r/min 离心 3～4min，直至离心管溶液顶部出现明显的脂肪层，离心效果较差时可考虑使用较高转速的离心机，控制速度在 7000～10000r/min。

将吸管插入离心管脂肪层液面下 5mm 处，准确定量吸取脱脂牛乳样品至吸管刻度线位置。

从塑料筒内取出所需数量的反应小杯，撕去杯面的密封膜。将吸取的牛乳全部滴入反应小杯中，用吸管将反应小杯中的溶液进行反复吸放，直至小杯底部及四壁的红色物质全部溶解并混合均匀后，等待约 2min，即得待检样品。注意：本品的灵敏度高低与混匀后等待的时间呈正相关，要提高灵敏度可适当延长混匀后等待的时间（反应时间）。

从原包装铝箔袋中取出检测卡，在 1h 内应尽快地使用。

用塑料吸管垂直滴加 3 滴无空气样品处理液于加样孔（S）内。

加样后开始计时，等待紫红色条带的出现，测试结果应在 5min 时读取。

【结果判定】

阳性（＋）：仅质控区（C）出现一条紫红色条带，在测试区（T）内无紫红色条带出现。

阴性（－）：两条紫红色条带出现。一条位于测试区（T）内，另一条位于质控区（C）内。

无效：质控区（C）未出现紫红色条带，表明不正确的操作过程或检测卡已变质损坏，应重新测试 1 次，如仍为此现象，应更换检测卡或联系供应厂家。

阳性结果表明氯霉素含量在阈值以上，阴性结果表明氯霉素含量在阈值以下。

【灵敏度】

灵敏度（阈值）：根据每种检测卡控制浓度而定，如氯霉素目前有 0.5ng/mL、1ng/mL 等控制规格，判断前请向供应厂家咨询控制阈值。

【注意事项】

① 针对家禽组织、尿液或饲料应采用不同类型的检测卡，应区别使用。

② 使用氯霉素（尿液）检测卡对家禽尿样进行检验时，直接将猪尿液代替样品处理液用于检测即可。

③ 检测家禽组织时，禽肉及内脏中脂肪会导致假阳性结果，取样时请剔除肉眼可见的脂肪。

④ 氯霉素检测卡应在常温下使用，不应对刚屠宰的禽肉或冷冻禽肉直接进行检测。

⑤ 自来水、蒸馏水或去离子水不能作为阴性对照，可用与阈值接近的几个浓度阶梯来校验检测卡的灵敏度。

（本项目参考标准：农业部 1025 号公告-26-2008，《动物源食品中氯霉素残留检测　酶联免疫吸附法》）

四、牛乳中青霉素酶活性检测试剂盒

【适用范围】

可检测到牛乳样品中残留的青霉素酶。

【检测原理】

牛乳中青霉素酶活性检测试剂盒采用间接竞争法，利用青霉素酶可分解牛乳样品中的 β-内酰胺类抗生素的原理，通过配体-受体识别法快速测定与青霉素酶反应后残留的青霉素 G 的含量，从而检测牛乳样品中残留的青霉素酶。

本试剂盒 1h 内便可检测到牛乳样品中残留的青霉素酶，在 40℃±3℃ 温育 45min 后，极低浓度的青霉素酶便可以催化水解 4μg/kg 的青霉素 G。

【主要仪器】

温育器，冰箱或保温箱，单道微量移液器。

【材料与试剂】

微量移液器吸嘴（盒装 96 支），含特定浓度青霉素 G 的玻璃瓶装试剂，试剂筒（包括 8 孔微孔试剂和 8 条测试条），阴性质控（不含抗生素和酶的原乳干粉）试剂。

【操作步骤】

吸取 400μL 牛乳样品加到含有一定浓度青霉素 G 的玻璃试剂瓶中，混合均匀。40℃±3℃ 温育 45min。

吸取 200μL 温育后牛乳样品加到装有冻干试剂的微孔中，混合均匀。40℃±3℃ 温育 3min。

测试条插入到微孔中，40℃±3℃ 下继续温育 3min。

判读结果。

【结果判定】

阳性（＋）：牛乳样品中掺有青霉素酶。如果牛乳样品中含有青霉素酶，青霉素 G 由于降解，不能抑制青霉素受体与测试条俘获带的结合，则测试条的检测线（T 线）区会出现红色条带，而控制线（C 线）区会出现浅红色的条带。

阴性（－）：牛乳样品中不含青霉素酶。如果牛乳样品中没有掺杂青霉素酶，或者青霉素酶含量少于可检测到的范围，青霉素 G 会与青霉素受体结合，从而将会抑制青霉素受体与俘获带的结合，所以在测试条上只有控制线（C 线）区一个条带显色。

所有温育结束后，15min 内读取结果。如超过 15min 检测结果视为无效。测试条干燥后颜色深度会增加。如发现阳性检测结果，需要进行确证。

【注意事项】

① 试剂盒应保存在 2～8℃ 的阴凉干燥处。使用前从冰箱取出，恢复至室温后开始使用。

② 阴性质控需要用 1mL 纯净水还原，混合均匀。阴性质控加纯净水还原后需在 －20℃ 保存，避免反复冻融。

③ 该方法不能用于检测酸乳。

④ 首先要确保待测牛乳样品抗生素检测结果是阴性。

? 思考题

1. 关于兽药残留最高限制的标准或法规有哪些？

2. 如何理解检测卡或检测试纸条中的 C 线意义？

实训 链霉素 ELISA 试剂盒使用

【目的要求】

理解链霉素 ELISA 试剂盒在蜂蜜、牛乳及组织中链霉素检测的现实意义。

【原理方法】

本方法是应用抗原抗体反应原理，采用竞争抑制法构建的，用于定量测定蜂蜜、肉类及牛乳中链霉素残留的一种 ELISA 试剂。

在预包被有抗链霉素抗体的微孔板的反应孔内，依次加入链霉素酶标记物、链霉素标准或样品溶液，然后孵育一定时间，则游离链霉素与链霉素酶标记物竞争链霉素抗体结合位点（竞争性酶免疫分析）。没有结合的链霉素酶标记物在洗涤步骤中被除去，将酶基质（过氧化脲）和发色剂（TMB）加入微孔中并且孵育一定时间，结合的链霉素酶标记物将无色的 TMB 转化为蓝色的产物。未显色孔为阳性，显色孔为阴性。检测过程设置阴性对照、阳性对照或空白对照，可通过目测对比颜色变化进行定性判读；也可加入终止液使颜色由蓝色转变为黄色，读取 450nm 处 OD 值（选择参比波长 ≥600nm）；或直接在 630nm 处读取 OD 值。OD 值与样品中的链霉素浓度呈反比，可进行定性、定量检测。

【器材】

恒温箱（孵箱），单道微量移液器，塑料吸嘴，洗瓶，酶标仪，洗板机，动物性制品，乳制品等。

【操作步骤】

1. 熟悉试剂盒说明书

将试剂盒内的预包被孔条（通常是由 12 条可拆卸板条组成，每条 8 孔），按需要取出 8 孔条使平衡到室温，操作过程所需的试剂一同取出平衡到室温。

2. 加标准品和待测样品孵育

将 50μL 样品液、50μL 标准品分别加入反应孔内，空白对照孔不加，然后于 37℃ 孵育 30min。

3. 洗板

弃去液体，吸水纸吸干，用配套洗液加满，静置 1min，甩去洗液，吸水纸上拍干，如此重复洗板 4 次。

4. 加酶

每孔中加入酶标准液 50μL，37℃ 孵育 30min。

5. 洗板

重复步骤 3 的操作。

6. 显色

每孔中加入 TMB 50μL，37℃ 避光孵育 30min。

7. 测定

直接判读定性结果，或在酶标仪上读取 OD 值，根据标准品的浓度和样品溶液的 OD

值，计算出相应的样品浓度，并根据稀释倍数计算出样品中的含量。

【课堂讨论】

链霉素是一种被广泛应用于动物养殖的抗生素，高浓度的链霉素会产生耳毒性及危害肾脏功能等严重的副作用。为了保护消费者的身体健康，欧盟和美国规定在动物性食品中的链霉素残留量牛乳不得超过 $200\mu g/kg$，蜂蜜不得超过 $20\mu g/kg$，肌肉与肝脏不得超过 $500\mu g/kg$；而我国国家标准 GB 31650—2019 中规定动物性食品中的链霉素残留量牛乳不得超过 $200\mu g/kg$，肌肉与肝脏不得超过 $600\mu g/kg$。

① 为什么说采用气相色谱法测定链霉素残留是昂贵和耗时的？

② 怎么理解 ELISA 试剂盒在蜂蜜、牛乳及组织中的链霉素检测时，能快速简便地制备样品？

③ ELISA 试剂盒在蜂蜜、牛乳及组织中的链霉素检测时，是如何保证灵敏度和特异性的？

参 考 文 献

[1] 薛飞群. 兽药残留分析技术研究进展. 中国家禽，2008，30（11）：31-32.
[2] 曹湛，等. 兽药残留分析技术研究进展. 中国畜牧兽医，2008，35（5）：95-98.
[3] 张改平，等. 兽药残留的免疫学快速检测技术概述. 河南农业科学，2009（9）：193-196.
[4] 郝贵增，等. 肉类食品中兽药残留快速检测研究进展. 肉类工业，2008，328（8）：54-56.
[5] 张可熔，等. 动物性食品兽药残留的快速筛选方法. 中国兽医寄生虫病，2008，16（4）：23-30.
[6] 蔡春平，等. 欧盟对水产品中兽药残留及其他要求的新进展. 中国兽药杂志，2009，43（5）：44-48.
[7] 陈婷. 酶联免疫分析法及其在兽药残留检测中的应用. 福建畜牧兽医，2008，30（5）：30-32.
[8] 徐飞，等. 免疫分析技术在动物性食品兽药残留检测中的应用. 兽医导刊，2009，142（6）：59-60.
[9] 王晶，等. 食品安全快速检测技术. 北京：化学工业出版社，2002.
[10] 陈福生，等. 食品安全检测与现代生物技术. 北京：化学工业出版社，2004.
[11] 戚凤霞，等. 磺胺类药物兽药残留检测方法概述. 北京农业，2009，（24）：79.
[12] NY/T 472—2022.
[13] GB 31650—2019.

模块四 重金属污染快速检测技术

 知识与能力目标

　　1. 掌握食品中常见重金属元素的快速测定原理、测定方法。

　　2. 掌握常见重金属的现场快速测定操作技能，能对样品结果进行正确判定。

　　3. 熟悉常见重金属元素的实验室快速检测方法。

　　4. 了解常见重金属元素的毒性作用。

 职业素养目标

　　1. 了解重金属对食品安全的影响，提升食品安全意识、环保意识及社会责任意识，坚定为保障人类健康而努力的初心与社会责任感。

　　2. 培养认真负责、一丝不苟、诚实守信的职业精神。

📖 背景知识

　　重金属是指密度大于 $5.0g/cm^3$ 的金属元素，包括铁、锰、铜、锌、镉、铅、汞、铬、镍、钼、钴等。但其中只有几种能够构成严重的重金属污染，如铅、汞、镉、钡、铬、锑等。砷是一种准金属元素，虽属非金属，但由于其化学性质和环境行为与重金属相似，通常也归并于重金属的研究范围。重金属随废水排出时，即使浓度很小也可能造成很大危害，还能在土壤中积累并且无法被微生物降解，是一种永久性的污染物。重金属在人体中具有蓄积性，随着在人体内的蓄积量的增加，机体会出现各种中毒反应，如致癌、致畸，甚至致人死亡，所以必须严格控制其在食品中的含量。

1. 铅

　　铅及其化合物用途广泛，常见化合物有：氧化铅（PbO），又名黄丹、密陀僧；四氧化三铅（Pb_3O_4），又名红丹；二氧化铅（PbO_2）；三氧化二铅（Pb_2O_3）；醋酸铅 [$(CH_3COO)_2Pb$]；铬酸铅（$PbCrO_4$），又名铬黄；硝酸铅 [$Pb(NO_3)_2$]；硫酸铅（$PbSO_4$）；氯化铅（$PbCl_2$）；碱式碳酸铅 [$(PbCO_3)_2 \cdot Pb(OH)_2$] 等。

能引起食源性中毒的主要有$(CH_3COO)_2Pb$、$PbCl_2$ 和$(PbCO_3)_2 \cdot Pb(OH)_2$ 等。铅及其化合物的毒性基本相似，进入消化道的铅，有5%～10%被吸收；进入血液的铅与血浆蛋白结合，分布到全身组织；主要经肾随尿排出，小部分随粪便、唾液、乳汁排出。铅及其化合物的中毒症状主要是以血液、消化系统和神经损伤为主。

2. 砷

元素砷对人体无毒，其化合物有毒，毒性大小与溶解度和化合价有关，三价砷的毒性比五价砷高。常见的砷化合物有三氧化二砷（As_2O_3）、五氧化二砷（As_2O_5）、砷酸钙 [$Ca_3(AsO_4)_2$]、砷酸铅 [$Pb_3(AsO_4)_2$]、巴黎绿 [$3Cu(AsO_2)_2$]、有机砷等。

引起食源性中毒的常见砷化合物是As_2O_3，又名亚砷酐、砒霜、信石、白砷、白砒，为白色粉末，常用作杀虫剂、杀鼠剂、药物、染料工业和皮毛工业中的消毒防腐剂等。在胃肠道很快被吸收，在血中与血红蛋白结合，迅速分布到全身组织，以肝、肾最多，其次为脾、心、肠和骨髓等，在肝内解毒，随尿排出，粪便、汗液、乳汁也可排出少量。

3. 汞

无机汞为银白色的液态金属，常温中即有蒸发。其主要化合物有：氧化汞（HgO），俗称三仙丹；氯化亚汞（Hg_2Cl_2），俗称甘汞；氯化汞（$HgCl_2$），俗称升汞，室温下为白色晶体，是实验室常用试剂，可溶于水且易升华，因此毒性极大，使用时必须小心；氰化汞 [$Hg(CN)_2$]；硫化汞（HgS），其天然矿石就是朱砂，又称丹砂、汞砂，大红色，有金属光泽；硝酸汞 [$Hg(NO_3)_2$]、碘化汞（HgI_2），极难溶于水；碘化汞钾（K_2HgI_4），也称四碘合汞酸钾；雷汞 [$Hg(CNO)_2$] 等。

有机汞是汞金属与有机物的化合物，主要有烷基汞及苯基汞。有机汞毒性最强的是甲基汞，最容易被人体吸收和积累，伤害人脑部，对婴幼儿危害最大。有机汞污染途径主要是农药残留，水质污染被水产品吸收。

有机汞化合物的毒性较无机汞大。有机汞经胃肠道进入人体后，与血液中红细胞结合，迅速分布全身，并能通过胎盘屏障；在体内蓄积性很大，主要蓄积在脑、肝、肾、肌肉等组织；大部分经过肾脏排出，一部分由粪便排出，通过胆汁、唾液、乳汁和生理期也可以排出一部分。烷基汞排泄缓慢，苯基汞排泄较快。汞中毒以慢性中毒为主，主要症状为精神-神经异常、齿龈炎、震颤等。急性汞中毒主要是吸入大剂量汞蒸气或摄入大剂量汞化合物而引起的。

4. 钡

常见的钡盐有氯化钡（$BaCl_2$）、碳酸钡（$BaCO_3$）、乙酸钡 [$(CH_3COO)_2Ba$]、硝酸钡 [$Ba(NO_3)_2$]、硫酸钡（$BaSO_4$）等。钡盐的毒性与其溶解度有关，溶解度越高，毒性越强。如$BaCl_2$ 的溶解度明显高于难溶的$BaCO_3$，其毒性也明显大于$BaCO_3$。$BaCO_3$ 在胃酸的作用下变为$BaCl_2$ 而显现其毒性。$BaSO_4$ 不溶于水，故无毒性作用。

引起食源性中毒的主要是$BaCl_2$、$BaCO_3$。常见的中毒原因为误将$BaCl_2$、$BaCO_3$ 作食盐、发酵粉、苏打、小苏打、明矾使用。钡是肌肉毒，对骨骼肌、心肌、平滑肌有强烈兴奋和刺激作用，最后转为抑制和麻痹。

5. 锑

常见的锑化合物有三氧化二锑（Sb_2O_3），又称亚锑酐、锑华；五氧化二锑（Sb_2O_5）；三硫化二锑（Sb_2S_3）；五硫化二锑（Sb_2S_5）；硫代锑酸钠（$H_{18}Na_3O_9S_4Sb$）；焦锑酸钾（$K_2H_2Sb_2O_7 \cdot 4H_2O$）；酒石酸锑钾 [$C_8H_4K_2O_{12}Sb_2 \cdot 3H_2O$] 等。金属锑的毒性比不溶性锑化合物大。三价锑化合物又比五价锑化合物的毒性大。锑及其化合物对人体的作用与砷相似，主要是破坏物质代谢，损害肝脏、心脏及神经系统。进入体内的锑，很快分布于全身各组织、器官，尤以肝脏为多。被吸收的五价锑经由肾脏缓慢排出，三价锑由粪便排出，连续吸收时可造成蓄积。中毒表现与砷中毒相近似，但症状较轻。

6. 镉

镉是一种毒性很大的重金属，其化合物也大都属毒性物质，主要有氧化镉（CdO）、硫化镉（CdS）、硝酸镉 $[Cd(NO_3)_2]$、氯化镉（$CdCl_2$）、硫酸镉（$CdSO_4$）、硒化镉（CdSe）、氢氧化镉 $[Cd(OH)_2]$ 等。镉用途很广，颜料、烟幕弹、合金、电镀、焊药、标准电池、冶金去氧剂、原子反应堆的中子棒等，都要用到镉。金属矿的开采和冶炼、电镀、颜料等是镉的主要人为污染源，汽车废气中也有镉，此外，烟草中也含有一定量的镉。

氧化镉烟尘在呼吸道吸收缓慢，约11％滞留于肺组织。镉化合物在胃肠道吸收率5％～7％，吸收的镉主要通过肾脏由尿排出，乳汁亦有排出。镉可通过胎盘，影响胎儿。体内吸收的镉，排出很慢，10年仅50％。镉会对呼吸道产生刺激，长期暴露会造成嗅觉丧失，牙龈黄斑或渐成黄圈，镉不易被肠道吸收，但可经呼吸被体内吸收，积存于肝脏或肾脏而引起危害，还可导致骨质疏松和软化。

7. 铬

铬是银灰色金属。其化合物主要有：三氧化二铬（Cr_2O_3），又名铬绿；氧化铬（CrO_3），别名铬（酸）酐；铬酸钾（K_2CrO_4）；重铬酸钾（$K_2Cr_2O_7$）等。

自然界和生产中的铬多以三价和六价的形式存在。三价铬形成的化合物较稳定，存在于食物和生物组织中，参与生物体代谢活动，是人体必需的微量元素。而工业生产中使用的铬化合物多是六价，就是这些六价铬化合物对动物和人有强烈的毒性，可导致急性、慢性中毒。铬能通过呼吸道、消化道和皮肤吸收进入体内，吸收后的铬分布于肝、肾等脏器，主要经肾排出。

项目一 重金属现场快速检测

食品中重金属现场快速检测是保证重大活动及日常饮食安全的重要手段，通常作为实验室检测的现场快速初筛，由于其检测方法、检测技术及检测设备的特殊性，一般只能做到定性或半定量。

一、铅的快速测定

1. 水质检铅试剂盒

【适用范围】

本方法用于水中铅（主要为游离铅）含量的定性或半定量检测。

【检测原理】

样品经处理后其中铅与反应试剂显色，与标准色板比色定量。

【仪器与试剂】

水质检铅试剂盒，5mL注射器，吸附管（硬质塑料管），铅试剂管，巯基棉，洗脱液（0.01mol盐酸），比色板。

【操作步骤】

① 将 0.1g 巯基棉塞入吸附管内，切勿过紧，取 5mL 注射器，与吸附管粗头一端连接，吸取水样 5mL 后弃去水液，重复 10 次（合计 50mL 水样）。

② 取试剂管 1 支（内装毛细管 3 支），用镊子将毛细管捏碎。

③ 将注射器与吸附管细头相接，取洗脱液 2mL，倒转吸附管，将洗脱液 1.5mL 注入试剂管，摇匀后与标准色板比色定量。

【注意事项】

① 国家标准规定：生活饮用水中铅含量不得大于 0.01mg/L。

② 本方法为现场快速半定量检测方法（检出限为 0.05mg/L）。

③ 对有机铅测定时需按常规实验室方法进行消解。

④ 试剂盒放在阴凉干燥处保存，有效期 24 个月。

2. 果蔬中重金属铅快速检测

【适用范围】

本方法用于果蔬中游离铅及水中铅含量的定性或半定量检测。

【检测原理】

样品经处理后铅与反应试剂显色，与果蔬铅含量快速检测色阶卡进行比较，即可读出被测样品中铅含量的参考浓度。

【仪器与试剂】

① 剪刀、电子秤、塑料试管、果蔬铅含量快速检测色阶卡等。

② 试剂 A　浓酸溶液。

③ 试剂 B　0.2mol/L 三羟甲基氨基甲烷溶液。

④ 试剂 C　20mL 1％邻二氮菲与 50mL 2.8％醋酸铵混合溶液。

⑤ 试剂 D　0.10g 铅试剂（二硫腙）置于 100mL 2％吐温-20 溶液中，于 70℃恒温水浴中加热 30min。

⑥ 蒸馏水等。

【操作步骤】

① 将待测样品先用蒸馏水或纯净水冲洗一下（洗去表面泥土，以免干扰检测），晾干，用刀或剪刀将样品剪成 1cm 左右的小块，称取处理好的样品 1g 置于 20mL 塑料取样管中，加水 10mL。

② 加入 4 滴试剂 A，用搅拌针将样品压在液面下，盖上取样管盖，上下摇动 10 次，放置 1min，再上下摇动 10 次，取出果蔬样品，溶液作为待测液备用。

③ 移取样品液 1mL 于一支空白样品管中。加入 3 滴试剂 B，盖上取样管盖，上下摇动 5 次，再分别加入 2 滴试剂 C 和 2 滴试剂 D，上下摇动 5 次，室温显色 5min。

【结果判定】

将样管与果蔬铅含量快速检测色阶卡进行比较，即可读出被测样品中铅含量的参考浓度。

【注意事项】

① 当样品中含有铁离子、钙离子、镁离子等金属离子时，可能会对溶液显色造成假

阳性。

② 此方法适用于游离铅测定，对有机铅测定时需按常规实验室方法进行消解。

3. 食品中重金属铅检测试剂盒

【适用范围】

本方法用于白糖、皮蛋及果蔬中铅含量的检测。

【检测原理】

样品经处理后铅与反应试剂显色，与空白对照管比较，不得更深。

【仪器与试剂】

剪刀、电子秤、试管、取样杯等。

检测试剂盒，配套指示剂 A、指示剂 B、指示剂 C 和指示剂 D 等。

【操作步骤】

(1) 样品处理

① 白糖样品　准确称取 2.5g 置于取样杯中，加入蒸馏水或纯净水 10mL，再加入 1 滴指示剂 A，搅拌溶解，待测。

② 蔬菜、水果样品　称取适量样品，用剪刀剪碎，从中准确称取 2.5g 置于取样杯中，加入蒸馏水或纯净水 10mL，再加入 1 滴指示剂 A 浸泡 10min，待测。

③ 皮蛋样品　取适量剥壳皮蛋蛋白部分，用剪刀稍剪碎，从中准确称取 2.5g 置于取样杯中，加入蒸馏水或纯净水 10mL，再加入 1 滴指示剂 A 浸泡 10min，待测。

(2) 测定

取待测液 1mL 于 1.5mL 离心管中，依次加 3 滴指示剂 B、1 滴指示剂 C、1 滴指示剂 D，摇匀后放置 3min，观察颜色变化。同时用蒸馏水或纯净水做一个空白对照管。

【结果判定】

比较样品与空白对照管显色结果。如果与空白对照管比较明显深，呈橙红色或红色，即说明样品中铅含量超过国家限量标准。若样品与空白对照管颜色一样或接近，呈黄色，则说明样品中铅未检出或低于国家限量标准。

【注意事项】

① 本试剂盒为现场快速检测方法，主要检测样品中离子铅的含量，实际样品中离子铅和有机铅总量可能会比本检测结果高。检测为阳性的样品需送实验室用标准方法加以确认。

② 检测过程中，依次加入指示剂 B、指示剂 C、指示剂 D 时，每加一种试剂应摇匀后再加下一种。

③ 测试用水要求：稀释用水建议采用蒸馏水或纯净水，不能用自来水或矿泉水。

④ 用过的离心管清洗干净后，可重复使用。

⑤ 检测限：0.2mg/kg。

⑥ 试剂盒置通风干燥室温环境中保存，保质期 6 个月。

4. 水中重金属铅的快速检测试剂盒

【适用范围】

本方法用于水中铅（主要为游离铅）含量的定性或半定量检测。

【检测原理】

水样中铅与反应试剂显色，观察氯仿层呈色情况。如果仍为绿色、淡绿色或无色则表示铅阴性。

【仪器与试剂】

水中重金属铅快速检测试剂盒，配套试剂 A、B、C、D，二硫腙-氯仿溶液（10～20μg/mL），NaOH 溶液。

【操作步骤】

① 样品处理　取粉碎的食物样品 10g 加浓硫酸 20mL 浸泡振摇数分钟，过滤浸液供检。

② 测定　取样品浸泡液或消化液 2mL 于 5mL 比色管中，用碱调 pH 值至中性，加 B 0.02g(4 号勺一勺)，C 0.04g(4 号勺二勺)，D 0.04g(4 号勺一勺)，溶解后加试剂 A 约 200mg（1 号勺一平勺），再加二硫腙-氯仿液 1mL（10～20μg/mL 为宜，临时配成，溶液呈浅绿色为宜），振摇 50 次，观察氯仿层呈色情况。

【结果判定】

上述反应的氯仿层由绿色变为紫红色，表示铅含量 1μg 左右；若变红色，表示铅含量≥2μg；如果仍为绿色、淡绿色或无色则表示铅阴性。

【注意事项】

① 本法检测限为 0.5mg/kg，规格 50 次/盒。本法用试剂应选高纯度的，否则会影响结果。

② 临时配制二硫腙-氯仿液时，以每毫升氯仿含二硫腙 10～20μg 为宜，溶液呈浅绿色，深绿色者再稀释。

③ 铅限量的国家标准（mg/kg）：乳粉≤0.5；酱、酱油、醋等≤1.0；皮蛋≤0.5。根据不同食品的安全标准，样品测定液可按需调整用量，在测定酱、酱油、醋时，测定取样量为 2mL，测定乳粉取 4g，测定皮蛋取 0.7mL，若反应呈色为无色或淡绿色、绿色时均为阴性。

二、砷的快速测定

1. 检砷管速测盒法

【适用范围】

本方法适用于食物、水及中毒残留物中砷的快速检测。

【检测原理】

氯化金与砷相遇产生反应，可使氯化金硅胶柱变成紫红色或灰紫色，在装有氯化金硅胶的柱中，砷含量与变色的长度成正比，以此可达到半定量的目的。

【仪器与试剂】

检砷管速测盒［内含检砷管、反应瓶（图 4-1）、酒石酸、二甲基硅油消泡剂、产气片等］、蒸馏水。

【操作步骤】

取粉碎后的固体样品 1g（油样取 2g，水样取 20mL）于反应瓶中，加入 20mL 蒸馏水

图 4-1　检砷管测定装置图

或纯净水（水样不再稀释），固体样品需要振摇后浸泡 10min，加入两平勺（约 0.2g）酒石酸，摇匀，富含蛋白质的样品需加入 5～10 滴消泡剂，摇匀。取一支检砷管，将较长的空端头朝下，在台面上轻敲几下后，剪去两端封头，将空端较长的一端插入带孔的胶塞中。向反应瓶中加入一片产气片，立即将胶塞插入反应瓶口中（此反应最好在 25～30℃下进行，天冷可用手温或温水加热），待产气停止，观察并测量检砷管中氯化金硅胶柱变成紫红色或灰紫色的长度。

【结果计算】

根据变色长度，查表（表 4-1）求出样品含砷量，对照表是以取样量为 1g 时的结果值，若为油样，查表得出的结果需要除以 2，水样需要除以 20。对于砷限量较低的食物，可适当加大取样量，在计算结果时除以加大取样量的倍数，如对于安全标准要求含砷量在 0.05mg/kg 以下的食品（表 4-2），取样量可为 2g，变色范围长度在 1.4mm 以下时可视为合格产品。为了便于观察颜色长度情况，可做阳性对照实验，即在样品中滴加一定量的砷标准溶液，对比操作。

表 4-1　检砷管变色范围长度与样品砷含量对照表

变色长度/mm	样品含砷量/(mg/kg)	变色长度/mm	样品含砷量/(mg/kg)	变色长度/mm	样品含砷量/(mg/kg)
≤0.6	0.0	3.5～4.4	1.0	10～11	5.0
0.7～1.4	0.1	4.5～5.9	2.0	12～13	6.0
1.5～2.4	0.2	6～7	3.0	14～15	8.0
2.5～3.4	0.5	8～9	4.0	16～18	10.0

表 4-2　食品中砷限量标准

食品类别(名称)	限量(以 As 计)/(mg/kg)	
	总砷	无机砷[b]
谷物及其制品		
谷物(稻谷[a] 除外)	0.5	—
谷物碾磨加工品(糙米、大米除外)	0.5	—
稻谷[a]、糙米、大米	—	0.2
水产动物及其制品(鱼类及其制品除外)	—	0.5
鱼类及其制品	—	0.1

食品类别（名称）	限量（以 As 计）/（mg/kg）	
	总砷	无机砷[b]
蔬菜及其制品		
新鲜蔬菜	0.5	—
食用菌及其制品	0.5	—
肉及肉制品	0.5	—
乳及乳制品		
生乳、巴氏杀菌乳、灭菌乳、调制乳、发酵乳	0.1	—
乳粉	0.5	—
油脂及其制品	0.1	—
调味品（水产调味品、藻类调味品和香辛料类除外）	0.5	—
水产调味品（鱼类调味品除外）	—	0.5
鱼类调味品	—	0.1
食糖及淀粉糖	0.5	—
饮料类		
包装饮用水	0.01mg/L	—
可可制品、巧克力和巧克力制品以及糖果		
可可制品、巧克力和巧克力制品	0.5	
特殊膳食用食品		
婴幼儿辅助食品		
婴幼儿谷类辅助食品（添加藻类的产品除外）	—	0.2
添加藻类的产品	—	0.3
婴幼儿罐装辅助食品（以水产及动物肝脏为原料的产品除外）	—	0.1
以水产及动物肝脏为原料的产品	—	0.3
辅食营养补充品	0.5	—
运动营养食品		
固态、半固态或粉状	0.5	—
液态	0.2	—
孕妇及乳母营养补充食品	0.5	—

a   稻谷以糙米计。

b   对于制定无机砷限量的食品可先测定其总砷，当总砷水平不超过无机砷限量值时，不必测定无机砷；否则，需再测定无机砷。

【注意事项】

① 本法为检砷管变色半定量；检出限为 0.05mg/kg。

② 操作应在 20℃以上温度中进行，必要时可用手握住反应瓶助温。

③ 加入产气片后应立即将带有检砷管的胶塞插入反应瓶口中。

④ 可用下述方法对试剂进行质量控制：取 1.0mg/L 的砷标准溶液 1mL 加入反应瓶中，按方法操作，变色长度应在 3.5～4.4mm 范围以内。

⑤ 试剂避光常温保存，有效期 24 个月。

2. 水质检砷管速测盒法

【适用范围】

本方法用于水中砷含量的定性或半定量检测。

【检测原理】

利用检砷管的变色长度，由定量尺求得砷含量（图4-2）。

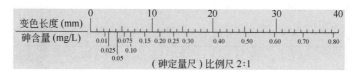

图 4-2 砷定量尺示意图

【仪器与试剂】

检砷管 30 支，反应瓶（带塞）1 个，酒石酸 1 袋（7g），产气片 1 瓶（60 片），量尺 1 把。

【操作步骤】

① 取 1 支检砷管，剪掉两端密封头，将有棉花的一端插入橡胶塞中心孔中。

② 取水样 20mL 于反应瓶中，加入两平勺（约 0.2g）酒石酸，向反应瓶中加入一片产气片，立即将带有检砷管的胶塞插入反应瓶口中并塞紧防止漏气（此反应最好在 25～30℃ 下进行，天冷可用手温或温水加热），待产气停止（大约 10min），取下检砷管，用尺子量出变成紫红色或灰紫色的长度（mm），由图 4-2 的砷定量尺来求得砷含量。

【注意事项】

① 国家标准规定：生活饮用水中砷含量不得大于 0.01mg/L。

② 本方法检出限为 0.01mg/L，为现场快速检测方法，精确定量应以国家标准方法为准。

③ 本速测盒应在阴凉干燥处保存，有效期 24 个月。

3. 铜片变色定性法

【适用范围】

本方法适用于食物中毒残留物中砷、锑、铋、汞、银、硫化物的快速检测，以及保障性监测。

【检测原理】

在酸性条件下，某些无机化合物可与金属铜作用产生颜色变化，由此推测可能存在的某些有害化合物，主要起定性作用。

【仪器与试剂】

电热板（也可用酒精灯等其他加热装置），三角烧瓶，99.99％以上纯度的铜片，优级纯盐酸，氯化亚锡，蒸馏水等。

【操作步骤】

取 5g 样品于三角烧瓶中，加入 25mL 蒸馏水或纯净水，加入 5mL 盐酸，加入约 0.5g 氯化亚锡试剂，将三角烧瓶放在加热装置上，使样液微沸约 10min（目的是排除可能存在的硫化物或亚硫化物），加入 2 片铜片，保持样液微沸约 20min。如果液体蒸发较快，注意补加一些热的蒸馏水或纯净水。

【结果判定】

若加热 30min 后铜片表面变色，可按表 4-3 推测样品中可能存在的化合物，并保留样品，有条件时分别加以确证。

表 4-3　铜片变色后预示可能存在的金属化合物

铜片变色情况	可能存在的金属化合物	铜片变色情况	可能存在的金属化合物
灰色或黑色	砷化物	银白色	汞化物
灰紫色	锑化物	灰白色	银化物
灰黑色	铋化物	黑色	硫化物、亚硫化物

【注意事项】

① 温度控制调到样液微沸即可，避免高温。

② 加热过程中，注意观察铜片颜色变化情况，如铜片已明显变黑时，应停止加热，否则当砷含量较高时会使沉积在铜片上的黑色物质脱落。

③ 溶液中盐酸浓度以 2%～8% 为宜，过低反应不能进行，过高会导致砷、汞的挥发损失。

④ 含蛋白质、油脂高的样品，会使方法的灵敏度降低，应将样品消化处理后测定。

⑤ 按取样量 5g 计，最低检出限砷为 2mg/kg，汞为 20mg/kg。

⑥ 试剂应避光常温保存，有效期 24 个月。

三、汞的快速测定

1. 检汞速测盒法

【适用范围】

本方法适用于食物、水及中毒残留物中汞的快速检测。

【检测原理】

汞与载有碘化亚铜的试纸产生反应，使试纸变为橘红色。

【仪器与试剂】

测汞试纸 30 条（60 次测定量），反应瓶 1 个，检汞管 5 支，试剂棉 2 瓶，酒石酸 1 袋（7g），消泡剂 1 瓶（3mL），产气片 1 瓶（60 片），蒸馏水等。

【操作步骤】

① 固体样品　取粉碎后的固体样品 5g 于反应瓶中，加入 20mL 蒸馏水或纯净水，固体样品需浸泡 5min 以上（富含蛋白质的样品需加入 5～10 滴消泡剂），摇匀后加入两平勺（约 0.2g）酒石酸（如果固体样品取样量为 10g 以上，加入 3 平勺的酒石酸），摇匀，取一支检汞管，在下端（细端）松松塞入试剂棉少许，插入 1/2 条测汞试纸，在检汞管上端再塞入少许试剂棉，将检汞管的下端插入带孔的胶塞中。向反应瓶中加入 1 片产气片（如果固体样品的取样量为 10g 以上，加入 2 片产气片），立即将带有检汞管的胶塞插入反应瓶口中，待产气停止，观察测汞试纸变化情况。

② 水样　取 40mL 水于反应瓶中，加入 2 平勺（约 0.2g）酒石酸，摇匀，后续步骤

同上。

【结果判定】

试纸不变色为阴性，橘红色为阳性，按取样量 5g 计算，最低检出限为 0.04mg/kg。国家标准规定：生活饮用水的限量标准为≤0.001mg/L，如果试纸上出现橘红色时，即已超出国家标准规定值的 10 倍以上。国家标准对不同的食品有着不同的汞限量标准，可按表 4-4 称取取样量进行检测，不得出现阳性反应，由此加以监控。

表 4-4 根据汞含量限量指标称取样品量

限量指标/(mg/kg)	样品取样量/g	限量指标/(mg/kg)	样品取样量/g	限量指标/(mg/kg)	样品取样量/g
≤0.01	20	≤0.05	4	≤0.2	1
≤0.02	10	≤0.1	2	≤0.3	0.7

部分食品中总汞的限量标准见表 4-5。

表 4-5 部分食品中总汞的限量标准（指标以 Hg 计）

品 种	指标/(≤mg/kg)	品 种	指标/(≤mg/kg)
新鲜蔬菜、乳及乳制品	0.01	食用菌及其制品、食用盐	0.1
谷物及其制品、婴幼儿罐装辅助食品	0.02	矿泉水	0.001mg/L
肉类、鲜蛋	0.05		

【注意事项】

① 本法为试纸显色半定量；检出限为 0.04mg/kg。

② 操作应在 20℃以上温度中进行，必要时可用手握住反应瓶助温。

③ 加入产气片后应立即将带有检汞管的胶塞插入反应瓶口中。

④ 当样品出现强阳性结果时，可降低取样量再进行测试。

⑤ 试剂有效期 24 个月，阳性对照试验无反应时不可再用。

2. 铜片变色定性法

同砷的快速测定方法 3。

四、钡盐试剂盒法快速测定钡

【适用范围】

本方法适用于含食盐等食物、中毒残留物中钡离子的快速检测。

【检测原理】

钡离子与硫酸根反应生成硫酸钡白色沉淀，利用比浊法做限量测定和中毒物鉴别。

【仪器与试剂】

试剂盒（A 试液、B 试液、C 试液），天平、比色管、纯净水等。

【操作步骤】

取 1g 样品，加入纯净水到 10mL，溶解样品，放置后取 5mL 上清液于 10mL 比色管中。

另取一只比色管，加入 5mL 纯净水，加入 2 滴（约 0.1mL）A 试液（钡离子对照液），混匀后，在样品管与对照管中各加入 4 滴 B 试液，摇匀，再各加入 4 滴 C 试液，摇匀，放置 3min 后观察溶液变化情况。

【结果判定】

如果食盐样品溶液中出现的白色混浊深于对照管，说明钡离子超标。其他样品中出现的白色混浊深于对照管时，说明样品中钡离子浓度大于 15mg/kg。样品中含有高剂量钡离子时，白色混浊十分明显。

【注意事项】

① 本法为浊度定性，引自国家标准 GB 5009.42—2016 并作适当改动以适应现场检测，检出限为 10μg/mL。

② 对于超标样品及含有较高浓度钡离子的样品，应送实验室进一步检测。

③ 对接触过阳性样品的容器和试管，应充分清洗，防止下次使用时产生干扰。

④ 钡离子具有一定毒性。国家标准规定：食盐中的钡离子应 ≤15mg/kg。

⑤ 试剂避光常温保存，有效期 12 个月。

五、锑的快速测定

采用铜片变色定性法，同砷的快速测定方法 3。

六、水质检镉试剂盒法快速测定镉

【适用范围】

本方法用于水中镉（主要为游离镉）含量的定性或半定量检测。

【检测原理】

样品经处理后其中镉与反应试剂显色，与标准色板比色定量。

【仪器与试剂】

5mL 注射器 1 支，吸附管（硬质塑料管）2 支，镉试剂管 20 支，0.1g 巯基棉 20 包，50mL 洗脱液 1 瓶，比色板一片，0.01mol/L 盐酸溶液。

【操作步骤】

① 将塑料袋分装的每份 0.1g 巯基棉塞入吸附管内，切勿过紧，取 5mL 注射器，与吸附管粗头一端连接，吸取水样 5mL 后弃去水液，重复 4 次（合计 20mL 水样）。

② 取试剂管 1 支（内装毛细管 3 支），用镊子将毛细管捏碎（勿用手捏，以防刺破手指）。

③ 将注射器与吸附管细头相接，取洗脱液（0.01mol/L 盐酸溶液）2mL，倒转吸附管，将洗脱液注入试剂管，摇匀后 5～10min 内与标准色板比色定量。

【注意事项】

① 国家标准规定：生活饮用水中镉含量不得大于 0.005mg/L。

② 本方法为现场快速检测方法，检出限为 0.01mg/L，精确定量应以国家标准方法为准。

③ 将本试剂盒置于阴凉干燥处保存，有效期 24 个月。

七、水质六价铬速测管法快速测定铬

【适用范围】

本方法用于水中铬（主要为游离铬）含量的定性或半定量检测。

【检测原理】

水样与显色剂显色，与标准比色板比色定量。

【操作步骤】

① 取速测管一支，去帽后用手指压迫塑料管挤出管内空气，将管口浸入被测水样中，吸取 3/4 管量水样，或用吸管吸取水样加入 3/4 管量。

② 用镊子将毛细管捏碎（勿用手捏，以防刺破手指），与水样混合均匀，5～10min 内与标准色板比色定量。

【结果判定】

若想得到具体读数，可将速测管中的溶液移入比色管中，用纯净水稀释到 10.0mL，混匀，将比色管插入多参数水质快速测定仪中，仪器显示的数值即为水样中六价铬的含量（mg/L）。

【注意事项】

① 本方法为现场快速检测方法，检出限 0.05mg/L，精确定量应以国家标准方法为准。

② 国家标准规定：生活饮用水中六价铬含量不得大于 0.05mg/L。

③ 本速测盒配置为：速测管 20 只/包，比色板一片。

④ 将本速测盒置于阴凉干燥处保存，有效期 24 个月。

项目二　常见重金属实验室快速检测

一、铅的快速测定

1. 微波消化-原子吸收分光光度法

【适用范围】

本方法适用于各类食品中铅的测定。

【检测原理】

样品经微波消解后，注入原子吸收分光光度计石墨炉中，电热原子化后吸收 238.3nm 共振线，在一定浓度范围内，其吸收值与铅含量成正比，与标准系列比较定量。

【仪器与试剂】

石墨炉原子吸收分光光度计条件：参考条件为波长 238.3nm；狭缝宽度 0.2～1.0nm；灯电流 5～7mA；干燥温度 120℃，20s；灰化温度 450～750℃，15～20s；原子化温度 1700～2300℃，4～5s；背景校正为氘灯或塞曼效应。

微波消解仪；优级纯硝酸和 0.5mol/L 硝酸；30％过氧化氢；20g/L 磷酸二氢铵溶液；1.0mg/mL 铅标准储备液：用 0.5mol/L 硝酸稀释成系列标准溶液（每毫升含 10.0ng、

20.0ng、40.0ng、60.0ng、80.0ng 铅）。

【操作步骤】

（1）样品预处理

① 粮食、豆类去除杂物后，磨碎，过 20 目筛，储于塑料瓶中，保存备用。

② 蔬菜、水果、鱼类、肉类、蛋类等水分含量高的鲜样，用匀浆机打成匀浆，储于塑料瓶中，保存备用。

（2）微波消解

称取 0.10～0.50g 试样置于消解罐中，加入 1～5mL 硝酸、1～2mL 过氧化氢，盖好安全阀，将消解罐放入微波炉消解系统中，根据不同种类的样品设置微波炉消解系统的最佳分析条件（参见表 4-6、表 4-7），至消解完全，冷却后用硝酸定量转移至 10mL 容量瓶中定容至刻度，混匀备用。同时做试剂空白试验。

表 4-6 粮食、蔬菜、鱼肉类样品微波分析条件表

项目	步骤 1	步骤 2	步骤 3	项目	步骤 1	步骤 2	步骤 3
功率/%	50	75	90	保压时间/min	5	7	5
压力/psi	50	100	160	排风量/%	100	100	100
升压时间/min	30	30	30				

注：1psi＝6898Pa。

表 4-7 油脂、糖类样品微波分析条件表

项 目	步骤 1	步骤 2	步骤 3	步骤 4	步骤 5
功率/%	50	70	80	100	100
压力/psi	50	75	100	140	180
升压时间/min	30	30	30	30	30
保压时间/min	5	5	5	7	5
排风量/%	100	100	100	100	100

注：1psi＝6898Pa。

（3）标准曲线绘制

吸取上面配制的铅标准使用液（10.0μg/mL、20.0μg/mL、40.0μg/mL、60.0μg/mL、80.0μg/mL）各 10μL，注入石墨炉，测得其吸光值，绘制标准曲线。

（4）样品测定

分别吸取样液及空白液各 10μL，注入石墨炉，测得其吸光值，由绘制标准曲线得到样液中铅含量。

（5）基体改进剂的使用

对有干扰样品，则注入适量的基体改进剂磷酸二氢铵溶液，一般为 5μL 或与样品同量消除干扰。绘制铅标准曲线时也要加入与样品测定时等量的基体改进剂磷酸二氢铵溶液。

【结果计算】

$$X = \frac{(c_1 - c_0) \times V \times 1000}{m \times 1000}$$

式中　X——样品中铅含量，mg/kg(mg/L)；

　　　c_1——测定样液中铅含量，$\mu g/mL$；

　　　c_0——空白液中铅含量，$\mu g/mL$；

　　　V——样品消化液定容总体积，mL；

　　　m——样品质量或体积，g 或 mL。

计算结果保留到两位有效数字。

【注意事项】

① 因为样品中重金属多以金属有机化合物的形式存在于食品中，要测定这些元素先要用灰化法或湿化法先将有机物质破坏掉，释放出被测元素，但以不丢失待测成分为原则；破坏掉有机物后的样液中，多数情况下待测元素浓度很低，且为多种元素共存的状态，有其他元素的干扰，所以要浓缩和除去干扰。

② 全部用水均使用去离子水，所使用化学试剂均为优级纯以上。

③ 所用玻璃仪器及微波消解内罐均需以硝酸（1＋5）浸泡过夜，用水反复冲洗，最后用去离子水冲洗干净备用。

2. 二硫腙比色法

【适用范围】

本方法适用于各类食品中铅的测定。

【检测原理】

在碱性（pH 值在 9 左右）溶剂中，Pb^{2+} 与二硫腙形成红色络合物，溶于氯仿中，红色深浅与铅离子浓度成正比，比色测定。

测定前要加盐酸羟胺、氰化钾、柠檬酸铵来掩蔽铁、铜、锡、镉等离子。

【仪器与试剂】

分光光度计；铅标准溶液：用 HNO_3 来溶解 $Pb(NO_3)$；二硫腙溶液：0.001%（溶于 CCl_4）。

【操作步骤】

（1）样品预处理

① 微波消解样品预处理　同原子吸收分光光度法样品预处理。

② 湿法消化样品预处理　精确称取均匀样品适量，置于锥形瓶中，加入 20～30mL 混合酸（硝酸＋高氯酸，4＋1），加热至颜色由深变浅，至无色透明冒白烟时取下，放冷后加入 10mL 水继续加热至冒白烟为止。冷却后用去离子水转移至 25mL 容量瓶中定容至刻度，混匀备用。同时做试剂空白试验。

（2）样品测定

吸取 10mL 消化后的定容溶液和同量的试剂空白液，分别置于 125mL 分液漏斗中，各加水至 20mL。吸取铅标准使用液 0mL、0.10mL、0.20mL、0.30mL、0.40mL、0.50mL，分别置于 125mL 分液漏斗中，各加硝酸至 20mL。

于样品消化液、试剂空白液和铅标准液中分别加入 2mL 柠檬酸铵、盐酸羟胺、酚红指示液，用氨水调至红色，再加 2mL 氰化钾，混匀。各加 5.0mL 二硫腙使用液，剧烈振摇

1min，静置分层后，三氯甲烷层经脱脂棉滤入 1cm 比色皿中，以三氯甲烷调节零点，于波长 510nm 测得其吸光值，绘制标准曲线。由绘制标准曲线得到样液中铅含量。

【结果计算】

$$X = \frac{(m_1 - m_0) \times 1000}{m \times \frac{V_2}{V_1} \times 1000}$$

式中　X——样品中铅含量，mg/kg(mg/L)；

　　　m_1——测定用样液中铅的质量，μg；

　　　m_0——空白液中铅的质量，μg；

　　　m——样品质量或体积，g 或 mL；

　　　V_1——样品消化液的总体积，mL；

　　　V_2——测定用样液的体积，mL。

计算结果保留到两位有效数字。

【注意事项】

① 二硫腙法用氰化钾作掩蔽剂，不要任意增加浓度和用量以免干扰铅的测定。

② 氰化钾，剧毒，不能用手接触，必须在溶液调至碱性时再加入。氰化钾废液应加 NaOH 和 $FeSO_4$（亚铁），使其变成亚铁氰化钾再倒掉。

③ 如果样品中含钙、镁的磷酸盐时，不要加柠檬酸铵，避免生成沉淀带走铅而使铅损失。

④ 样品中含锡量高时，要设法让其变成溴化锡，而蒸发除去，以免产生偏锡酸而使铅丢失。

⑤ 测铅要用硬质玻璃皿，提前用 1%～10% HNO_3 浸泡，再用水冲洗干净。

⑥ 微波加热会出现过热现象（即比沸点温度还高）。电炉加热时，热是由外向内通过器壁传导给试样，在器壁表面上很容易形成气泡，因此就不容易出现过热现象，温度保持在沸点上，因为汽化要吸收大量的热。而在微波场中，其"供热"方式完全不同，能量在体系内部直接转化。由于体系内部缺少形成气"泡"的"核心"，因而，对一些低沸点的试剂，在密闭容器中，就很容易出现过热，可见，密闭消解罐中的试剂能提供更高的温度，有利于试样的消化。

二、砷的快速测定

1. 微波消化-原子吸收分光光度法

同铅的测定方法，具体内容参见"铅的快速测定"。

2. 银盐法

【适用范围】

本法适用于各类食品中总砷的测定。

【检测原理】

样品消化后，以五价砷存在，用氯化亚锡和碘化钾还原成三价砷，与新生态氢生成

AsH_3，再与二乙氨基二硫代甲酸银作用，在有机碱（三乙醇胺）存在下，生成棕红色胶态银，在 540nm 处吸收，进行比色测定。

【仪器及试剂】

① 分光光度计，马福炉，测砷装置（如图 4-3 所示）容量瓶。

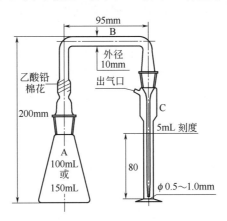

图 4-3 银盐法测砷装置

② 硝酸、硫酸、盐酸、氧化镁、三氯甲烷、吡啶、无砷金属锌、20％氢氧化钠溶液、15％硝酸镁溶液、1％酚酞-乙醇溶液等。

③ 1mol/L 硫酸溶液：量取 28mL 浓硫酸，慢慢加入水中，用水稀释到 500mL。

④ 15％碘化钾溶液（临用前配制，储于棕色瓶内）。

⑤ 40％氯化亚锡溶液：称取 20g 氯化亚锡（$SnCl_2 \cdot 2H_2O$），溶于 50mL 盐酸中。

⑥ 乙酸铅棉花：将脱脂棉浸于 10％乙酸铅溶液中，2h 后取出晾干。

⑦ 吸收液：称取 0.50g 二乙氨基二硫代甲酸银，研碎后用吡啶溶解，并用吡啶稀释至 100mL。静置后过滤于棕色瓶中，储存在冰箱内备用。

⑧ 砷标准溶液：称取 0.01320g 于硫酸干燥器中干燥至恒重的三氧化二砷（As_2O_3），溶于 0.5mL 20％氢氧化钠溶液中。溶解后，加入 2.5mL 1mol/L 硫酸，移入 100mL 容量瓶中，加新煮沸冷却的水稀释至刻度。此溶液 1.00mL 相当于 0.100mg 砷。临用前取 1.0mL，加 1mL 1mol/L 硫酸于 100mL 容量瓶中，加新煮沸冷却的水稀释至刻度。此溶液 1.0mL 相当于 1.0μg 砷。

【操作步骤】

（1）样品预处理

① 称取 5.0g 样品，置于 250mL 凯氏烧瓶或高脚烧杯中，加 10mL 硝酸浸润样品，放置片刻，缓缓加热，待反应缓和后，稍冷，沿瓶壁加入 5mL 硫酸，再缓缓加热，至瓶中溶液开始变成棕色，不断滴加硝酸，至有机质分解完全，继续加热，生成大量的二氧化硫白色烟雾，最后溶液应无色或微带黄色。

冷却后加 20mL 水煮沸，除去残余的硝酸至产生白烟为止。反复处理 2 次，冷却，将溶液移入 50mL 容量瓶中，用少量水洗涤凯氏烧瓶或高脚烧杯 2～3 次，洗液并入容量瓶中，加水至刻度，混匀，每 10mL 样品液相当于 1.0g 样品。

② 取相同量的硝酸、硫酸，按上述方法做试剂空白试验。

（2）样品测定

① 吸取 0mL、2.00mL、4.00mL、6.00mL、8.00mL、10.00mL 砷标准使用液（相当于 0μg、2μg、4μg、6μg、8μg、10μg 砷），分别置于砷发生瓶中，加水至 40mL，再加硫酸（4+1）10mL，混匀。

② 吸取适量待测液及同量的试剂空白液，分别置于砷发生瓶中，补加硫酸至总量为 5mL，加水至 50mL，混匀。

③ 待测液、试剂空白液及砷标准液中分别加入 3mL 15％碘化钾溶液，混匀，放置 5min；再分别加入 1mL 40％氯化亚锡溶液，混匀，放置 15min；分别加入 5g 无砷锌粒，立即塞上装有乙酸铅棉花的导气管，管尖插入盛有 5.0mL 吡啶吸收液的吸收管中，室温反应 1h，取下吸收管，用吡啶将吸收液体积补充到 5.0mL。

④ 用 1cm 比色杯，于 540nm 波长处，用零管调吸光度为零，测吸光度，绘制标准曲线比较。

【结果计算】

$$X = \frac{(m_1 - m_0) \times 1000}{m \times \dfrac{V_2}{V_1} \times 1000}$$

式中　X ——样品中砷含量，mg/kg(mg/L)；

　　　m_1 ——测定用样液中砷的质量，μg；

　　　m_0 ——空白液中砷的质量，μg；

　　　m ——样品质量或体积，g 或 mL；

　　　V_1 ——样品消化液的总体积，mL；

　　　V_2 ——测定用样液的体积，mL。

计算结果保留到两位有效数字。

【注意事项】

① 如果样品较难消解，可滴加高氯酸，但必须注意防止爆炸。

② 在生成 AsH_3 过程中，有 H_2S，会干扰测定，可用浸泡过乙酸铅的棉花来排除 H_2S 的干扰。乙酸铅棉花应松紧合适，能顺利透过气体又能除尽 H_2S。

③ 氯化亚锡是还原剂，可抑制氢气产生过快、排除锑的干扰等。

④ 锌粒的形状规格对测定结果有影响，尽量选取颗粒均匀的。

⑤ 胶体银的颜色在 2.5h 内稳定。

⑥ 横管中有乙酸铅棉花，用来吸收 H_2S。

3. 砷斑法（古蔡氏法）

【适用范围】

本法适用于各类食品中总砷的测定。

【检测原理】

样品经消化后，以碘化钾、氯化亚锡将高价砷还原为三价砷，然后与锌粒和酸产生的新生态氢生成砷化氢，在溴化汞试纸生成黄色至橙色的色斑，与标准砷斑比较定量。

【仪器及试剂】

玻璃测砷管，锥形瓶，橡胶塞，测砷装置（如图4-4所示）。硝酸，盐酸，15％碘化钾溶液，40％氯化亚锡溶液，无砷锌粒，溴化汞试纸：将剪成直径2cm的圆形滤纸片，在5％溴化汞-乙醇溶液中浸渍1h以上，保存于冰箱中，临用前取出置暗处阴干备用。

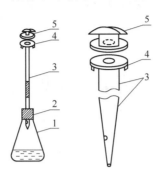

图4-4 砷斑法测砷装置

1—锥形瓶；2—橡胶塞；3—玻璃测砷管；4—溴化汞试纸；5—旋塞

【操作步骤】

（1）样品预处理

同银盐法样品预处理。

（2）样品测定

吸取一定量的样液和砷标准溶液（含砷 $1.0\mu g$ 或 $2.0\mu g$），分别置于锥形瓶中，加5mL盐酸（样品液中如含硫酸或盐酸，则要减去样品液中所含酸的毫升数），加水至30mL，再加5mL 15％碘化钾溶液，5滴40％氯化亚锡溶液，混匀，室温放置10min。

分别加入3g无砷锌粒，并立即塞上预先装有乙酸铅棉花及溴化汞试纸的测砷管，于25℃放置1h，取出砷斑进行比较。

【结果判定】

① 限量比较 样品的砷斑与标准砷斑比较，不得深于标准砷斑。

② 半定量比较 用砷标准溶液制成系列不同浓度颜色的标准色斑，根据色斑深浅，与砷标准色斑系列比较。

【注意事项】

① 本方法为限量或半定量方法。

② H_2S 对本法有干扰，遇溴化汞试纸亦会产生黑色色斑，干扰结果；乙酸铅棉花能去除 H_2S 的干扰，但填充松紧要合适。

③ 氯化亚锡是还原剂，可抑制氢气产生过快、排除锑的干扰等。

④ 锌粒的形状规格对测定结果有影响。

⑤ 标准色斑保存过程中会褪色，影响结果判定；为保存时间长一些，可用石蜡涂在色斑表面，在暗处保存。

？ 思考题

1. 重金属如何分类？常用的检测方法有哪些？

2. 简述原子吸收分光光度法的基本原理，说明原子吸收分光光度计的仪器构成及各部分的作用。

3. 简述微波溶样技术的原理及特点。

4. 如何对粮食类样品进行微波消解？其条件如何选择？

5. 快速测定食品中铅含量的方法有哪些？各适合什么样品？

6. 为什么用原子吸收分光光度法测定食品中的重金属时，一般都要做空白试验？

7. 说明二硫腙比色法测定食品中铅的原理，测定中会有哪些干扰？如何消除？

实训4-1　蔬菜、水果中铅含量的快速测定

【目的要求】

掌握蔬菜、水果样品的前处理方法；对测定结果能正确进行判定。

【原理方法】

样品经处理后，铅与反应试剂显色，与空白对照管比较，不得更深。

【器材及原料】

① 剪刀，电子秤，塑料试管，取样杯等。

② 果蔬样品 3～4 个品种。

【试剂】

① 试剂 A：浓酸溶液。

② 试剂 B：0.2mol/L 三羟甲基氨基甲烷溶液。

③ 试剂 C：20mL 1％邻二氮菲与 50mL 2.8％醋酸铵混合溶液。

④ 试剂 D：0.10g 铅试剂（二硫腙）置于 100mL 2％吐温-20 溶液中，于 70℃恒温水浴中加热 30min。

⑤ 蒸馏水或纯净水等。

【操作步骤】

（1）样品处理

称取适量样品，用剪刀剪碎，从中准确称取 2.5g 置于取样杯中，加入蒸馏水或纯净水 10mL，再加入 1 滴试剂 A 浸泡 10min，待测。

（2）测定

取待测液 1mL 于 1.5mL 离心管中，依次加 3 滴试剂 B、1 滴试剂 C、1 滴试剂 D，摇匀后放置 3min，观察颜色变化。同时用蒸馏水或纯净水做一个空白对照管。

（3）结果判定

比较样品与空白对照管显色结果。如果与空白对照管比较明显深，呈橙红色或红色，即说明样品中铅含量超过国家限量标准。若样品与空白对照管颜色一样或接近，呈黄色，则说明样品中铅未检出或含量低于国家限量标准。

【课堂讨论】

① 不同样品的前处理有何不同？

② 如何对检测结果进行判定？

实训 4-2　鲜肉中砷含量的快速测定

【目的要求】

掌握鲜肉中砷含量的快速测定方法；对测定结果能正确进行判定。

【原理方法】

氯化金与砷相遇产生反应，可使氯化金硅胶柱变成紫红色或灰紫色，在装有氯化金硅胶的柱中砷含量与变色的长度成正比，以此可达到半定量的目的。

【器材、试剂、原料】

① 检砷管速测盒（内含检砷管、反应瓶、酒石酸、二甲基硅油消泡剂、产气片等）。
② 鲜肉样品（畜禽肉均可），蒸馏水。

【操作步骤】

取搅碎后的鲜肉样品 2g 于反应瓶中，加入 20mL 蒸馏水或纯净水，振摇后浸泡 10min，加入 2 平勺（约 0.2g）酒石酸，摇匀，因样品富含蛋白质，需加入 5～10 滴消泡剂，摇匀。取检砷管一支，将空端较长的一端头朝下，在台面上轻敲几下后，剪去两端封头，将空端较长的一端插入带孔的胶塞中。向反应瓶中加入一片产气片，立即将带有检砷管的胶塞插入反应瓶口中（此反应最好在 25～30℃下进行，天冷可用手温或温水加热），待产气停止，观察并测量检砷管中氯化金硅胶柱变成紫红色或灰紫色的长度。

根据变色长度，查表求出样品含砷量，对照表是以取样量为 1g 时的结果值，对于限砷量较低的食物，可适当加大取样量，在计算结果时除以加大取样量的倍数，如对于安全标准要求含砷量在 0.05mg/kg 以下的食品，取样量可为 2g，变色范围长度在 1.4mm 以下时可视为合格产品。为了便于观察颜色长度情况，可做阳性对照试验，即在样品中滴加一定量的砷标准液，对比操作。

【课堂讨论】

① 为什么要做阳性对照试验？如何操作？
② 反应最适温度是多少？如何控制、达到此温度？
③ 如何根据变色长度判断样品含砷量？

实训 4-3　鸡蛋中汞含量的快速测定

【目的要求】

掌握鸡蛋中汞含量的快速测定方法；对测定结果能正确进行判定。

【原理方法】

汞与载有碘化亚铜的试纸产生反应，使试纸变为橘红色。

【器材、试剂、原料】

测汞试纸，反应瓶，检汞管，试剂棉，酒石酸，消泡剂，产气片，鸡蛋（去壳、粉碎），蒸馏水。

【操作步骤】

（1）测定

取去壳并搅拌均匀的鸡蛋样品5g于反应瓶中，加入20mL蒸馏水或纯净水，浸泡5min以上，因样品富含蛋白质，需加入5～10滴消泡剂，摇匀后加入2平勺（约0.2g）酒石酸，摇匀，取检汞管一支，在下端（细端）松松塞入试剂棉少许，插入1/2条测汞试纸，在检汞管上端再塞入少许试剂棉，将检汞管的下端插入带孔的胶塞中。向反应瓶中加入一片产气片，立即将带有检汞管的胶塞插入反应瓶口中，待产气停止，观察测汞试纸变化情况。

（2）结果判定

试纸不变色为阴性，橘红色为阳性，按取样量5g计算，最低检出限为0.04mg/kg。国家标准对鸡蛋中汞限量标准为0.05g/kg，不得出现阳性反应，由此加以监控。

【课堂讨论】

当样品出现强阳性结果时，可采取什么措施？

参 考 文 献

[1] 王林，王晶，周景洋. 食品安全快速检测技术手册. 北京：化学工业出版社，2008.
[2] 康臻. 食品分析与检验. 北京：中国轻工业出版社，2008.
[3] 王晶，王林. 食品安全快速检测技术. 北京：化学工业出版社，2002.
[4] 陈炳卿，刘志诚，王茂起. 现代食品卫生学. 北京：人民卫生出版社，2001.
[5] 郑鹏然，周树南. 食品卫生全书. 北京：红旗出版社，1996.
[6] 王林. 饮食卫生知识手册. 北京：中国轻工业出版社，1993.

模块五 食品添加物快速检测技术

 知识与能力目标

1. 掌握非法食品添加物和易滥用的食品添加剂的快速检测方法。
2. 熟悉相关检测试剂的配制及试剂盒的维护。
3. 了解食品添加物现状及其卫生学意义。

 职业素养目标

1. 正确认识食品添加剂和非法添加物，提升食品安全意识和法律法规意识，培养职业自豪感。
2. 树立正确的义利观，树立正确的人生观和价值观。

📖 **背景知识**

  食品添加剂是食品中一种常见的物质，它是为改善食品品质和色、香、味，以及为防腐保鲜和加工工艺的需要而加入食品中的化学合成或天然物质，包括营养强化剂。对于不同食品添加剂的使用范围和使用量，必须符合我国《食品安全国家标准　食品添加剂使用标准》GB 2760 及增补之规定。

  然而，许多企业在执行 GB 2760 时，却存在着诸多问题，比如一些企业的添加剂实际使用情况都与 GB 2760 的范围和用量有很大出入，一些企业添加剂使用情况都不符合 GB 2760 的要求，只是在配料表上做些掩饰，有的甚至还不加以掩饰，原因是多方面的：有的是技术上的难点，有的是成本压力。很多消费者不能够正确地认识食品添加剂，甚至有人认为，含有添加剂的食品都是不安全的。

  世界各国对食品添加剂的安全性做了大量的工作，但是人们对食品添加剂的安全性问题仍心存疑虑。

  一是某些食品添加剂的成分确实有毒。如肉类加工中广泛使用的亚硝酸盐及其硝酸盐类，仍然被认为有致癌性。但在规定的使用范围、规定的限量内使用对人体不会造成危害。

  二是许多食品添加剂的安全性仍有争议。糖精钠是一种非营养型合成甜味剂。20 世纪 70

85

年代，通过动物实验，研究人员发现糖精钠对实验动物有致膀胱癌的可能性。但后来发现若在允许用量范围内，使用是无害的。于是，FAO/WHO 将其制定的 ADI 值由以前的 0～5mg/kg 改为 0～2.5mg/kg，但禁止在婴儿食品中使用。在我国也明确禁止在婴幼儿食品中使用。

此外，存在争议的还有苋菜红、胭脂红等着色剂。苋菜红和胭脂红是人工合成色素，其结构为偶氮化合物，因而存在着一定的安全隐患，如今美国已经禁止了苋菜红的使用。另外，欧盟专家委员会经过多年的实验研究发现，大剂量地使用香兰素对人体有较大的危害。因此，欧盟决定重新制定香兰素的使用标准，进一步降低香兰素允许使用量。

三是非法使用非食品用添加物。苏丹红、三聚氰胺、孔雀石绿、吊白块等这些化工原料从来没有被批准为食品添加剂使用，不属于食品添加剂，应当与食品添加剂区别开来。使用这些化学品会对人体造成严重损害，应当严禁使用。这些违法添加的非食用物质与食品添加剂使用不当的危险性混同在一起，扩大了消费者对食品添加剂健康危害的预想。

"问题乳粉"就是违法添加非食用物质——三聚氰胺的典型，其明明是一种非食用物质，有人却把它加到食品里。这是严重的违法行为，表明企业的自律意识和法制观念十分缺乏。同时，也暴露出了监管不力的问题。

我国违法使用食品添加剂的行为，大致分为两种：一种是在食品中违法添加非食用物质，另一种则是滥用食品添加剂。针对前者的快速检测有：对水发产品进行甲醛检测；对大米、面条、豆制品、腐竹、粉丝进行吊白块检测；对腌渍禽蛋、辣椒酱、辣椒粉进行苏丹红检测等。针对后者的快速检测有：对灌肠类肉制品及酱腌菜进行亚硝酸盐检测；对冰糖、白糖、饼干、罐头类食品、干货食品进行二氧化硫检测等。

2008 年 12 月 10 日至 2009 年 4 月 10 日，我国在全国范围内启动打击违法添加非食用物质和滥用食品添加剂的专项整治行动，并向社会公布重点打击的非食用物质"黑名单"。卫生部、工业和信息化部、公安部、监察部、农业部、商务部、工商总局、质检总局、食品药品监管局 9 部门联合组成全国专项整治行动领导小组。

全国各地市的质监部门组织食品、稽查、纪检等多个处室联合督查。检查中，各地方质监部门还使用快速检测设备，现场对苏丹红、亚硝酸盐、硼砂等项目进行了快速检测。积极使用快速测定仪进行食品现场监测，对现场监测的结果有阳性可能的食品进行抽样送检，提高了检查的针对性、有效性。

在此期间，全国共查处违法案件 7626 起，货值 6708 万元，移送司法机关案件 34 起，依法逮捕 30 人。专项整治将食品添加剂、乳及乳制品、米面制品、淀粉制品和豆类制品、肉及肉制品、酒类、水产品、调味品及餐饮行业作为重点，共检查食品和食品添加剂生产经营单位 573 万户次，整治重点地区三万六千多个，重点单位 44.1 万家，重点产品 7.1 万个，共清查出 252 种不符合标准的食品添加物。

全国打击违法添加非食用物质和滥用食品添加剂专项整治领导小组相继向社会公众和相关执法工作部门公布了部分食品中可能违法添加的非食用物质和易滥用的食品添加剂品种名单及补充和修改内容（见表 5-1～表 5-12），以针对性地打击在食品中违法添加非食用物质的行为，对食品添加剂超量、超范围使用进行有效监督管理。

表 5-1　食品中可能违法添加的非食用物质名单（第一批）

序号	名称	主要成分	可能添加的主要食品类别	可能的主要作用
1	吊白块	次硫酸钠甲醛	腐竹、粉丝、面粉、竹笋	增白、保鲜、增加口感、防腐
2	苏丹红	苏丹红 I	辣椒粉	着色
3	王金黄、块黄	碱性橙 II	腐皮	着色
4	蛋白精、三聚氰胺		乳及乳制品	虚高蛋白含量
5	硼酸与硼砂		腐竹、肉丸、凉粉、凉皮、面条、饺子皮	增筋

序号	名称	主要成分	可能添加的主要食品类别	可能的主要作用
6	硫氰酸钠		乳及乳制品	保鲜
7	玫瑰红 B	罗丹明 B	调味品	着色
8	美术绿	铅铬绿	茶叶	着色
9	碱性嫩黄		豆制品	着色
10	酸性橙		卤制熟食	着色
11	工业用甲醛		海参、鱿鱼等干水产品	改善外观和质地
12	工业用火碱		海参、鱿鱼等干水产品,生鲜乳	改善外观和质地,防腐
13	一氧化碳		水产品	改善色泽
14	硫化钠		味精	
15	工业硫黄		白砂糖、辣椒、蜜饯、银耳	漂白、防腐
16	工业染料		小米、玉米粉、熟肉制品等	着色
17	罂粟壳		火锅	

表 5-2　食品加工过程中易滥用的食品添加剂品种名单（第一批）

序号	食品类别	可能易滥用的添加剂品种或行为
1	渍菜(泡菜等)	着色剂(胭脂红、柠檬黄等)超量或超范围(诱惑红、日落黄等)使用
2	水果冻、蛋白冻类	着色剂、防腐剂的超量或超范围使用,酸度调节剂(己二酸等)的超量使用
3	腌菜	着色剂、防腐剂、甜味剂(糖精钠、甜蜜素等)超量或超范围使用
4	面点、月饼	馅中乳化剂的超量使用(蔗糖脂肪酸酯等),或超范围使用(乙酰化单甘脂肪酸酯等);防腐剂,违规使用着色剂超量或超范围使用甜味剂
5	面条、饺子皮	面粉处理剂超量
6	糕点	使用膨松剂过量(硫酸铝钾、硫酸铝铵等),造成铝的残留量超标准;超量使用水分保持剂磷酸盐类(磷酸钙、焦磷酸二氢二钠等);超量使用增稠剂(黄原胶、黄蜀葵胶等);超量使用甜味剂(糖精钠、甜蜜素等)
7	馒头	违法使用漂白剂硫黄熏蒸
8	油条	使用膨松剂(硫酸铝钾、硫酸铝铵)过量,造成铝的残留量超标准
9	肉制品和卤制熟食	使用护色剂(硝酸盐、亚硝酸盐),易出现超过使用量和成品中的残留量超过标准问题
10	小麦粉	违规使用二氧化钛、过氧化苯甲酰、超量使用硫酸铝钾

表 5-3　食品中可能违法添加的非食用物质名单（第二批）

序号	名称	主要成分	可能添加的主要食品类别	可能的主要作用
1	皮革水解物	皮革水解蛋白	乳与乳制品、含乳饮料	增加蛋白质含量
2	溴酸钾	溴酸钾	小麦粉	增筋
3	β-内酰胺酶(金玉兰酶制剂)	β-内酰胺酶	乳与乳制品	掩蔽抗生素
4	富马酸二甲酯	富马酸二甲酯	糕点	防腐、防虫

表 5-4　食品中可能违法添加的非食用物质名单（第三批）

序号	名称	主要成分	可能添加的主要食品类别	可能的主要作用
1	废弃食用油脂		食用油脂	掺假
2	工业用矿物油		陈化大米	改善外观
3	工业明胶		冰激凌、肉皮冻等	改善形状、掺假

续表

序号	名称	主要成分	可能添加的主要食品类别	可能的主要作用
4	工业酒精		勾兑假酒	降低成本
5	敌敌畏		火腿、鱼干、咸鱼等制品	驱虫
6	毛发水		酱油等	掺假
7	工业用乙酸	游离矿酸	勾兑食醋	调节酸度

表 5-5　食品加工过程中易滥用的食品添加剂品种名单（第三批）

序号	易滥用的添加剂品种	可能添加的主要食品类别
1	滑石粉	小麦粉
2	硫酸亚铁	臭豆腐等

表 5-6　食品中可能违法添加的非食用物质名单（第四批）

序号	名称	主要成分	可能添加或存在的食品种类	添加目的
1	β-兴奋剂类药物	盐酸克伦特罗（瘦肉精）、莱克多巴胺等	猪肉、牛羊肉及肝脏等	提高瘦肉率
2	硝基呋喃类药物	呋喃唑酮、呋喃它酮、呋喃西林、呋喃妥因	猪肉、禽肉、动物性水产品	抗感染
3	玉米赤霉醇	玉米赤霉醇	牛羊肉及肝脏、牛奶	促进生长
4	抗生素残渣	万古霉素	猪肉	抗感染
5	镇静剂	氯丙嗪 安定	猪肉	镇静，催眠，减少能耗
6	荧光增白物质		双孢蘑菇、金针菇、白灵菇、面粉	增白
7	工业氯化镁	氯化镁	木耳	增加重量
8	磷化铝	磷化铝	木耳	防腐
9	馅料 原料 漂白剂	二氧化硫 脲	焙烤食品	漂白
10	酸性橙Ⅱ		黄鱼	增色
11	抗生素	磺胺类、喹诺酮类、氯霉素、四环素、β-内酰胺类	生食水产品	杀菌防腐
12	喹诺酮类	喹诺酮类	麻辣烫类食品	杀菌防腐
13	水玻璃	硅酸钠	面制品	增加韧性
14	孔雀石绿	孔雀石绿	鱼类	抗感染
15	乌洛托品	六亚甲基四胺	腐竹、米线等	防腐

表 5-7　食品中可能滥用的食品添加剂品种名单（第四批）

序号	名称	主要成分	可能添加或存在的食品种类	添加目的
1	山梨酸	山梨酸	乳制品（除干酪外）	防腐
2	纳他霉素	纳他霉素	乳制品（除干酪外）	防腐
3	硫酸铜	硫酸铜	蔬菜干制品	掩盖伪劣产品

表 5-8　对前三批名单的补充和修改内容

序号	名称	主要成分	对主要产品类别等的修改内容	备注
1	工业用火碱	工业用火碱	1. 增加"生鲜乳" 2. 可能的主要作用:增加"防腐"	"食品中可能违法添加的非食用物质名单(第一批)"第12条
2	甜味剂	甜蜜素	增加"酒类"(配制酒除外)	"食品加工过程中易滥用的食品添加剂品种名单(第一批)"第4条
3	甜味剂	安赛蜜	增加"酒类"	"食品加工过程中易滥用的食品添加剂品种名单(第一批)"第4条
4	工业硫黄	SO_2	增加"龙眼、胡萝卜、姜等"	"食品中可能违法添加的非食用物质名单(第一批)"第15条
5	铝膨松剂	硫酸铝钾 硫酸铝铵	增加"面制品和膨化食品"	"食品加工过程中易滥用的食品添加剂品种名单(第一批)"第6条
6	一氧化碳	一氧化碳	将"水产品"改为"金枪鱼、三文鱼"	"食品中可能违法添加的非食用物质名单(第一批)"第13条
7	着色剂	胭脂红、柠檬黄、诱惑红、日落黄等	增加"葡萄酒"	"食品加工过程中易滥用的食品添加剂品种名单(第一批)"第1条
8	亚硝酸盐	亚硝酸盐	增加"腌肉料和嫩肉粉类产品"	"食品加工过程中易滥用的食品添加剂品种名单(第一批)"第9条

表 5-9　食品中可能违法添加的非食用物质名单（第五批）

序号	名称	主要成分	可能添加或存在的食品种类	添加目的
1	五氯酚钠	五氯酚钠	河蟹	灭螺、清除野杂鱼
2	喹乙醇	喹乙醇	水产养殖饲料	促生长
3	碱性黄	硫代黄素	大黄鱼	染色
4	磺胺二甲嘧啶	磺胺二甲嘧啶	叉烧肉类	防腐
5	敌百虫	敌百虫	腌制食品	防腐

表 5-10　食品中可能易滥用的食品添加剂名单（第五批）

序号	食品添加剂	可能添加的主要食品类别	主要用途
1	胭脂红	鲜瘦肉	增色
2	柠檬黄	大黄鱼、小黄鱼	染色
3	焦亚硫酸钠	陈粮、米粉等	漂白、防腐、保鲜
4	亚硫酸钠	烤鱼片、冷冻虾、烤虾、鱼干、鱿鱼丝、蟹肉、鱼糜等	防腐、漂白

表 5-11　对前四批名单的补充和修改内容

序号	名称	主要成分	对主要产品类别等的修改内容	备注
1	皮革水解物	皮革水解蛋白	将"皮革水解物"修改为"革皮水解物"; 将"检测方法"适应范围限定为"仅适应于生鲜乳、纯牛乳、乳粉"	"食品中可能违法添加的非食用物质名单(第二批)"第1条
2	甲醛	甲醛	"产品类别"中增加"血豆腐"	"食品中可能违法添加的非食用物质名单(第一批)"第11条
3	苏丹红	苏丹红	"产品类别"中增加"含辣椒类的食品(辣椒酱、辣味调味品)"	"食品中可能违法添加的非食用物质名单(第一批)"第2条

序号	名称	主要成分	对主要产品类别等的修改内容	备注
4	罂粟壳	吗啡、那可丁、可待因、罂粟碱	"产品类别"中增加"火锅底料及小吃类"	"食品中可能违法添加的非食用物质名单（第一批）"第17条
5	氯霉素	氯霉素	"产品类别"中增加"肉制品、猪肠衣、蜂蜜"	"食品中可能违法添加的非食用物质名单（第四批）"第11条
6	酸性橙Ⅱ	—	"产品类别"中增加"鲍汁、腌卤肉制品、红壳瓜子、辣椒面和豆瓣酱"	"食品中可能违法添加的非食用物质名单（第四批）"第10条

表 5-12　食品中可能违法添加的非食用物质和易滥用的食品添加剂名单（第六批）

名称	可能添加的食品品种
邻苯二甲酸酯类物质,主要包括:邻苯二甲酸二(2-乙基)己酯(DEHP)、邻苯二甲酸二异壬酯(DINP)、邻苯二甲酸二苯酯、邻苯二甲酸二甲酯(DMP)、邻苯二甲酸二乙酯(DEP)、邻苯二甲酸二丁酯(DBP)、邻苯二甲酸二戊酯(DPP)、邻苯二甲酸二己酯(DHXP)、邻苯二甲酸二壬酯(DNP)、邻苯二甲酸二异丁酯(DIBP)、邻苯二甲酸二环己酯(DCHP)、邻苯二甲酸二正辛酯(DNOP)、邻苯二甲酸丁基苄基酯(BBP)、邻苯二甲酸二(2-甲氧基)乙酯(DMEP)、邻苯二甲酸二(2-乙氧基)乙酯(DEEP)、邻苯二甲酸二(2-丁氧基)乙酯(DBEP)、邻苯二甲酸二(4-甲基-2-戊基)酯(BMPP)等。	乳化剂类食品添加剂、使用乳化剂的其他类食品添加剂或食品等。

项目一　非法食品添加物快速检测

非法食品添加物，又称违法添加非食用物质，是指为了改变食物的色、香、味、质量或体积，人为加入的国家食品安全标准未经允许使用的物质。

判定一种物质是否属于非法添加物，根据相关法律、法规、标准的规定，可以参考以下原则：

① 不属于传统上认为是食品原料的；

② 不属于批准使用的新资源食品的；

③ 不属于国家卫生健康委员会（原卫生部、卫计委）公布的食药两用或作为普通食品管理物质的；

④ 未列入我国食品添加剂《食品安全国家标准　食品添加剂使用标准》（GB 2760—2024）、营养强化剂品种《食品安全国家标准　食品营养强化剂使用标准》（GB 14880—2012）及国家卫生健康委员会有关食品添加剂公告的名单；

⑤ 其他我国法律法规允许使用物质之外的物质。

一、甲醛的快速测定

甲醛快速检测

1. 检测意义

甲醛是一种毒性较强的、可以破坏生物细胞蛋白的物质，可引起人体过敏、肠道刺激反应、食物中毒等疾患。食品在生产、加工与运输环节，一般不容易被甲醛污染。某些食物本底存在有微量的甲醛但不足以对人体造成危害。

由于甲醛可以改变一些食品的色感并有防腐作用，在无知或利益的驱使下，一些不法分子在其中加入了甲醛。

2. 适用范围

适用于干制品水发的水产品（包括水发海参、水发鱿鱼、水发墨鱼、水发干贝、水发鱼翅、海蜇、海参、鱼皮等），水浸泡销售的解冻水产品（解冻虾仁、解冻银鱼等）及浸泡销售的鲜水产品（鲜墨鱼仔、鲜小鱿鱼等），其他类似水产品可参照执行。

此外又可应用于香菇、牛百叶、牛筋、牛肚、鸭肠、鸭血、鸭舌、鸭鹅掌、猪蹄筋等水发产品或血制品中人为添加或由于工艺控制不良造成的甲醛残留。

还可用于面粉、粉丝、竹笋等固体食品中加入甲醛次硫酸氢钠（俗称吊白块、雕白块）的筛选测定，这些食品中本底存在的微量甲醛很难在十几分钟内浸出。当检测出有甲醛存在时，可怀疑人为加入了吊白块，此时再快速检测样品中的二氧化硫，当超出规定值时，可判断样品中加入了吊白块。

3. 样品处理

对于鲜活水产品、干水产品取肌肉等可食部分测定，冷冻水产品经半解冻直接取样，不可用水清洗。将取得样品用组织捣碎机捣碎，称取 10g 置于锥形瓶中，加入 20mL 蒸馏水振荡数分钟，离心取上清液，备用。

或者将样品剪成小碎片，用天平称取样品 10g，放至样品处理杯中，加入 20mL 蒸馏水或纯净水，充分振摇 50 次以上，浸泡 10～15min；吸取样品提取液上清液，备用。

若是水发水产品，则直接将其浸泡液或水产品上残存的浸泡液滴加到检测管，备用。

4. 检测方法

（1）间苯三酚法

【检测原理】

在碱性条件下，甲醛与间苯三酚反应后使溶液出现橙红色特征。由于此方法的灵敏度较低，水产品本底存在的甲醛很难参与反应。当人为加入甲醛时，本方法可迅速检测出来。本方法为原农业部部颁标准方法。

【仪器及试剂】

10mL 纳氏比色管，或者具塞塑料离心管。

1%间苯三酚溶液：称取固体间苯三酚 1g，溶于 100mL 12％氢氧化钠溶液中，现配现用。

【操作步骤】

① 取样品制备液（为"3.样品处理"文中的"上清液"或"浸泡液"）5mL 于 10mL 纳氏比色管中，然后加入 1mL 1％间苯三酚溶液，2min 内观察颜色变化。

② 或者直接将水发水产品的浸泡液或水产品上残存的浸泡液滴加到检测管中，加入 2 滴间苯三酚试剂。

【结果判定】

溶液若呈橙红色，则有甲醛存在，且甲醛含量较高；若呈浅红色，则含有甲醛，且甲醛含量较低；若无颜色变化，甲醛未检出（彩图扫描二维码）。

彩图

当甲醛含量 10mg/L 时，在试剂与样品接触的局部会出现橙红色，并很快褪色；当甲醛含量 40mg/L 时，试剂与样品接触的局部颜色会较深，整体样品溶液都变为橙红色，显色的时间可达 30min。甲醛含量越高，颜色越深，显色的时间较长。空白对照管为试剂本色或淡紫色。

【注意事项】

① 该法操作时显色时间短，应在 2min 内观察颜色的变化。

② 水发鱿鱼、水发虾仁等样品的制备液因带浅红色，不适合此法。

（2）亚硝基亚铁氰化钠法

【检测原理】

在碱性条件下，甲醛与亚硝基亚铁氰化钠反应后使溶液出现蓝色特征。本方法为原农业部部颁标准方法。

【仪器及试剂】

① 10mL 纳氏比色管，或者具塞塑料离心管。

② 4％盐酸苯肼溶液：称取固体盐酸苯肼 4g 溶于水中，稀释至 100mL（现用现配）。

③ 5％亚硝基亚铁氰化钠溶液：称取固体亚硝基亚铁氰化钠 5g 溶于水中，稀释至 100mL（现用现配）。

④ 10％氢氧化钾溶液：称取固体氢氧化钾 10g 溶于水中，稀释至 100mL。

【操作步骤】

取样品制备液（为"3. 样品处理"文中的"上清液"或"浸泡液"）5mL 于 10mL 纳氏比色管中，然后加入 1mL 4％盐酸苯肼、3~5 滴新配的 5％亚硝基亚铁氰化钠溶液，再加入 3~5 滴 10％氢氧化钾溶液，5min 内观察颜色变化。

【结果判定】

溶液若呈蓝色或灰蓝色，说明有甲醛，且甲醛含量较高；溶液若呈浅蓝色，说明有甲醛，且甲醛含量较低；溶液若呈淡黄色，甲醛未检出。

【注意事项】

该方法显色时间短，应在 5min 内观察颜色的变化。

（3）AHMT 法

【检测原理】

碱性溶液中与 4-氨基-3-肼基-5-巯基-1,2,4-三氮唑（AHMT）发生反应，经高碘酸钾氧化成红色化合物，半定量地快速检测液体样品中人为加入的甲醛含量。该方法优点是抗干扰能力强，缺点是颜色随时间逐渐加深，要求标准比色卡显色标注时间和样品溶液的显色反应时间必须严格统一。

【主要仪器】

10mL 纳氏比色管，或者具塞塑料离心管。

【试剂】

① 试剂 A：饱和氢氧化钾或 5mol/L 氢氧化钾溶液。取 28g 氢氧化钾溶于适量蒸馏水中，稍冷后，加蒸馏水至 100mL。

② 试剂 B：5g/L AHMT-盐酸溶液。取 0.5g AHMT 溶于 100mL 0.2mol/L 盐酸溶液中，此溶液置于暗处或保存于棕色瓶中，可保存半年。

③ 试剂 C：1.5％高碘酸钾的氢氧化钾溶液。称取 1.5g KIO_4 于 100mL 0.2mol/L 氢氧

化钾溶液中，置于水浴上加热使其溶解，备用。

【操作步骤】

吸取样品提取液上清液 0.5mL 于检测管中，加入 2 滴试剂 A 溶液、2 滴试剂 B 溶液，盖上盖子摇匀。

1～2min 后打开盖子，向检测管中加入 1 滴试剂 C 溶液，并盖上盖子摇匀，观察显色情况。

【结果判定】

室温下静置 3min，肉眼观察显色结果，并与"3min 时间点色阶"比较得出待测样品中甲醛含量。

待测样品中甲醛含量在 10mg/kg 以下时建议采用 15min 时间点的反应结果，并与"15min 时间点色阶"比较得出待测样品中甲醛含量（彩图扫描二维码）。

彩图

（4）三氯化铁法

5%三氯化铁溶液：称取固体三氯化铁 5g 溶于水中，稀释至 100mL（现用现配）。

盐酸溶液（1+9）：量取盐酸 10mL，加到 90mL 的水中。

取样品制备液 5mL 于 10mL 纳氏比色管中，加入三氯化铁溶液 1mL 及 3～5 滴盐酸溶液使呈酸性，溶液如果呈红色，表示有甲醛。

5. 注意事项

① 以上四种方法任何一种方法都可作为甲醛定性测量方法，必要时几种方法同时使用。

② 有些试剂必须现用现配。

③ 可根据显色的程度与标准色卡比较，半定量判定食品中含甲醛的参考含量，注意显色时间。

④ 甲醛非法添加物不得检出。

⑤ 对于测定结果为阳性的样品应慎重处置，建议送样品至实验室或法定检测机构做精确定量。

二、吊白块的快速测定

1. 检测意义

甲醛次硫酸氢钠俗称吊白块、雕白块，白色块状或结晶性粉末，溶于水，有强还原性，是纺织和橡胶工业原料，用作印染拔染剂、有机物的脱色和漂白剂等。

吊白块快速检测

国家严禁将其作为食品添加物在食品中使用，任何食品生产、加工企业和个人不得在生产加工食品过程中使用吊白块，或以掩盖食品腐败变质和增加色度、韧性、保质期等为由向食品中添加吊白块。

食用含有吊白块的食品会对人体健康造成严重危害。加热后，吊白块会分解出剧毒的致癌物质，消费者食用后会引起胃痛、呕吐和呼吸困难，并对肝脏、肾脏、中枢神经造成损害，严重的还会导致癌变和畸形病变。

2. 适用范围

适用于粉丝、米粉、面粉、年糕、馒头等米面制品和豆制品、盐渍品、保鲜蔬菜、脱皮蔬菜、血制品、白糖等食品中人为添加的吊白块物质测定。

3. 检测方法

（1）AHMT＋DTNB 组合试剂法

【检测原理】

甲醛次硫酸氢钠在食物中分解成甲醛、次硫酸氢钠和二氧化硫。吊白块分解后的甲醛，用 AHMT 试剂快速检测，当出现阳性（紫色）结果时，再快速检测样品的二氧化硫来确定样品中是否含有甲醛次硫酸氢钠成分。

【主要仪器】

试管，具塞塑料离心管。

【试剂】

① 饱和氢氧化钾或 5mol/L 氢氧化钾溶液：取 28g 氢氧化钾溶于适量蒸馏水中，稍冷后，加蒸馏水至 100mL。

② 5g/L AHMT-盐酸溶液：取 0.5g AHMT 溶于 100mL 0.2mol/L 盐酸溶液中，此溶液置于暗处或保存于棕色瓶中，可保存半年。

③ 1.5%高碘酸钾的氢氧化钾溶液：称取 1.5g KIO$_4$ 于 100mL 0.2mol/L 氢氧化钾溶液中，置于水浴上加热使其溶解，备用。

④ 二氧化硫测试液：DTNB 的 PBS 溶液，即 5,5'-二硫双（2-硝基苯甲酸）（简称 DT-NB）的磷酸盐缓冲（PBS）溶液。配制：可称取 DTNB 40mg 溶于 1000mL 0.1mol/L PBS 溶液（pH＝8.0）中，或者用 0.05mol/L PBS 溶液（pH＝8.0）配制成 0.015mol/L DTNB 溶液。

【操作步骤】

① 将样品粉碎或剪碎，取 1g 于试管中，加纯净水到 10mL，用力振摇 20 次，放置 5min。

② 取 1mL 样品处理后的上清液至试管中，加入 4 滴氢氧化钾溶液，再加入 4 滴 AH-MT-盐酸溶液，盖上盖子后混匀，1min 后，加 2 滴高碘酸钾的氢氧化钾溶液，摇匀。

【结果判定】

① 3min 后观察显色情况，不变色或呈紫红色以外的其他颜色表示所测样品不含有吊白块。

② 如呈紫红色，另取一检测管，吸取样品提取液上清液 0.5mL 于检测管中，再滴二氧化硫测试液 2 滴，盖上盖子摇匀。

③ 2min 后观察显色情况，呈黄色表示所测样品含有吊白块；不变色或呈黄色以外其他颜色表示所测样品含有甲醛，不含有吊白块。

【注意事项】

① 甲醛次硫酸氢钠具有恶臭味，加热分解后恶臭消失。用本方法检出甲醛时，就预示着样品中可能含有吊白块（其他快速检测甲醛的方法也适用）。

② 长时间存放的试剂，先用纯净水做空白样，如空白样加入试剂后呈紫色，则应停止使用。

③ 除国家标准明确限定外，其他食品中，二氧化硫残留量不得超过 0.1g/kg。当检测

结果大于这一限值（参考二氧化硫的快速检测），甲醛检测又显阳性时，通常可判断样品中含有吊白块成分，必要时可送实验室进一步确定。

（2）醋酸铅试纸法

【检测原理】

甲醛次硫酸氢钠在酸性介质中与原子态氢生成 H_2S，使醋酸铅试纸变黑；甲醛与乙酰丙酮及铵离子反应生成黄色化合物。

【主要仪器】

锥形瓶，粉碎机。

【试剂、材料】

① 盐酸溶液：加水按体积比 1∶1 稀释。

② 锌粒。

③ 醋酸铅试纸。

④ 乙酰丙酮试剂，无色透明，必要时经过蒸馏精制。

⑤ 乙酸铵溶液：20g 乙酸铵加水 80mL，混匀。

【操作步骤与结果判定】

取 2g 磨碎待测样品置于锥形瓶中，加入 10 倍量的水混匀，然后向瓶中加入盐酸溶液约 5mL，再加锌粒 2～3 粒，迅速在瓶口包一张湿润的醋酸铅试纸，放置数分钟。同时做对照实验，观察试纸颜色的变化。

如果醋酸铅试纸不变色，则说明样品中不含甲醛次硫酸氢钠；若试纸由黄色变为棕色至黑色，则证明测试样品中可能含有吊白块，应做甲醛定性实验。

另取样品处理清液（同甲醛测定的样品处理）10mL，加入 0.5mL 乙酰丙酮试剂、2mL 20％乙酸铵溶液混匀，在沸水中加热 5min。如果溶液变为黄色，则说明样品中含有甲醛次硫酸氢钠；如果溶液未变色，则说明样品中不含甲醛次硫酸氢钠。

【注意事项】

样品处理后的上清液有颜色，可以参考其他甲醛的快速测定方法，亦可采用水蒸气蒸馏法，蒸馏后取馏出液测定（时间上不够快速）。

（3）试剂盒比色法（副品红法）

【检测原理】

检测管中的试剂（汞试剂、盐酸品红溶液等）与吊白块反应，在甲醛存在下，亚硫酸根离子与副品红生成紫色络合物，用肉眼可以直接观察。

【主要仪器】

试剂盒、检测试管、锥形瓶、吸管等。

【操作步骤】

取大约 20g 样品于锥形瓶中，加入 50mL 的水，充分振摇，放置 10min。

取一支吊白块检测管，用吸管吸取 1mL 样品浸取液，加入检测管中，盖好检测管的盖子，充分摇匀静置 5min。

每次检测用纯净水做一支空白对照管。

【结果判定】

彩图

以白纸或白瓷板衬底，溶液显蓝绿色为吊白块未检出；溶液显浅紫色为样品中吊白块含量低；溶液显紫红色为样品中吊白块含量高（彩图扫描二维码）。

【注意事项】

① 该反应专一性强，不易受其他物质干扰，可以快速、准确地判断食品样品中有没有加入吊白块，最低检测限为 10mg/kg。

② 检测管中的试剂含有酸性物质，因此操作要小心，不要让其洒落出来，加样品液后应盖紧盖子再摇动。

③ 如果万一不小心沾到反应液，即刻用清水冲洗干净；用过的检测管应妥善处理，不可乱丢或让儿童接触到。

④ 本方法为简便方法，对于阳性样品，最好再用标准方法进行确认。

三、苏丹红（油溶性非食用色素）的快速测定

1. 检测意义

苏丹红，又名"苏丹"，黄色粉末，为亲脂性偶氮化合物，主要包括Ⅰ号、Ⅱ号、Ⅲ号和Ⅳ号四种类型，不溶于水，微溶于乙醇，易溶于油脂、矿物油、丙酮和苯。在乙醇溶液中呈紫红色，在浓硫酸中呈品红色，稀释后成橙色沉淀。

苏丹红是一种人工合成的红色染料，常作为一种工业染料被广泛用于如溶剂、油、蜡、汽油的增色以及鞋、地板等增光方面。

毒理学研究表明，苏丹红具有致突变性和致癌性，苏丹红Ⅰ号在人类肝细胞研究中显现可能致癌的特性，在我国禁止使用于食品中。由于这种被当成食用色素的染色剂只会缓慢影响食用者的健康，并不会快速致病，因此隐蔽性很强。违法者之所以将作为化工原料的苏丹红添加到食品中，尤其是用于辣椒产品的加工中：一是，苏丹红用后不容易褪色，这样可以弥补辣椒放置久后变色的现象，保持辣椒鲜亮的色泽；二是，一些企业将玉米等植物粉末用苏丹红染色后，混在辣椒粉中，以降低成本牟取利益。

2. 适用范围

适用于鸡蛋、鸭蛋、咸鸭蛋（蛋黄）、辣椒粉、辣椒酱、番茄酱等食品中苏丹红（Ⅰ号、Ⅱ号、Ⅲ号和Ⅳ号）等油溶性非食用色素的现场快速检测。

3. 检测原理

快速纸色谱测定法：根据苏丹红等油溶性非食用色素的化学极性不同，通过展开剂在试纸上的展开距离不同来确定组分的存在。

4. 主要仪器

具塞刻度试管、滤纸、毛细管、烧杯等。

5. 试剂

① 提取剂：乙酸乙酯。

② 展开剂配制：正丁醇：无水乙醇：氨水＝20：1：1。

6. 操作步骤

（1）样品处理

取约 1g 样品置于具塞刻度试管中，加入 2~4mL 乙酸乙酯，充分混匀，振摇提取 1min，静置 3min 以上。

（2）样品点样

取一张滤纸，在底端向上约 1cm 处、平行相隔约 1cm 用铅笔画出将要点样的十字线或五个小点（见彩图 6）。

分别用毛细管蘸取对照液和样品液点出 5 个直径在 0.5cm 左右的圆点，对应于苏丹红 Ⅰ号、Ⅱ号、Ⅲ号、Ⅳ号和样品提取液。

（3）样品展开

取一个 250mL 以上的烧杯，加入 5~10mL 展开剂，将滤纸（样品端朝下）插入展开剂中，靠在杯壁上，待展开剂沿滤纸向上平行展开至距滤纸顶端约 1cm 处时取出滤纸，观察结果。

（4）结果判定

① 如果样品提取液为无色，或显红色或橙红色以外的其他颜色，被检样品不含苏丹红。

② 如果样品在展开轨迹中出现斑点，其斑点展开（向上跑）的距离与某一对照液展开后的斑点距离相等、颜色相同或颜色虽浅却相近时，即可判断样品中含有这一色素（彩图扫描二维码）。

彩图

③ 我国允许使用的色素除天然色素外没有油溶性色素，天然色素的化学极性往往很小，样品中即使含有天然色素，展开后的色斑会在前沿之处出现淡色斑点或淡色条带。

④ 如果对照物已经展开，而样品色斑在原处未动或展开的距离很小，表明这一色素为水溶性色素，可用水溶性色素检测试剂来判断其是食用的还是非食用的。

7. 注意事项

① 本方法检出限为点样量 $10\mu L$，$0.08\mu g$ 目视可见；最低检出浓度 $8\mu g/mL$。精确定量需要采用高效液相色谱仪。

② 检测的样品数量较多时，不必每张滤纸上都点对照液，可一次点几个样品，当展开过程中出现斑点后，再做加入对照液实验。

③ 苏丹红对照液的点样量不要太多，以能够展现斑点而无拖尾现象为宜。

④ 展开剂的使用应适量，液面高度应控制在斑点以下，展开过程中滤纸不能倾倒，每展一张滤纸最好更换一次展开剂。

⑤ 样品展开时，烧杯上不要盖上盖子，以便于斑点的展开。当环境温度较低，斑点展开的距离较短，或环境温度较高，展开剂展开到滤纸一半距离不再往上展时，应重新操作并在烧杯上加盖物品。

⑥ 如果对照液展开后全部堆积到展开前沿处或原点处未移动，说明试剂或操作有问题，应查明原因重新操作。

四、水溶性非食用色素的快速测定

1. 检测意义

我国允许使用的食品色素有 50 多种，而已知的非食用色素有 3000 多种，其毒性各不相同。要想区别出哪一种色素是食用色素，需要付出相当大的工作量。人工合成色素是指用人工化学合成方法所制得的有机色素，主要是以煤焦油中分离出来的苯胺染料为原料制成的。

我国允许使用的人工合成色素，主要是由煤炭干馏产生的煤焦油中分离出来的苯胺合成的偶氮化合物酸性染料，不仅本身没有营养价值，而且大多数对人体有害——主要包括一般毒性、致泻性和致癌性，表现为对人体直接危害或在代谢过程中产生有害物质（α-氨基萘酚、β-萘胺为致癌物）及合成过程中带入的砷、铅等污染物的危害。

下面介绍近些年几类对食品安全影响较大的非食用色素或染料。

（1）孔雀石绿（盐基块绿、碱性绿4）

孔雀石绿是一种带有金属光泽的绿色结晶体，既是杀真菌剂，又是染料（三苯甲烷类），易溶于水，溶液呈蓝绿色。但是它的颜色代谢很快，使用在鱼身上，数小时就会变成无色（隐性孔雀石绿），因此肉眼很难辨别。养殖户、渔民在防治鱼类感染真菌（如水霉病）时使用，也有运输商用作消毒，以延长鱼类在长途运输中的存活时间。孔雀石绿具有高毒素、高残留、致癌、致畸、致突变等副作用，有的人虽然摄入量不多，不会有明显的中毒症状，但当体内孔雀石绿积蓄到一定程度，就可能引发各种疾病。

（2）结晶紫（龙胆紫、碱性紫5BN）

结晶紫属三苯甲烷类碱性染料，暗绿色闪光粉状或粒状物，溶于水（呈紫色），极易溶于酒精（呈紫色）。结晶紫作为抗真菌剂，抗水产动物体外的寄生虫药和消毒剂曾被广泛使用于鱼类养殖业中。但是最近研究显示，结晶紫对哺乳动物细胞具有高毒性，所以，被禁止使用于鱼类和虾类等食品中。暴露于鱼、虾以及鱼池、鱼缸水样中，多为肉眼无法分辨的隐性结晶紫。

（3）罗丹明B（Rhodamine B，花粉红、玫瑰红B）

鲜桃红色、碱性的人工荧光染料，易透过皮肤，引起皮下组织生肉瘤，是致癌物质。在高浓度时对人体有剧毒作用。该物质还具有脂溶性，常非法用来作为调味品（主要是辣椒油和辣椒粉）的染色剂，使用被添加过玫瑰红B的调味品制作食品会造成残留。

（4）碱性嫩黄O（盐基槐黄）

黄色均匀粉末状化工染料，易溶于热水。非法用于糖果、腌黄萝卜、酸菜、面条、油面、黄豆加工食品及其他欲染黄色食品中，腐竹检出较多。碱性嫩黄O对皮肤黏膜有轻度刺激，可引起结膜炎、皮炎和上呼吸道刺激症状，人接触或者吸入碱性嫩黄都会引起中毒。

（5）碱性橙Ⅱ（王金黄、块黄）

碱性橙Ⅱ是一种偶氮类碱性染料，为红褐色结晶性粉末或带绿色光泽的黑色块状晶体。碱性橙Ⅱ比其他水溶性染料如柠檬黄、日落黄等更易于在豆腐以及鲜海鱼上染色，且不易褪色，因此一些不法商贩用碱性橙Ⅱ对豆腐皮、黄鱼进行染色，以次充好，以假乱真，欺骗消费者。过量摄入、吸入以及皮肤接触该物质均会造成急性和慢性的中毒伤害，可能会造成多种癌变。

（6）酸性橙Ⅱ（金黄粉）

金黄色粉末，溶于水呈红光黄色，溶于乙醇呈橙色，属于常用酸性水溶性染料，有强致癌性，我国禁止作为食品添加剂使用。由于酸性橙具有色泽鲜艳，着色稳定，价廉，经长时间烧煮、高温消毒而不分解褪色等特点，一些不法商贩为使卤制品卖相好看，在其中非法添加，严重危害了消费者身体健康。人若食用污染此染料的肉制品、毒豆干、豆皮干等，可能会引起食物中毒。该染料中有大量的化学助剂，如果长时间暴露，有可能对生育造成影响，比如不孕或者畸形儿。

（7）奶油黄

工业黄色染料，曾被允许在人造奶油中使用，但后来研究发现能诱发肝癌，目前在食品中已被禁用。

（8）对位红

一种化工常用暗红色的染料。对位红的结构与苏丹红Ⅰ号相似，只是在苯基偶氮对位增加了一个硝基，主要染色原理和毒性也与苏丹红Ⅰ号相似，被禁止在食品染色剂中使用。英国食品标准局在2005年4月与5月宣布先后有47种食品被非法添加对位红，要求紧急撤架并召回，主要有辣椒酱、辣酱油、咖喱调味料等调味品。据牛津大学物理与理论化学实验室的化学品安全信息，对位红对眼睛、皮肤和呼吸系统有刺激性，但其毒性尚在研究中，没有明确的结论。

（9）俾斯麦棕R（碱性棕、盐基棕、俾士麦棕）

深棕色粉末，易溶于水成棕色溶液，呈黄光棕色，用于棉、腈纶、黏胶、皮革、纸张等的染色，精制品用作显微镜检测试剂，也可用于竹、木的着色和制造色淀。禁止作为食品添加剂使用。

2. 适用范围

可能含有水溶性非食用色素的饮料、汽水、酒类、糕点、糖果等食品。

3. 样品处理

① 液体食品　如汽水、饮料、有色酒等：取约30mL样品置于烧杯中，加热除去酒精或二氧化碳，样液备用。

② 固体食品　称取已捣碎好的样品约10g，置于烧杯中，加30～50mL热水，摇匀浸泡5min，经玻璃棉过滤，滤液备用；糖果可用5倍热水溶解。如果某些固体食品上的颜色不溶于水，则采用"苏丹红等非食用色素快速检测"进行提取。

4. 检测方法

（1）脱脂棉染色法

【检测原理】

适合直接色素或者直接染料的快速检测。这类染料直接溶解于水，对纤维素有直接的亲和力，因不需依赖其他试剂而可以直接染着于棉、麻、丝、毛等而得名，如刚果红等。直接染料在氯化钠溶液中可使脱脂棉染色，这种染色的脱脂棉经氨水溶液洗涤后，颜色不会褪去。

【主要仪器】

破碎机、烧杯、水浴锅、漏斗、玻璃棉、量筒、脱脂棉、镊子、蒸发皿等。

【试剂】

10%氯化钠溶液，1%氨水。

【操作步骤与结果判定】

① 取样品处理液 10mL，加 10％氯化钠溶液 1mL，混匀，用干净镊子置入脱脂棉 0.1g，于 80℃水浴上加热搅拌 2min，取出脱脂棉，用水洗涤至少 5 次。

② 将此脱脂棉放入蒸发皿中，加 1％氨水 10mL，于 80℃水浴上加热 3～5min，取出脱脂棉水洗 3～5 次；如脱脂棉染色，则证明直接染料存在。

（2）羊毛染色法

【检测原理】

适合碱性色素或碱性染料的快速分离测定。碱性染料是在水溶液中能解离生成阳离子色素的染料，如非法使用的碱性嫩黄 O、罗丹明 B 等。含有酸性基团，能在酸性溶液中染蛋白质纤维（蚕丝、羊毛）的染料称为酸性染料，合法允许使用的煤焦油色素均为水溶性酸性色素。

酸性条件下，羊毛丝带正电，酸性色素其官能基不带电荷，而碱性色素，官能基带正电，水溶性较大，故不易被羊毛丝吸附，因此酸性条件下，羊毛丝可以染上的色素为酸性色素。相反，碱性条件下，羊毛丝带负电，酸性色素其官能基带负电，水溶性较强，而碱性色素其官能基不带电，因此碱性条件下可以染上的色素为碱性色素。

碱性色素在弱碱性溶液中可使脱脂纯白羊毛染色，取此染色羊毛的乙酸提取液，于碱性环境中又可重新使新羊毛再染色。

【主要仪器】

破碎机、烧杯、水浴锅、漏斗、玻璃棉、试管、量筒、脱脂白羊毛、镊子等。

【试剂】

10％氨水溶液，1％乙酸溶液。

【操作步骤】

① 样品处理 取样品处理液 10mL，加 10％氨水溶液使之呈碱性，加脱脂纯白羊毛 0.1g，于水浴中加热搅拌 3min，取出染色羊毛用水洗涤；把此染色羊毛放入 1％乙酸溶液 5mL 中，加热搅拌数分钟后除去羊毛，乙酸溶液用 10％氨水溶液中和并使呈碱性，再加入 0.1g 新的脱脂白羊毛搅拌，水浴加热 30min，此时若羊毛染色则证明有非食用碱性人工合成色素存在。

② 测定 取 10mL 蓝色或绿色可疑液体放入试管中，滴入 10％氨水溶液调 pH 值到 10～11 之间，将试管放入 90℃以上的水中 5min 后，如果蓝色或绿色褪去变为无色，再滴入 1％乙酸溶液调 pH 值到 2～3 之间，放回水浴中，5min 后观察颜色。

【结果判定】

如果颜色又变回原有颜色（冷时无色，加热后有色），可初步判断样品中含有孔雀石绿；此时，可用 10％氨水溶液回调 pH 值到 7～8 之间（不要高于 9），加入脱脂白羊毛少许，将试管放入 90℃以上的水中 1min，搅拌后将其取出，用清水漂洗脱脂白羊毛。其上的颜色不褪色可进一步判断样品中含有孔雀石绿（彩图扫描二维码）。

彩图

【注意事项】

① 此方法对酸性非食用色素无效，如酸性橙Ⅱ，对隐性孔雀石绿和隐性结晶紫无效。

② 加碱不要过量，否则过量的碱和色素阳离子结合，不易分离，使染色困难。

③ 经羊毛丝染色区分的色素，可再利用薄层色谱（TLC）分离后计算各色点的比移值 R_f，经与标准色素液 R_f 值比对鉴别之。

(3) 罗丹明 B 的现场快速检测

【检测原理】

罗丹明 B 具有脂溶性，现场检测中使用非极性有机溶剂（如正己烷、正己烷＋丙酮等）将其溶解并提取出，提取液流过中性氧化铝固相萃取小柱吸附罗丹明 B，用非极性有机溶剂（如正己烷）淋洗小柱，洗脱样品油脂和食品内源性干扰物，用肉眼可观测到在小柱上出现鲜亮的粉红色条带，判定为可疑样品，该样品需送实验室做进一步确证检验。

【适用范围】

以辣椒粉和辣椒油为主的调味品等。

【主要仪器】

① 氧化铝固相萃取小柱　取 5mL 塑料注射器管，下端口塞入小块脱脂棉，装入处理好的氧化铝约 3cm 高，放置备用。

② 玻璃器具等。

【试剂】

① 中性氧化铝　色谱用中性氧化铝（100 目），用前于 105℃烘 2h，取下置干燥器中冷至室温，装入玻璃瓶中密闭放置。

② 正己烷（分析纯）。

③ 20％丙酮的正己烷液　取 100mL 丙酮加 400mL 正己烷混合，作为罗丹明 B 的提取液和净化液。

【操作步骤】

① 样品处理

a. 辣椒粉：取一小勺（约 5g）放入小烧杯中，加入约 40mL 含 20％丙酮的正己烷，摇动或搅拌 2min，静置。

b. 辣椒油：取辣椒油一小勺（约 2g）放入小烧杯中，加入约 10mL 正己烷，混匀。

② 净化洗脱　取 5mL 塑料注射器管，下端口塞入小块脱脂棉，将事先处理好的氧化铝倒入注射器管中约 3cm 高，做成氧化铝固相萃取小柱，待样品杯上方澄清后，慢慢倒入小柱中，视颜色深浅倒入 2～5mL，下端接一废液杯，注意不要倒入太多，保证小柱的中下部仍为白色。

③ 结果判定　含罗丹明 B 的样品在柱上部会出现鲜亮的粉红色的荧光条带，条带边缘清晰，粉红色随含量的增加而加深和加宽，不含罗丹明 B 的样品提取液不会出现粉红色条带，只会出现黄红色的界面不清晰的宽带，然后将含 20％丙酮的正己烷 20mL 慢慢倒入小柱，粉红色的条带不下移，但更清晰，其余的黄红色带下移，可大部分被洗脱出，即可判断为含罗丹明 B 的可疑样品。

【注意事项】

初步判断为含罗丹明 B 的可疑样品，需送实验室中进行液相色谱确证检验，或者利用薄层色谱分离鉴别。

五、硼砂和硼酸的快速测定

硼砂快速检测

1. 检测意义

硼砂和硼酸对肾脏有损害，我国明令禁止硼砂作为食品添加剂使用。
但由于硼砂能改善许多食品尤其是肉制品的口感，许多违法加工的食品中大量使用了硼砂。许多小吃店的肉类制品中，硼砂的检出率和检出浓度均较高。民间常有将硼砂或硼酸掺入粮食中作为杀虫防腐剂使用的现象，也有不法分子将硼砂掺入肉丸、牛乳等。

2. 适用范围

牛乳、牛肉、牛肉制品、虾类、粉肠、腐竹、鱼丸、油面、蒸饺、水饺肉馅、各式粽子、各式糕点及粮食等食品。

3. 检测原理

有硼砂或硼酸存在，姜黄试纸变成特征的红色，用氨水使之转变成暗蓝-绿色，加酸又可使之恢复到原来的颜色。

4. 主要仪器

锥形瓶。

5. 试剂及试纸

① 盐酸（1+1）　量取盐酸 100mL，加水稀释至 200mL。
② 浓氨水。
③ 姜黄试纸　取 25.0g 姜黄溶于 500mL 乙醇中形成饱和黄色溶液，滤去不溶性残渣，将滤纸浸湿后取出自然晾干，即制成黄色的姜黄试纸，剪成纸条备用。此试纸的稳定性差，易失效，使用时最好取新制备的试纸。

6. 操作步骤

（1）感官检验

凡加入硼砂的粮食，用手摸有滑爽感觉，并能闻到轻微的碱性味。

（2）姜黄试纸检验

取约 10g 样品于容器中，加入 20mL 纯净水，充分振荡混匀，滴加盐酸溶液使溶液 pH 值到 3 以下，放置浸泡 2min；或者用盐酸（每 100mL 样品加入 7mL 酸）酸化试液，在酸化前加入足量的水，加热固体或糊状样品使之完全成为流体。

用试纸尖端蘸取样品上清液，同时做一份空白实验（用另一片试纸蘸取纯净水），用电吹风吹干（60~70℃干燥）或待试纸晾干后与硼酸盐比色板（彩图扫描二维码）比对，得出样品中硼酸盐的大概含量范围（mg/kg）。

彩图

（3）结果判定

若样品中含有硼酸、硼砂添加物，会产生红色化合物，试纸显红色或橙红色，将试纸尖端放在氨水瓶口处熏一熏即转为绿黑色，进行最终判断。

本方法选自《中华人民共和国药典》，经实验表明：按取样量两倍稀释后，最低检出浓度为 200mg/kg。

六、水发水产品中双氧水的快速测定

双氧水快速检测

1. 检测意义与适用范围

关于双氧水（过氧化氢）在食品中的使用有许多争议。在牛百叶、牛肚、海蜇、海参、鱼皮、鸭掌、鱿鱼等食品中使用双氧水，其对人体的安全性有待评估。本方法适用于以上产品中双氧水的快速检测，可在数分钟内检测出来。

2. 操作步骤与结果判定

在试纸盒的楔状齿上割断一小段试纸，浸入样品浸泡液后立即取出，与标准色板进行比色。找出与试纸颜色相近的色阶，色阶上标示的含量即为样品中双氧水的含量。

3. 注意事项

含氯液体与含双氧水的显色区别：液体样品含氯时，纸片均匀显色。液体含双氧水时，100mg/kg以下与含氯溶液显色基本相同，100mg/kg以上时，纸片沿水迹向上呈条状显色（彩图扫描二维码）。

彩图

七、三聚氰胺的快速测定

1. 检测意义

三聚氰胺简称三胺，俗称蜜胺、蛋白精，又叫2,4,6-三氨基-1,3,5-三嗪等，是一种三嗪类含氮杂环有机化合物，是重要的氮杂环有机化工原料，如用作生产三聚氰胺甲醛树脂的原料。三聚氰胺还可以作阻燃剂、防水剂、甲醛清洁剂等，广泛运用于木材、塑料、涂料、造纸、纺织、皮革、电气、医药等行业。

三聚氰胺为纯白色单斜棱晶体，无味，在水中溶解度随温度升高而增大，极微溶于冷水，溶于热水，极微溶于热乙醇，不溶于醚、苯和四氯化碳，可溶于甲醇、甲醛、乙酸、热乙二醇、甘油、吡啶等。

三聚氰胺不是食品原料，也不是食品添加剂，禁止人为添加到任何食品中。目前，三聚氰胺被认为毒性轻微，动物长期摄入三聚氰胺会造成生殖、泌尿系统的损害，膀胱、肾部结石，并可进一步诱发膀胱癌。三聚氰胺进入人体后，发生取代反应（水解），生成三聚氰酸，三聚氰酸和三聚氰胺形成大的网状结构，造成结石。服用含有三聚氰胺的牛乳或乳粉等乳制品，已经造成我国婴幼儿肾结石和肾功能衰竭发病率增加。

由于估测食品和饲料工业蛋白质含量方法的缺陷，三聚氰胺也常被不法商人掺杂进食品或饲料中，以提高食品或饲料检测中的蛋白质含量指标，因此三聚氰胺也被作假的人称为"蛋白精"。

2. 适用范围

适用于原料乳、纯乳、纯乳粉、纯酸乳以及饲料（植物性副产品饲料如大豆蛋白质、米蛋白质浓缩物、粉碎玉米干燥后的外皮纤维、麦麸、马铃薯蛋白质等）中三聚氰胺的现场快速筛查。

3. 检测方法

（1）胶体金免疫色谱竞争法

【检测原理】

将检测液加入速测卡加样孔，检测液中的三聚氰胺与金标垫上的金标抗体结合形成复合物，若三聚氰胺在检测液中浓度低于 1000ng/mL，未结合的金标抗体流到 T 区时，与固定在膜上的三聚氰胺-牛血清白蛋白（BSA）偶联物结合，逐渐凝集成一条可见的 T 线。

若三聚氰胺浓度高于 1000ng/mL，金标抗体全部形成复合物，不会再与 T 线处三聚氰胺-BSA 偶联物结合形成可见 T 线。

未固定的复合物流过 T 区被 C 区的二抗捕获并形成可见的 C 线。C 线出现则表明免疫色谱生成，即试纸有效，检测灵敏度可根据客户需要设置为 1mg/L、3mg/L 等。

【操作步骤】

① 原料处理

a. 原料乳：取生产用原料乳 1mL 加入 1.5mL 离心管中，3000r/min 离心约 5min 至分离出脂肪层。脂肪层下 5mm 处液体即为待测液。

b. 乳粉或饲料：取 1g 样品于试管中，加入 5mL 纯净水，将试管放入一杯开水中，摇动使样品溶解，离心使其分层，稀溶液为待测液。

c. 鲜牛乳：直接使用样品加样检测。

② 测定　将三聚氰胺检测卡片置于干净平坦的台面上，用塑料吸管垂直滴加 3 滴无空气样品处理液于加样孔（S）内。等待紫红色条带的出现，测试结果应在 5min 时读取。

【结果判定】

① 灵敏度（阈值）　根据每种检测卡控制浓度而定，判断前请向供应厂家咨询控制阈值。

② 阳性（＋）　仅质控区（C）出现一条紫红色条带，在测试区（T）内无紫红色条带出现。

③ 阴性（－）　两条紫红色条带出现。一条位于测试区（T）内，另一条位于质控区（C）内。

④ 无效　质控区（C）未出现紫红色条带，表明不正确的操作过程或检测卡已变质损坏，应重新测试一次，如仍为此现象，应更换检测卡或联系供应厂家。

⑤ 阳性结果表明三聚氰胺含量在阈值以上，阴性结果表明三聚氰胺含量在阈值以下。

（2）试剂盒法

【检测原理】

样品中的三聚氰胺经过大约 5min 的快速提取后，与胺盐沉淀试剂发生反应，生成相对稳定的混悬液体，在比浊管（彩图扫描二维码）中目视比对判定结果。

彩图

【试剂盒配置】

A 试液，B 试液，5mL 离心管，3mL 一次性吸管，注射器，密闭式微孔滤膜，比浊管，米字比浊片，100mg/kg 的三聚氰胺对照液。

【操作步骤】

① 牛乳、酸乳的检测　取 100mg/kg 的三聚氰胺对照液 1mL，用已知不含三聚氰胺成分的牛乳稀释至 10mL，从中取出 2.5mL，再用牛乳稀释至 10mL 得到 2.5mg/L 的三聚氰胺对照样。取此对照样 1mL 与样品 1mL，分别加入两只 5mL 离心管中，各加入 2mL A 试液，盖上盖子后用力振摇 30 次以上，放置 3min 以上。

用带针头的注射器先取样品上清液约 2mL，将密闭式微孔滤膜替换下针头，注入比浊管中，可用同一支注射器和针头吸取对照样品上清液约 2mL，用滤过样品的微孔滤膜过滤对照样，注入另一只比浊管中，每只比浊管中各加入 3mL B 试液，盖上盖子后上下翻转 3 次混匀，将比浊管放在米字比色片上，打开盖子。

彩图

5min 后由上向下及从侧面观察，如果样品管的混浊度大于对照管时（彩图扫描二维码），即样品中三聚氰胺含量大于国家标准规定的 2.5mg/L。

② 乳粉的检测　取 100mg/kg 的三聚氰胺对照液 1mL，用蒸馏水或纯净水稀释至 10mL，从中取 0.125mL 加入 5mL 离心管中，加入已知不含三聚氰胺成分的 0.5g 纯乳粉得到 2.5mg/kg 的三聚氰胺对照样。

另取一只 5mL 离心管，加入 0.5g 样品；在对照管与样品管中分别加入 1mL 蒸馏水或纯净水，盖上盖子，浸入 80℃ 以上热水中，加热振摇至乳粉溶解，再分别加入 2mL A 试液，余下操作同牛乳检测方法。

③ 饲料检测　取样品 1g 至比浊管中，加入 2mL A 试液，加入 2mL 纯净水，盖上盖子后用力振摇 20 次以上，放置 3min 以上。

用带针头的注射器取样品上清液 2mL 以上，将密闭式微孔滤膜替换下针头，将液体平均分配注入两只洁净的比浊管中，其中一只管中加入 2mL B 试液，摇匀。

10min 后两管比对，如果加入了 B 试液的试管出现白色混浊，说明样品中含有三聚氰胺物质，含量大约在 10mg/kg 以上。

【注意事项】

① 方法中加入"已知不含三聚氰胺成分的牛乳或乳粉"的目的是使比浊液的基质相同，并提高检测的灵敏度。可以选用国家相关部门多次通报过的不含三聚氰胺成分的牛乳或乳粉，这种产品的保质期一般都在 6 个月以上，可以备用。

② 发现阳性结果时应重复检测，准确定量应采用色谱法。

(3) 家庭乳粉溶解度简易测试

① 按比平常浓的分量用热水冲乳粉，充分搅拌到不见固体块，然后放入冰箱，待牛乳静置降温。

② 准备黑布一块和空杯一个。把黑布蒙在空杯口上作为过滤器。

③ 将冷却的牛乳倒在黑布上过滤。

④ 如果有白色固体滤出，则用清水冲洗几次，排除其他可溶物。

⑤ 如果冲洗后发现有白色晶体，可以将晶体放入清水中，该晶体如果沉入水底，那就很可能是三聚氰胺，这种乳粉不能用。

⑥ 注意：这种方法可能无法发现微量的三聚氰胺。

八、尿素的定性快速测定

1. 适用范围

本方法适用于掺假乳品与饮用水中尿素的定性检测。

2. 检测原理

尿素和亚硝酸钠在酸性溶液中生成二氧化碳和氨气，当加入对氨基苯磺酸时，掺有尿素的牛乳呈黄色外观，正常牛乳为紫色。

检出限牛乳为 0.05mg，最低检出浓度 50mg/kg；乳粉为 0.5mg，最低检出浓度

500mg/kg。

3. 主要器材

1.5mL 试管，含 C 试液的试管，滴管，塑胶手套等。

4. 试剂

① A 试液　饱和亚硝酸钠溶液。

② B 试液　浓硫酸溶液（浓硫酸为强酸溶液，小心操作，每次用后随手将瓶盖拧紧放好，一旦溅到皮肤上或眼中，用大量清水冲洗）。

③ C 试液　对氨基苯磺酸溶液。

5. 操作步骤

（1）样品处理

取 1g 乳粉试样，用 10mL 温水溶解，从中取 1mL（如果是牛乳或饮用水，直接取 1mL）置于试管中，加入 2 滴 A 试液，沿管壁小心加入 20 滴 B 试液（每滴 1 滴后摇动两下使产生的气泡消失）后，放置 5min。为便于观察结果，同时取已知不含尿素的样品作为对照进行操作。

（2）测定

将处理后的试液和对照液摇匀，分别轻轻倒入到两只含有 C 试液的试管中，盖上盖子后将试剂摇溶，5～20min 内观察液体颜色变化。

（3）结果判定

样品管与对照管进行比对，不显色为强阳性结果，浅紫红色为弱阳性结果，紫红色为阴性结果（彩图扫描二维码）。

彩图

九、甲醇超标的现场快速测定

1. 检测意义与适用范围

甲醇和乙醇在色泽与味觉上没有差异，酒中微量甲醇可引起人体慢性损害，高剂量时可引起人体急性中毒。国家卫生部 2004 年第 5 号公告中指出："摄入甲醇 5～10mL 可引起中毒，30mL 可致死。"如果按某一酒样甲醇含量 5% 计算，一次饮入 100mL（约二两酒），即可引起人体急性中毒。我国发生的多次酒类中毒，都是因为饮用了含有高剂量甲醇的工业酒精配制的酒或是饮用了直接用甲醇配制的酒而引起的，酒中甲醇含量在 2.4～41.1g/100mL。

本方法是一种白酒中甲醇超标的快速目测比色检测方法，适用于白酒样品中甲醇含量的检测，可对严重超标的白酒进行现场有效监控。

该方法的最低检测限约为 0.1g/L。

2. 检测原理

试样中的甲醇在磷酸溶液中被高锰酸钾氧化成甲醛，反应式为：

$$5CH_3OH + 2KMnO_4 + 4H_3PO_4 \longrightarrow 2KH_2PO_4 + 2MnHPO_4 + 5HCHO + 8H_2O$$

过量的高锰酸钾用偏重亚硫酸钠还原褪色，氧化生成的甲醛与变色酸在浓硫酸存在下，先缩合，随之氧化，生成蓝紫色化合物，其呈色深浅与甲醇含量成正比。与实物标样比色，定性或半定量判定甲醇是否超标。

3. 主要器材

① 1.5mL 塑料离心管或 10mL 透明玻璃试管。

② 塑料离心管架。

③ 能定量的滴管（每滴约 0.05mL）。

④ 能定量的塑料吸管，或 0.1～1.0mL 可调加样枪及加样枪吸头。

⑤ 标准酒样参考色卡 1 张（此色卡仅供现场参考使用）。

4. 试剂

① A 试剂（30g/L 高锰酸钾-磷酸溶液） 称取 3g 高锰酸钾，溶于 15mL 85%（质量浓度）磷酸和 70mL 水中，混合，用水稀释至 100mL，移入棕色瓶中，避光，低温保存，有效期 6 个月。

② B 试剂（100g/L 偏重亚硫酸钠溶液） 称取 10g 偏重亚硫酸钠（$Na_2S_2O_5$），溶于 100mL 水中，移入棕色瓶中，避光，低温保存，有效期 6 个月。

③ C 试剂（5% 变色酸钠溶液） 称取 1g 变色酸钠溶于 20mL 水中，移入棕色瓶中，避光，低温保存，有效期为 1 个月（也可用时现配）。

④ D 试剂 98% 浓硫酸。

⑤ 无甲醇的乙醇溶液 取 200mL 无水乙醇（分析纯），加高锰酸钾少许，蒸馏，除去最初蒸馏部分，收集中间馏出液，加水配成无甲醇的乙醇溶液（60%）。也可根据需要用蒸馏水稀释配成相应浓度的无甲醇的乙醇溶液。

⑥ 10g/L 甲醇标准溶液 准确称取 1.00g 甲醇，置于已有部分无甲醇的乙醇溶液的 100mL 容量瓶中，并以无甲醇的乙醇溶液稀释至刻度。

⑦ 甲醇标准使用溶液 吸取 10g/L 甲醇标准溶液 1.0mL、4.0mL、12.0mL，分别注入 100mL 容量瓶中，并用与样品浓度接近的无甲醇的乙醇溶液稀释至刻度，其甲醇含量分别为 0.1g/L、0.4g/L、1.2g/L。

5. 操作步骤

(1) 测定

① 取离心管插入塑料离心管架中。

② 用能定量的滴管分别加入 5 滴 A 试剂于酒样和标样离心管中。

③ 向各离心管中分别加入待检酒样 1 滴，同时向各标样管中加入不同浓度的甲醇标准溶液各 1 滴，混匀，放置 3～5min。

④ 加入 4 滴 B 试剂，充分混匀，使溶液完全褪色。

⑤ 加入 1 滴 C 试剂，混匀。

⑥ 加入 1mL（约 20 滴）D 试剂（强酸试剂，小心操作），加盖后混匀，2～3min 后将酒样管与标样管比色。

⑦ 如果无塑料离心管，可用 10mL 的透明玻璃试管代替。分析步骤同塑料离心管，只需把酒样改为 2 滴，A、B、C、D 试剂量加倍。

(2) 结果判定

① 如果以谷类为原料的蒸馏酒或酒精勾兑的白酒样品管显色比甲醇浓度为 0.4g/L 的标

样管浅，提示合格，反之提示不合格（固形物超标可干扰检测结果）。

② 如果以薯干及代用品为原料的蒸馏白酒样品管显色比甲醇浓度为 1.2g/L 的标样管浅，提示合格，反之提示不合格（固形物超标可干扰检测结果）。

③ 怀疑固形物超标时，可做以下检测：取 9 滴蒸馏水于离心管中，分别加入酒样和标样 1 滴，加 1 滴 C 试剂，加 1mL D 试剂，加盖后混匀，观察颜色反应。若酒样出现明显的颜色反应，提示固形物超标。

④ 酒样颜色为非蓝紫色（如黄褐色）时，不进行甲醇含量是否超标的判断。

⑤ 现场初步判定为不合格的白酒还需抽样送法定质检机构检验确认。

6. 注意事项

① 乙醇浓度对颜色反应干扰较大，乙醇浓度高时，反应颜色浅，乙醇浓度低时，反应颜色深，故在操作时，样品管与标样管中乙醇浓度应尽可能一致。

② 注意滴加酒样、标样和试剂量的一致性，及检测步骤和检测时间的同步性。

③ 浓硫酸试剂要小心保管，注意安全。

十、过氧化苯甲酰的快速测定

1. 检测意义

过氧化苯甲酰作为面粉增白剂在 2011 年以前被普遍采用。过氧化苯甲酰可以氧化小麦粉内的叶黄素，适量添加可以改善小麦粉色泽，抑制微生物生长，加强面粉弹性和提高面制品的品质，但超量使用就会严重影响人体健康，有的甚至引发疾病。

过量添加过氧化苯甲酰不仅会破坏小麦粉中的营养成分，严重的是过氧化苯甲酰的分解产物为苯甲酸，苯甲酸的分解过程在肝脏内进行，长期过量食用对肝脏功能会有严重的损害。自 2011 年 5 月 1 日起，卫生部（现国家卫生健康委员会）发出公告：禁止在面粉生产中添加过氧化苯甲酰和过氧化钙。但仍有一些厂家不顾消费者的健康，在小麦粉中随意添加过氧化苯甲酰。因此，严格控制面制品中过氧化苯甲酰含量，是治理餐桌污染、保障消费者健康权益的重要工作。

2. 应用范围

本方法广泛用于检测小麦粉等各类面粉及其制品中过氧化苯甲酰的残留量。检测下限为 0.03g/kg。

3. 检测原理

在丙酮溶液中，碘化钾和过氧化苯甲酰反应游离出碘单质，再与面粉中淀粉反应呈蓝色，面粉中的过氧化苯甲酰的含量越高，溶液的颜色越深，实验结果跟标准色卡对比，即可判断面粉中过氧化苯甲酰的大致含量。精密测定可用标准硫代硫酸钠溶液滴定。

4. 主要仪器

① 10mL 纳氏比色管，或具塞塑料离心管。

② 碘量瓶，量筒，酸式滴定管或者直立瓶等。

5. 试剂

① 丙酮、无水乙醇等。

② 500g/L 碘化钾溶液或 50% 碘化钾溶液。

③ 0.05mol/L 硫代硫酸钠溶液。

6. 操作步骤

（1）半定量比色

取 2g 面粉于 10mL 比色管中，加无水乙醇到 10mL，盖塞振荡 2min，静置 10min。

开盖取上清液 0.5mL 于比色管中，滴加检测液丙酮 5 滴，盖塞摇匀，于 60℃水浴（或热水）加热 5min。

开盖滴加检测液 500g/L 碘化钾 2 滴，盖塞摇匀。

（2）精密定量

精密称取试样约 250mg，放入 100mL 的碘量瓶中，加丙酮 15mL 使之溶解，加 50% 碘化钾溶液 3mL。振摇 1min 后，立即用 0.05mol/L 硫代硫酸钠溶液滴定（不添加淀粉指示剂）。

空白对照样品：取 0.5mL 无水乙醇替代样品，同样操作；每消耗 1mL 的 0.05mol/L 硫代硫酸钠相当于过氧化苯甲酰 12.11mg。

7. 结果判定

10min 后，观察结果，并与空白和比色卡对照；若颜色与空白对照相同，为阴性。与比色卡比对，找出与比色卡相当或相近的色斑，其色斑处的数值即为样品中过氧化苯甲酰的含量范围。

项目二　易滥用的食品添加剂快速检测

一、亚硝酸盐的快速测定

1. 检测意义

亚硝酸盐主要指亚硝酸钠、亚硝酸钾，白色或浅黄色晶体颗粒、粉末或棒状的块，无臭，略带咸

亚硝酸盐快速检测　　仿真软件-食物中毒

味，易溶于水，外观及滋味都与食盐相似，并在工业、建筑业中广为使用。在我国允许作为发色剂，常限量用于腌制畜禽肉罐头、肉制品和腌制盐水火腿等，并有增强风味、抗菌防腐的作用，最大使用量 0.15g/kg，残留量：肉类罐头≤50mg/kg，肉制品≤30mg/kg，西式火腿≤70mg/kg。

亚硝酸盐具有较强的毒性，食入 0.3～0.5g 的亚硝酸盐即可引起中毒甚至死亡。亚硝酸盐进入人体血液，与血红蛋白结合，使正常含二价铁离子的血红蛋白变成含三价铁离子的高铁血红蛋白，后者失去携氧能力，导致组织缺氧。或者随食品进入人体肠胃等消化道，与蛋白质消化产物仲胺生成亚硝胺，具有强致癌性和毒性。

急性中毒原因多为将亚硝酸盐误作食盐、面碱等食用，以及掺杂、使假、投毒等。慢性中毒（包括癌变）原因多为饮用含亚硝酸盐量过高的井水、污水，以及长期食用含有超量亚硝酸盐的肉制品和被亚硝酸盐污染了的食品。

因此，测定亚硝酸盐的含量是食品安全检测中非常重要的项目之一。

2. 适用范围

本方法适用于火腿肠、午餐肉、酸白菜等食物，水及中毒残留物中亚硝酸盐的快速检测。

3. 检测原理

按照国标 GB 5009.33—2016《食品安全国家标准　食品中亚硝酸盐与硝酸盐的测定》第二法分光光度法显色原理（亚硝酸离子首先在弱酸条件下与苯磺酸反应重氮化，然后再与萘乙二胺反应偶合，生成紫红色螯合物）做成的速测管或者快速检测试纸，与标准色卡（彩图扫描二维码）比对定量或半定量，约 10min 完成测定。

彩图

4. 操作步骤与结果判定

（1）食盐中亚硝酸盐的快速检测及食盐与亚硝酸盐的快速鉴别

取食盐 1 平勺（约 0.1g），加入检测管中，加纯净水至 1mL 刻度处，摇溶，10min 后与标准色板对比，该色板上的数值乘上 10 即为食盐中亚硝酸盐的含量（mg/kg）。当样品出现血红色且有沉淀产生或很快褪色变成黄色时，可判定亚硝酸盐含量相当高，或样品本身就是亚硝酸盐。

（2）液体样品的检测

取 1mL 液体样品加入检测管中，操作步骤同上，与标准色板对比（彩图扫描二维码），该色板上的数值即为样品中亚硝酸盐的含量（mg/kg）。液态乳属于乳浊液，具有将近 1 倍的折色特性，所得结果乘以 2 即为样品中亚硝酸盐的近似含量（mg/L）（牛乳及豆浆也可直接检测，结果不得超过 0.25mg/L，有颜色的液体样品可加入一些活性炭脱色过滤后测定）。

彩图

（3）固体或半固体样品的检测

取均匀的样品（如香肠）1.0g 置于 10mL 比色管中，加纯净水至 10mL，充分振摇后放置。取上清液或滤液 1mL 加入检测管中（乳粉溶解后不用过滤，直接取乳浊液加入检测管中），将试剂摇溶，10min 后与标准色板比对，找出颜色相同或相近的色阶，该色阶上的数值乘以 10 即为样品中亚硝酸盐的含量（mg/kg）。如果测试结果超出色板上的最高值，可将样品再稀释 10 倍，测试结果乘以 100 即为样品中亚硝酸盐的含量。

5. 注意事项

① 亚硝酸盐含量较高时，试剂显红色后不久会变为黄色，将黄色溶液再稀释放入另一新的速测管中又会显出红色，由此区分是亚硝酸盐还是食用盐。

② 当样品反应后的颜色深于标准色板 2mg/L 色阶时，应将样品稀释后再测，计算结果时乘以稀释倍数。

③ 生活饮用水中常有亚硝酸盐存在，不宜作为测定用稀释液。

④ 对超标样品应进行重复实验，有条件时送实验室准确定量。

二、二氧化硫的快速测定

1. 检测意义

二氧化硫快速检测

二氧化硫残留量是亚硫酸盐在食品中存在的计量形式，亚硫酸盐主要包括亚硫酸钠、亚硫酸氢钠、低亚硫酸钠（又名保险粉）和硫黄燃烧生成的二氧化硫等。这些物质于食品中解离成具有强还原性的亚硫酸，起到漂白、脱色、防腐和抗氧化作用。但用量过大会导致胃肠道反应，影响钙、磷吸收，免疫力低下，有潜在的危害性。

国家禁止在食品中加入甲醛次硫酸氢钠（俗称吊白块），在食物中也能分解出亚硫酸和二氧化硫。当检测结果显示二氧化硫含量较高、甲醛检测的结果又为阳性时，可基本确定样品中含有吊白块成分。

现场快速检测有两种方法，滴瓶快速测定法和速测管比色法。

2. 检测方法

（1）滴瓶快速测定法

【适用范围】

本方法适用于食品中二氧化硫的快速检测。

【检测原理】

样品中的二氧化硫以游离型和结合型存在，加入氢氧化钾可以破坏其结合状态，并使之固定。加入硫酸又使二氧化硫游离，然后用碘标准溶液滴定。到达终点时，过量的碘即与指示剂作用生成蓝色复合物。根据碘标准溶液的消耗量计算出二氧化硫的含量。

【试剂】

① 1 号试液：饱和氢氧化钾溶液。

② 2 号试液：（1+1）硫酸溶液。

③ 3 号指示液：1%淀粉溶液。

④ 4 号滴定液：0.005mol/L I_2 标准溶液。

【操作步骤】

① 样品处理

a. 无色水溶性固体样品（如白砂糖等）的处理：准确称取 2.0g 样品，置入具塞锥形瓶中，加入 20mL 纯净水，加入 5 滴 1 号试液，盖塞振摇溶解后待测。

b. 水不溶性固体样品（如粉丝、干果、蘑菇罐头等）的处理：取适量样品，尽量粉碎或充分研磨后，准确称取 2.0g 样品，置入具塞锥形瓶中，加入 50mL 纯净水，加入 10 滴 1 号试液，盖塞后振摇 2min，浸泡 20min 以上，用刻度吸管吸取上清液 10.0mL，放入另一个锥形瓶中待测。

② 测定　加入 5 滴 2 号试液，盖塞轻轻摇动 50 次，加入 3～5 滴 3 号指示液，用 4 号滴定液以滴瓶直立式滴定（彩图扫描二维码），每滴一滴试液后摇动几下，滴至出现蓝紫色并30s 不褪色为止，记录滴定液消耗的滴数。按公式计算出样品中二氧化硫的含量。

【结果计算】

计算公式：　　SO_2 含量$(g/kg) = \dfrac{(G_1 - G_2) \times 0.016}{m}$

式中　G_1——滴定样品溶液消耗 4 号滴定液的滴数；

　　　G_2——滴定空白溶液消耗 4 号滴定液的滴数；

　0.016——换算系数；

　　　m——取样量，g。

彩图

【注意事项】

在取样量 2.0g 的情况下，每 1 滴 4 号滴定液相当于 0.008g/kg 的二氧化硫，由此可推算出用 4 号滴定液滴定某些食品时不应超出的滴数（减去空白消耗后的滴数），如标准规定残留量≤0.1g/kg的食品不应多于12滴，≤0.05g/kg的食品不应多于7滴；≤0.03g/kg的食品不应多于4滴。当取样量改变时，按公式计算出二氧化硫的含量。

（2）速测管比色法

【检测原理】

本方法是采用国家标准 GB 5009.34—2022《食品安全国家标准　食品中二氧化硫的测定》改进后的现场半定量快速检测方法，操作相对简单。最低检出限为 50mg/kg。

【适用范围】

此方法可应用于米面制品、豆制品、盐渍品、保鲜蔬菜、脱皮蔬菜、血制品、白糖等食品中二氧化硫和人为添加的吊白块物质的测定。

【试剂】

① A 试液：氨基磺酸铵溶液。

② B 试液：副品红的浓盐酸溶液。

【操作步骤】

准确取样品 1g 或 1mL，用纯净水 50 倍稀释，取稀释液 1mL 置于速测管中，加入 3 滴 A 试液，加入 3 滴 B 试液，摇匀，5min 后 20min 内观察显色情况，与比色卡（彩图扫描二维码）对照，确定样品中二氧化硫含量。

彩图

【结果判定】

与比色卡比色找出与比色卡中相当或相近的色斑，其色斑处的数值即为样品中二氧化硫的含量范围；当颜色超出比色卡时，可将样品用水稀释，稀释后判读的结果乘以稀释倍数即可。

三、明矾含量的快速测定

1. 检测意义

明矾化学名称为硫酸铝钾，其分子式为 $AlK(SO_4)_2 \cdot 12H_2O$，在工业上广泛用作沉淀剂、硬化剂和净化剂，医学上用作局部收敛剂和止血剂，在食品加工行业较常使用。《食品安全国家标准　食品添加剂使用标准》对明矾的使用范围限定于豆类制品，面糊（如用于鱼和禽肉的拖面糊）、裹粉、煎炸粉，油炸面制品，虾味片，焙烤食品等，最大使用量规定为按生产需要适量使用，但由于明矾含有铝，铝的残留量≤100mg/kg（干样品，以 Al 计）。因此，事实上存在限制使用量。有些食品生产厂家从某种利益出发，滥用或过量使用明矾，使部分食品明矾含量过高，对消费者健康可能产生影响。

大量服用明矾会引起呕吐、腹泻、消化道炎症，甚至出现肋部疼痛、吐出土褐色黏液、血尿及其肾刺激症状，导致胃黏膜坏死、肾皮质肾小管坏死、肝脂肪变性等损害，而长期食入也会引起人体某些功能的衰退。

在食品中使用过量的明矾所引起的问题已日益引起社会关注，具有重要的检测意义。

2. 检测原理

采用特征离子鉴别方法定性，用 Na_2-EDTA 络合滴定方法定量。

3. 主要仪器

试管、烧杯、移液管、酸式滴定管、玻璃棒、电炉等。

4. 主要试剂

① 氯化铵-氨试剂：称取 10g 氯化铵，溶于 100mL 氨水中。

② NaOH 溶液：称取 5g NaOH，溶于 100mL 纯净水中。

③ 茜素-S 溶液：称取 0.1g 茜素-S，溶于 100mL 纯净水中。

④ 酒石酸氢钠溶液：称取 10g 酒石酸氢钠，溶于 100mL 纯净水中。

⑤ 氯化钡溶液：称取 10g 氯化钡，溶于 100mL 纯净水中。

⑥ 0.01mol/L Na_2-EDTA 标准溶液：称取 3.72g 乙二胺四乙酸二钠（$Na_2C_{10}H_{14}N_2O_8 \cdot 2H_2O$），加新煮沸放冷的纯水溶解后，定容至 1000mL。用锌标准溶液标定其准确浓度。

⑦ 0.01mol/L 乙酸锌标准溶液：称取乙酸锌（$ZnAc_2$）2g，加纯净水溶解至 1000mL，加氯化铵-氨试剂 2mL，加纯净水至约 100mL，加铬黑 T 指示剂 3 滴，用 0.01mol/L Na_2-EDTA 标准溶液标定其准确浓度。

⑧ 二甲酚橙指示剂。

⑨ 无水乙醇。

5. 操作步骤

（1）感官鉴别

明矾含量较高的食品带有明显的涩味。

（2）特征离子鉴别

① 铝盐反应　取 1g 可疑样品，加入 20mL 纯净水溶解，在溶液中加入氯化铵-氨试剂 1mL，阳性样品产生白色絮状沉淀，添加过量的氯化铵-氨试剂，沉淀不溶解。

取 1g 可疑样品，加入 20mL 纯净水溶解，在溶液中加入 NaOH 溶液 1mL，阳性样品产生白色絮状沉淀，添加过量的 NaOH 溶液，沉淀溶解。

当可疑物溶液加入氯化铵-氨试剂仅有少量沉淀时，加茜素-S 溶液 5 滴，阳性样品沉淀变为红色。

② 钾盐反应　取 1g 可疑样品，加入 20mL 纯净水溶解，在溶液中加入新配制的酒石酸氢钠溶液 5mL，阳性样品产生白色的酒石酸钾结晶沉淀（酒石酸钾在水中的溶解度于常温下为 0.45g/100mL，用玻璃棒摩擦试管内壁，沉淀生成较快），沉淀经离心分离，把氯化铵-氨试剂加到沉淀中，再加 NaOH 溶液或碳酸钠溶液（10%）时，沉淀溶解。

③ 硫酸盐反应　取 1g 可疑样品，加入 20mL 纯净水溶解，在溶液中加入氯化钡溶液 1mL，阳性样品产生白色沉淀，当再加盐酸或稀硝酸（1∶10）时，沉淀也不溶解。

（3）硫酸铝钾定量分析

将阳性样品粉碎混匀，称取样品 50g，加入纯净水 100mL，边摇动边于水浴中加热、过滤，用纯净水充分洗涤不溶物，合并洗液于滤液中，加水定容至 200mL。准确取此溶液 50mL，加入 Na_2-EDTA 标准溶液（$c = 0.01mol/L$）10mL 煮沸，冷却后加入乙酸钠溶液（10%）7mL 及无水乙醇 85mL，二甲酚橙指示剂 3 滴，用乙酸锌标准溶液（$c = 0.01mol/L$）滴定过量的 Na_2-EDTA，溶液的黄色变为红色时为终点。

食品中硫酸铝钾含量的计算公式：

$$X = \frac{(V_1 - V_2) \times 25.821}{\dfrac{50 \times V_3}{200}} \times 1000$$

式中　X——硫酸铝钾含量，mg/kg；

　　　V_1——加入 Na_2-EDTA 标准溶液的体积，mL；

　　　V_2——滴定 Na_2-EDTA 所用的乙酸锌标准溶液的体积，mL；

　　　V_3——样品稀释液取用量，mL；

25.821——与 1.00mL（Na_2-EDTA）标准溶液（0.01mol/L）相当的 $AlK(SO_4)_2$ 质量，mg。

6. 注意事项

① EDTA 滴定法干扰因素少，测定过程极稳定，测定范围宽，不需要对样品做前处理。

② 由于 Al^{3+} 与 EDTA 反应较慢，不宜直接用 EDTA 滴定，因此采用回滴法，使样品中的 Al^{3+} 与 EDTA 加热充分反应，再用乙酸锌标准溶液回滴过剩的 EDTA，可以得到满意的结果。

③ 对含明矾量较大的样品，只需要加大 Na_2-EDTA 标准溶液的加入量就可解决。

④ 与用重量法的定量分析或仪器分析方法相比，具有操作简便、结果准确、重现性好的优点。

四、蜂蜜中糊精和淀粉的快速测定

1. 检测意义

最常见的蜂蜜掺假是加入蔗糖、糊精和淀粉熬制的混合物。掺假蜂蜜不单是经济利益的问题，而且会带来一些食用安全方面的危害。如易变质酸败等。本方法对蜂蜜中掺入的糊精或淀粉非常敏感，可快速加以鉴别。

2. 试剂

测试液配制：取碘（I_2）14g，溶于含有 36g 碘化钾（KI）的 100mL 纯净水中，加盐酸三滴，用水稀释至 1000mL，混合。

3. 操作步骤

取一支试管，加入约 1mL 蜂蜜样品，加入约 3mL 的纯净水，振摇混溶，滴入 3 滴测试液，摇匀，5min 后观察试管溶液颜色变化。

4. 结果判定

如果试管溶液变为棕色或紫色或棕紫色（彩图扫描二维码），可确定样品中含有糊精；如果测试液变为蓝色或蓝黑色，可确定样品中含有淀粉及糊精，颜色随其含量的加大而加深。

彩图

此方法检出限为 0.2%。

正常蜂蜜测试管的颜色为黄色。

五、面粉中滑石粉、石膏粉的快速测定

1. 检测意义

用滑石磨成的粉末称为滑石粉，系天然的含水硅酸镁，为无色透明、白色或类白色、微细、无砂性的粉末，手摸有滑腻感，无臭，无味，不溶于水、稀盐酸或稀氢氧化钠溶液。工业中应用广泛，如化妆品、涂料、造纸、防水材料、固体药物的填充剂等。食品添加剂中用作拮抗剂、助滤剂等。

对于天然沉积而成的滑石粉，因含有石棉（造成相关职业病，其细小纤维有致癌性），不得用于食品。

石膏是单斜晶系矿物，主要化学成分是硫酸钙（$CaSO_4$），通常为白色、无色、透明，有玻璃光泽，是一种用途广泛的工业材料和建筑材料。食品添加剂中用作稳定剂和沉淀剂。面粉中滑石粉超标，将严重降低面粉的质量，而且给消费者带来健康的潜在风险。

2. 检测方法

（1）比重法

【检测原理】

利用比重原理，即同种物质同样的体积下质量相同。

【操作步骤】

取一固定容器，如 50mL 平口烧杯，将样品面粉轻轻撒入其中，并冒出瓶口，用器具平行刮去冒出部分面粉，将装满面粉的烧杯放在天平上称量，记录总体质量。

采用同一容器，将对照面粉进行称量，记录总体质量。

【结果判定】

掺有滑石粉、石膏粉的面粉质量远远大于正常面粉。有条件时送实验室进一步检测。

（2）特征离子鉴别法

【检测原理】

样品经消化后，用专用试剂定性或定量检测 Ca^{2+}、Mg^{2+}。Mg^{2+} 在强碱性溶液中生成 $Mg(OH)_2$ 沉淀，此沉淀与镁试剂 I（对硝基苯偶氮间苯二酚）发生吸附作用，形成天蓝色沉淀。根据沉淀的产生量和颜色深浅可判断 Ca^{2+}、Mg^{2+} 含量以及滑石粉掺入量。

【试剂】

对硝基苯偶氮间苯二酚，俗称镁试剂 I，在碱性环境下呈红色或红紫色，被 $Mg(OH)_2$ 吸附后则呈天蓝色。

配制方法：0.1g 对硝基苯偶氮间苯二酚溶于 1000mL 2mol/L NaOH 溶液中。或者，0.001g 对硝基苯偶氮间苯二酚染料溶于 100mL 1mol/L NaOH 溶液中。

【操作步骤】

准确称取 5.000g 面粉样品于高型烧杯，加少量水润湿，加 15mL 浓 HCl 和 10mL 浓 HNO_3，低温加热消化至无红棕色气体冒出，加 3mL H_2O_2，稍加热，冷却，用水转移定容至 50mL。

取分解液 1mL 于试管中，加 1mL 饱和 $(NH_4)_2C_2O_4$，滴加 1:1 氨水，有白色沉淀，示有 Ca^{2+} 存在。

取分解液 1 滴于点滴板上，加 2 滴 6mol/L NaOH，有白色沉淀析出，加 1 滴镁试剂 I，用玻璃棒搅拌，沉淀转为天蓝色，表示有 Mg^{2+} 存在。

【结果判定】

根据镁试剂与 Mg^{2+} 出现蓝色沉淀量的多少以及颜色深浅和稳定时间，就可初步断定面粉中滑石粉的量，见表 5-13。

表 5-13　面粉中滑石粉定性检测结果

滑石粉掺入量/%	50	10	5	2	1	0.5	0
稳定时间/min	一直不变	16	10	3	—	—	—
颜色特征	天蓝	天蓝	浅蓝	浅蓝	略带蓝	红	红

【注意事项】

① 纯面粉中含有少量的 Ca^{2+}、Mg^{2+} 对鉴定无影响。

② HCl、HNO_3、H_2O_2 混合溶剂对样品处理效果最好，既破坏了面粉中的有机物，又使滑石粉中的 MgO 溶解，而 SiO_2 沉淀在溶液，不影响测定。

③ 如需精确测定定量结果，可参考 GB 5009.269—2016《食品安全国家标准　食品中滑石粉的测定》。

 思考题

1. 何谓非法添加物？如何判别？我国食品行业中经常被人为添加的非法添加物有哪些？

2. 我国目前滥用的食品添加剂有哪些品种？快速测定的主要原理有哪些？

3. 哪些食物本底存在甲醛？大致含量多少？快速检测是检测本底甲醛吗？

4. 吊白块检测的原理有哪些？

5. 如果样品快速检测甲醛呈阳性，有可能样品还含有吊白块？继续测定的方法有哪些？

6. 苏丹红快速测定的结果判定要注意什么？实验室如何精确测定结果？

7. 三聚氰胺的快速检测方法有哪些？各依据什么原理？

8. 牛乳中经常被人为掺杂掺假的物质有哪些？各有哪些快速检测方法？

9. 简述甲醇超标的检测原理和过程。

10. 食品中亚硝酸盐的安全限量为多少？有哪些快速检测方法？

11. 食品中亚硫酸盐类有哪些？快速检测方法有哪些？

12. 面粉中有哪些食品添加物会被滥用？快速检测方法有哪些？精密测定过氧化苯甲酰为何不用淀粉指示剂？

实训 5-1　水发鱿鱼中甲醛的快速测定

【目的要求】

根据待测样品特性，选择合适的快速检测方法；掌握本实训所用试剂的配制及试剂盒的维护；采样正确，处理合适；正确判断检测结果。

【原理方法】

亚硝基亚铁氰化钠法测定水发鱿鱼中的甲醛。在碱性条件下，甲醛与亚硝基亚铁氰化钠反应后使溶液出现蓝色特征。

【器材】

① 10mL 纳氏比色管，或者具塞塑料离心管。

② 水发鱿鱼若干。

【试剂】

① 4％盐酸苯肼溶液：称取固体盐酸苯肼 4g 溶于水中，稀释至 100mL（现用现配）。

② 5％亚硝基亚铁氰化钠溶液：称取固体亚硝基亚铁氰化钠 5g 溶于水中，稀释至 100mL（现用现配）。

③ 10％氢氧化钾溶液：称取固体氢氧化钾 10g 溶于水中，稀释至 100mL。

【操作步骤】

直接将水发水产品的浸泡液或水产品上残存的浸泡液 5mL 滴加至 10mL 纳氏比色管中，然后加入 1mL 4％盐酸苯肼、3～5 滴新配的 5％亚硝基亚铁氰化钠溶液，再加入 3～5 滴 10％氢氧化钾溶液，5min 内观察颜色变化。

给出检测结果，完成水发鱿鱼中甲醛的检测报告。

【课堂讨论】

① 能否用间苯三酚法测定水发鱿鱼中的甲醛？如果用活性炭吸附处理后，可以继续检测甲醛吗？为什么？

② 根据操作过程和实验结果，需要总结的注意事项有哪些？

③ 甲醛的快速检测方法较多，各有哪些优缺点？

实训 5-2 粉丝中吊白块的快速测定

【目的要求】

掌握吊白块的快速检测方法；掌握配制快速检测相应的试剂；正确判定检测结果。

【原理方法】

利用 AHMT＋DTNB 组合试剂法测定粉丝中的吊白块。甲醛次硫酸氢钠在食物中分解成甲醛、次硫酸氢钠和二氧化硫。吊白块分解后的甲醛，用 AHMT 试剂快速检测，当出现阳性（紫色）结果时，再快速检测样品的二氧化硫来确定样品中是否含有甲醛次硫酸氢钠成分。

【器材】

① 试管，具塞塑料离心管。

② 番薯粉丝若干。

【试剂】

① 饱和氢氧化钾或 5mol/L 氢氧化钾溶液：取 28g 氢氧化钾溶于适量蒸馏水中，稍冷后，加蒸馏水至 100mL。

② 5g/L AHMT-盐酸溶液：取 0.5g AHMT 溶于 100mL 0.2mol/L 盐酸溶液中，此溶液置于暗处或保存于棕色瓶中，可保存半年。

③ 1.5％高碘酸钾的氢氧化钾溶液：称取 1.5g KIO_4 于 100mL 0.2mol/L 氢氧化钾溶液中，置于水浴上加热使其溶解，备用。

④ 二氧化硫测试液：DTNB 的 PBS 溶液，即 5,5′-二硫双（2-硝基苯甲酸）（简称 DTNB）的磷酸盐缓冲（PBS）溶液。配制：可称取 DTNB 40mg 溶于 1000mL 0.1mol/L PBS 溶液（pH＝8.0）中，或者用 0.05mol/L PBS 溶液（pH＝8.0）配制成 0.015mol/L DTNB 溶液。

【操作步骤】

① 将样品粉碎或剪碎，取 1g 于试管中，加纯净水到 10mL，用力振摇 20 次，放置 5min。

② 取 1mL 样品处理后的上清液至试管中，加入 4 滴氢氧化钾溶液，再加入 4 滴 AHMT-盐酸溶液，盖上盖子后混匀，1min 后，加 2 滴高碘酸钾的氢氧化钾溶液，摇匀。

③ 3min 后观察显色情况，不变色或呈紫红色以外的其他颜色表示所测样品不含有吊白块。

④ 如呈紫红色，另取一检测管，吸取样品提取液上清液 0.5mL 于检测管中，再滴二氧化硫测试液 2 滴，盖上盖子摇匀。

⑤ 2min 后观察显色情况，呈黄色表示所测样品含有吊白块；不变色或呈黄色以外其他颜色表示所测样品含有甲醛，不含有吊白块。

给出检测结果，完成粉丝中吊白块的检测报告。

【课堂讨论】

① 吊白块在食品中有哪些作用？对有什么人体危害？

② 测定甲醛和二氧化硫的原理分别是什么？

③ 根据操作过程和实验结果，总结注意事项。本次实训过程中你有何更快速操作的建议？

实训5-3　辣椒酱中苏丹红Ⅰ号的快速测定

【目的要求】

掌握苏丹红的快速检测方法；正确处理样品；点样、展开等操作熟练正确；正确判定检测结果。

【原理方法】

选择快速纸色谱测定法。根据苏丹红等油溶性非食用色素的化学极性不同，通过展开剂在试纸上的展开距离不同来确定组分的存在。

【器材】

① 具塞刻度试管、滤纸、毛细管、烧杯等。

② 辣椒酱若干。

【试剂】

① 提取剂：乙酸乙酯。

② 苏丹红Ⅰ号标准品溶液。

③ 展开剂配制：正丁醇：无水乙醇：氨水＝20：1：1。

【操作步骤】

① 取约 1g 样品于具塞刻度试管中，加入 2～4mL 乙酸乙酯，充分混匀，振摇提取 1min，静置 3min 以上。

② 取一张滤纸，在底端向上约 1cm 处、平行相隔约 1cm 用铅笔画出将要点样的十字线或小点。

③ 分别用毛细管蘸取对照液和样品液点出 2 个直径在 0.5cm 左右的圆点，对应于苏丹

红Ⅰ号和样品提取液。

④ 取一个 250mL 以上的烧杯，加入 5～10mL 展开剂，将滤纸（样品端朝下）插入展开剂中靠在杯壁上，待展开剂沿滤纸向上平行展开至距滤纸顶端约 1cm 处时取出滤纸，观察结果。

给出检测结果，完成辣椒酱中苏丹红Ⅰ号检测报告。

【课堂讨论】

① 苏丹红对人体的危害有哪些？

② 精确测定苏丹红的方法有哪些？依据什么原理？

③ 根据操作过程和实验结果，总结注意事项。

实训 5-4　饮料中非食用水溶性色素的快速测定

【目的要求】

掌握非食用水溶性色素的快速检测方法；试剂配制准确，脱脂棉和脱脂白羊毛处理恰当；正确判定检测结果。

【原理方法】

直接染料或色素在氯化钠溶液中可使脱脂棉染色，这种染色的脱脂棉经氨水溶液洗涤后，颜色不会褪去。

碱性染料或色素在弱碱性溶液中可使脱脂纯白羊毛染色，取此染色羊毛的乙酸提取液，于碱性环境中又可重新使新羊毛再染色。

【器材】

① 破碎机、烧杯、水浴锅、漏斗、玻璃棉、量筒、试管、脱脂棉、脱脂白羊毛、镊子、蒸发皿等。

② 有色饮料、汽水等若干。

【试剂】

① 10％氯化钠溶液。

② 1％氨水溶液。

③ 10％氨水溶液。

④ 1％乙酸溶液。

【操作步骤】

① 取样品处理液 10mL，加 10％氯化钠溶液 1mL，混匀，用干净镊子置入脱脂棉 0.1g，于 80℃水浴上加热搅拌 2min，取出脱脂棉，用水洗涤至少 5 次。

② 将此脱脂棉放入蒸发皿中，加 1％氨水 10mL，于 80℃水上加热 3～5min，取出脱脂棉水洗 3～5 次。如脱脂棉染色，则证明直接染料存在。

③ 取样品处理液 10mL，加 10％氨水使之呈碱性（加碱不要过量，否则过量的碱和色素阳离子结合，不易分离，使染色困难），加脱脂纯白羊毛 0.1g，于水浴中加热搅拌 3min，取出染色羊毛用水洗涤。

④ 把此染色羊毛放入 5mL 1％乙酸溶液中，加热搅拌数分钟后除去羊毛，此乙酸溶液

用 10％氨水溶液中和并使呈碱性，再加入 0.1g 新的脱脂白羊毛搅拌，水浴加热 30min，此时若羊毛染色，则证明有非食用碱性人工合成色素存在。

给出检测结果，完成饮料中非食用水溶性色素的检测报告。

【课堂讨论】

① 我国允许使用的人工合成色素有哪些？来源和性质如何？

② 根据操作过程和实验结果，总结注意事项。

实训 5-5　乳粉中三聚氰胺的快速测定

【目的要求】

掌握利用胶体金免疫色谱技术快速测定乳粉中三聚氰胺的方法；样品处理适当；点样、展开等操作熟练正确；正确判定检测结果。

【原理方法】

胶体金免疫色谱法应用竞争抑制免疫色谱的原理，样本中的三聚氰胺在流动的过程中与胶体金标记的特异性抗体结合，抑制了抗体和硝酸纤维素膜检测线上三聚氰胺-BSA 偶联物的结合。如果样本中三聚氰胺含量大于 1mg/kg，测试区（或检测线，T 线）红线浅于质控区（或参比线，C 线），则为阳性；测试区（T 线）比质控区（C 线）颜色深或颜色一样，则为阴性。

【器材】

① 速测金标卡，离心机。

② 纯乳粉等样品。

【操作步骤】

① 原料处理，取 1g 样品于试管中，加入 5mL 纯净水，将试管放入一杯开水中，摇动使样品溶解，离心使其分层，稀溶液为待测液。

② 将三聚氰胺检测卡片置于干净平坦的台面上，用塑料吸管垂直滴加 3 滴无空气样品处理液于加样孔（S）内。

③ 等待紫红色条带的出现，在 5min 时读取测试结果。

给出检测结果，完成乳粉中三聚氰胺的检测报告。

【课堂讨论】

① 免疫胶体金快速检测卡的载体是什么？液体流动的动力来源是什么？

② 免疫胶体金快速检测卡上加样孔、测试区、质控区中各自成分和作用分别是什么？

③ 根据操作过程和实验结果，总结注意事项。

实训 5-6　面粉中过氧化苯甲酰的快速测定

【目的要求】

选择直立瓶滴定法精密快速检测面粉中过氧化苯甲酰的含量；配制相关试剂；正确判定检测结果。

【原理方法】

丙酮溶液中，碘化钾和过氧化苯甲酰反应游离出碘单质，再与面粉中淀粉反应呈蓝色，面粉中的过氧化苯甲酰的含量越高，溶液的颜色越深。可用标准硫代硫酸钠溶液滴定游离出碘，蓝色消失为终点。

【器材】

① 碘量瓶。

② 量筒。

③ 酸式滴定管或者直立瓶。

④ 小麦粉、各类面粉等样品。

【试剂】

① 丙酮。

② 500g/L 碘化钾溶液或 50％碘化钾溶液。

③ 0.05mol/L 或 0.005mol/L 硫代硫酸钠溶液。

【操作步骤】

精密称取试样约 250mg，放入 100mL 的碘量瓶中，加丙酮 15mL 使之溶解，加 50％碘化钾溶液 3mL。振摇 1min 后，立即用 0.05mol/L 硫代硫酸钠溶液滴定（不添加淀粉指示剂）。

每消耗 1 滴 0.05mol/L 硫代硫酸钠相当于过氧化苯甲酰 0.6055mg。

给出检测结果，完成面粉中过氧化苯甲酰的检测报告。

【课堂讨论】

① 如果用 0.005mol/L 硫代硫酸钠溶液滴定，每消耗 1 滴相当于多少过氧化苯甲酰？

② 如何快速判断样品中滥用过氧化苯甲酰的问题？

③ 根据操作过程和实验结果，总结注意事项。

实训 5-7　火腿肠中亚硝酸盐的快速测定

【目的要求】

选择合适的方法快速检测火腿肠中亚硝酸盐的含量；样品处理适当；配制相关试剂；正确判定检测结果。

【原理方法】

速测管或者快速检测试纸显色反应：亚硝酸离子首先在弱酸条件下与苯磺酸反应重氮化，然后再与萘乙二胺反应偶合，生成紫红色螯合物，与标准色卡比对定量或半定量。

【器材】

① 组织破碎机或匀浆机。

② 速测管或者快速检测试纸。

③ 比色卡。

④ 火腿肠等肉制品。

【操作步骤】

取均匀的样品（如火腿肠）1.0g 至 10mL 比色管中，加纯净水至 10mL，充分振摇后放置数分钟。

取上清液或滤液 1mL 加入检测管中，将试剂摇溶，10min 后与标准色板比对，找出颜色相同或相近的色阶，该色阶上的数值乘以 10 即为样品中亚硝酸盐的含量（mg/kg）。

如果测试结果超出色板上的最高值，可将样品再稀释 10 倍，测试结果乘以 100 即为样品中亚硝酸盐的含量。

给出检测结果，完成火腿肠中亚硝酸盐的检测报告。

【课堂讨论】

① 速测管中的试剂的配方如何？

② 如何制作一份标准比色卡？

③ 根据操作过程和实验结果，总结注意事项。

实训 5-8 白糖中二氧化硫的快速测定

【目的要求】

选择直立瓶滴定法快速检测白糖中二氧化硫的含量；样品处理适当；配制相关试剂；正确判定检测结果。

【原理方法】

样品中的二氧化硫以游离型和结合型存在，加入氢氧化钾可以破坏其结合状态，并使之固定。加入硫酸又使二氧化硫游离，然后用碘标准溶液滴定。到达终点时，过量的碘即与指示剂作用生成蓝色复合物。根据碘标准溶液的消耗量计算出二氧化硫的含量。

【器材】

① 具塞锥形瓶。

② 白砂糖、绵白糖等。

【试剂】

① 饱和氢氧化钾溶液。

② （1+1）硫酸溶液。

③ 1%淀粉溶液。

④ 0.005mol/L I_2 标准溶液。

【操作步骤】

① 白砂糖等固体样品的处理：准确称取 2.0g 样品，置入具塞锥形瓶中，加入 20mL 纯净水，加入 5 滴饱和氢氧化钾溶液，盖塞振摇溶解。

② 加入 5 滴硫酸溶液，盖塞轻轻摇动 50 次，加入 3～5 淀粉指示液，用碘标准溶液以滴瓶直立式滴定，每滴一滴试液后摇动几下，滴至出现蓝紫色并 30s 不褪色为止，记录滴定液消耗的滴数。按公式计算出样品中二氧化硫的含量。

计算公式：
$$SO_2 \text{含量}(g/kg) = \frac{(G_1 - G_2) \times 0.016}{m}$$

式中 G_1——滴定样品溶液消耗标准碘液的滴数；

　　　G_2——滴定空白溶液消耗标准碘液的滴数；

　0.016——换算系数；

　　　m——取样量，g。

给出检测结果，完成白糖中二氧化硫的检测报告。

【课堂讨论】

① I_2 标准溶液配制应注意什么？

② 如何通过滴数来快速判断样品中二氧化硫超标的问题？

③ 根据操作过程和实验结果，总结注意事项。

参 考 文 献

[1] 凌关庭编著. 食品添加剂手册. 4 版. 北京：化学工业出版社，2013.

[2] GB 5009.34—2022.

[3] 中华人民共和国农业部公告第 1963 号.

[4] 陈敏，王世平. 食品掺伪检验技术. 北京：化学工业出版社，2006.

[5] 王林. 餐饮行业食品安全保障中的现场快速检测（PPT）.

[6] 吕远平. 现代食品质量优劣及掺假快速鉴别方法.

[7] 魏峰，等. 牛奶中掺入尿素的两种快速检测方法. 河北化工，2006 (1)：50-51，53.

[8] 李健，等. 蔬菜中硝酸盐和亚硝酸盐的快速检测新技术. 中国食品学报，2006，6 (2)：116-121.

[9] 徐清. 馒头中残留吊白块的快速检测. 预防医学，2003，30 (1)，86.

[10] 林凯，等. 餐检中亚硝酸盐快速检测方法的探讨. 职业与健康，2007，23 (22)，2051-2052.

[11] 吴卫平，等. 食品中二氧化硫残留快速检测方法的研究. 上海预防医学杂志，2006，18 (9)：470-471.

[12] 梁伟，等. 食品中明矾含量的快速测定方法. 职业与健康，2006，22 (14)：1068-1069.

[13] 郭光美，等. 面粉中掺有滑石粉的快速检测方法. 食品工业科技，2000，21 (1)：40-42.

[14] 曹蕾. 两种分光光度法测定空气中甲醛的比较. 口岸卫生控制，2003，8 (5)：10-11.

[15] 卫生部等 7 部门关于撤销食品添加剂过氧化苯甲酰（面粉增白剂）、过氧化钙的公告（2011 年第 4 号）.

[16] AOAC 标准.

[17] 张根生. 食品中有害化学物质的危害与检测. 北京：中国计量出版社，2006.

[18] 刘振华，等. 食品中甲醛的快速测定方法研究. 江西农业大学学报，2013 (4)：858-863.

[19] 史海莹，等. 吊白块快检试剂盒分析与评价. 食品科技，2012 (8)：290-292.

模块六　食品微生物快速检测技术

知识与能力目标

1. 掌握食品微生物快速检测方法。
2. 了解现代检测技术：免疫学方法、分子生物学方法、电化学方法、仪器分析方法在食品微生物检验领域的应用。
3. 熟悉测试片法在食品微生物检验中的广泛使用。

职业素养目标

1. 通过对影响食品微生物检验质量的因素的分析，树立全面质量管理意识。
2. 培养认真负责、一丝不苟、诚实守信的职业精神。

背景知识

食品微生物检验所涉及的指标主要有菌落总数、大肠菌群和致病菌三项。其中菌落总数和大肠菌群在各类食品中都有其限量标准，GB 29921—2021《食品安全国家标准 预包装食品中致病菌限量》规定了食品中致病菌的限量。

传统的微生物检验方法是培养分离法，这种依靠培养基进行培养、分离及生化鉴定的方法，既费时费力，操作又繁杂。如食品中菌落总数测定所采用的平板计数法至少需要24h才能获得结果；而致病菌的检测耗时则更长，包括前增菌、选择性增菌、镜检以及血清学验证等一系列的检测程序，需要5～7天。烦琐的检验程序不仅占用了大量的检测资源，更重要的是冗长的检验周期既不利于生产者对食品的在线控制，也不利于监管部门对问题食品的快速反应。因此，研究和建立食品微生物快速检测方法以加强对食品卫生安全的监测越来越受到各国科学家的重视，寻求快速、准确、灵敏的微生物分析检测方法也随之成为研究热点。近年来，随着生物技术的快速发展，新技术、新方法在食品微生物检验领域得到了广泛应用，有效地提高了检测效率和检验速度，加快食品微生物快速检测技术的应用推广，对防止食源性疾病的危害具有重要意义。现行的一些快速检测方法用于微生物计数、早期诊断、鉴定等方面，大大缩短了检测时间，提高了微生物检出率。现行的微生物快速检测方法融合了微生物学、分子生物化学、生物化学、生物物理学、免疫学和血清学等方面的知识，对微生物进行分离、检测、鉴定和计数，与传统方法比较，更快、更方便、更灵敏。目前，常见的微生物快速检测方法包括免疫学技术、生化检测技术、基因芯片技术及仪器分析方法等。

有些快速检测方法已经成熟并得到广泛应用，而有些仍处在探索和进一步的研究中。本模块所介绍的微生物的快速检测方法，部分已取得良好效果并得到认证，其余还需通过实践进一步改进和完善。

项目一 菌落总数的快速检测

食品中菌落总数的测定是用来判定食品被细菌污染程度的一项指标，目的在于了解食品生产过程中，从原料加工到成品包装受外界污染情况，可以应用这一现象观察细菌在食品中繁殖的动态，确定食品的保质期，以便为对被检样品进行安全学评价时提供依据。菌落总数的多少在一定程度上标志着食品卫生质量的优劣。

测试片法是一项检测新方法，它是以纸片、冷水可溶性凝胶和无纺布等作为培养基载体来测定食品中微生物的一种方法。测试片法对比传统方法有很大优势：使用简单，不需预先配制培养基；方便携带，适于设备不足的基层实验室和现场即时检测；缩短测试时间，操作程序更加简便，不需要很高的操作技巧，有助于提高微生物实验质量和提高效率。测试片目前在国内虽有生产厂家，但由于还没有相应生产标准，导致测试片质量参差不齐，检测结果不能得到普遍认同。较成熟的测试片主要依靠进口，导致成本相对较高。

【适用范围】

本方法适用于各类食品中菌落总数的测定。

【检测原理】

将培养基、凝胶和酶显色剂等加载在试纸片上，经加样、培养后，细菌菌落在纸片上显现出红色菌斑，通过计数报告结果。

【主要仪器】

恒温培养箱、试管、压板、电子天平、高压灭菌锅、均质器或振荡器、吸管或微量移液器、锥形瓶，测试片。

【试剂】

无菌生理盐水：称取 8.5g 氯化钠溶于 1000mL 蒸馏水中，121℃高压灭菌 15min。

【操作步骤】

(1) 样品稀释

无菌操作称取 25g（mL）样品放入盛有 225mL 无菌生理盐水的无菌锥形瓶中，充分振荡（均质）制成 1∶10 的稀释液。用 1mL 无菌吸管或微量移液器吸取 1∶10 样液 1mL，注入含 9mL 灭菌生理盐水的试管内，振荡试管混合均匀，制成 1∶100 的样液。依次类推，每个稀释度更换一支灭菌吸管或吸头。

（2）接种

根据对样品污染状况的估计，选择 2～3 个适宜稀释度的样液进行检验。将测试片置于平坦实验台表面，揭开上层膜，用吸管或微量移液器吸取 1mL 样液，垂直滴加在测试片的中央，将上层膜放下，允许上层膜直接落下，但不要滚动上层膜，将压板（凹面底朝下）放置在上层膜中央，轻轻地压下，使样液均匀覆盖于圆形的培养膜上，切勿扭转压板。拿开压板，静置至少 1min 以使培养基凝固。每个稀释度接种两张测试片。

（3）培养

将测试片的透明面朝上，水平置于培养箱内。可堆叠至 20 片，（36±1)℃培养 48h±2h。水产品（30±1)℃培养 72h±3h。

【菌落计算】

培养结束后立即计数，可肉眼观察计数，或用菌落计数器、放大镜。选取菌落数在 30～300 之间的测试片计数。计数所有红色菌落，细菌浓度很高时，整个测试片会变成红色或粉红色，将结果记录为"多不可计"。当细菌浓度很高时，测试片中央没有可见菌落，但圆形培养膜的边缘有许多小的菌落，其结果也记录为"多不可计"；进一步稀释样品可获得准确的读数。某些微生物会液化凝胶，造成局部扩散或菌落模糊的现象。如果液化现象干扰计数，可以计数未液化的面积来估算菌落数。

① 若只有一个稀释度平板上的菌落数在适宜计数范围内，计算两个平板菌落的平均值，再将平均值乘以相应稀释倍数，作为每克（或毫升）中菌落总数结果。

② 若两个连续稀释度的平板菌落数都在适宜计数范围内时，按下列公式计算。

$$N = \frac{\sum C}{(n_1 + 0.1n_2)d}$$

式中　N——样品中菌落数，个/mL 或个/g；

　　　$\sum C$——平板（含适宜范围菌落数的平板）菌落数之和；

　　　n_1——第一个适宜稀释度的测试片数；

　　　n_2——第二个适宜稀释度（即较第一个适宜稀释度高一个梯度）的测试片数；

　　　d——稀释因子（第一稀释度）。

【注意事项】

使用过的测试片上带有活菌，应及时按照生物安全废弃物处理原则进行无害化处理。

项目二　大肠菌群的快速检测

大肠菌群是一群能在 36℃条件下培养 48h 发酵乳糖、产酸产气的需氧和兼性厌氧革兰阴性无芽孢杆菌。它主要包括肠杆菌科的大肠埃希菌、柠檬酸杆菌、克雷伯菌和阴沟肠杆菌。该菌群主要来源于人畜粪便，作为粪便污染指标评价食品的卫生状况，推断食品受肠道致病菌污染的可能。

微生物专有酶快速反应是根据细菌在其生长繁殖过程中可合成和释放某些特异性的酶，按酶的特性，选用相应的底物和指示剂，将其配制在相关的培养基中。根据细菌反应后出现的明显的颜色变化，确定待分离的可疑菌株，反应的测定结果有助于细菌的快速诊断。这种技术将传统的细菌分离与生化反应有机地结合起来，并使得检测结果直观，成为今后微生物检测的一个主要发展方向。

一、最可能数（MPN）法

【适用范围】

本方法适用于各类食品、纯净水等样品中大肠菌群数测定。

【检测原理】

大肠菌群可产生 β-半乳糖苷酶，分解液体培养基中的酶底物——4-甲基伞型酮-β-D-半乳糖苷（以下简称 MUGal），使 4-甲基伞型酮游离，因而在 366nm 的紫外光下呈现蓝色荧光。

【主要仪器】

恒温培养箱，冰箱，电子天平，均质器或乳钵，平皿，试管，吸管，广口瓶或锥形瓶，玻璃珠，试管架，紫外灯（波长 366nm）。

【试剂】

磷酸盐缓冲液或生理盐水，MUGal 肉汤。

【操作步骤】

（1）样品的制备

以无菌操作取 25g（mL）样品，加于含 225mL 无菌磷酸盐缓冲液（或生理盐水）的广口瓶（或锥形瓶）内（瓶内预置适当数量的玻璃珠），充分振摇或用均质器以 8000～10000r/min 均质 1min，成 1：10 稀释液。用 1mL 无菌吸管吸取 1：10 样品稀释液 1.0mL，注入含 9.0mL 无菌磷酸盐缓冲液（或生理盐水）的试管内，振摇均匀，即成 1：100 样品稀释液。另取 1.0mL 无菌吸管，按上述方法制备 10 倍递增样品稀释液。每递增一次，换一支 1.0mL 无菌吸管。

（2）接种

将待检样品和样品稀释液接种 MUGal 肉汤管，每管 1.0mL（接种量在 1.0mL 以上者，接种双料 MUGal 肉汤管），每个样品选择 3 个连续稀释度，每个稀释度接种 3 管培养基。同时另取 2 支 MUGal 肉汤管（或双料 MUGal 肉汤管）加入与样品稀释液等量的上述无菌磷酸盐缓冲液（或生理盐水）作空白对照。

（3）培养

将接种后的培养管置于 37℃±1℃培养箱培养 18～24h。

【结果判定】

① 将培养后的培养管置于暗处，用波长 366nm 的紫外灯照射，如显蓝色荧光，为大肠菌群阳性管；如未显蓝色荧光，则为大肠菌群阴性管。

② 结果报告：根据大肠菌群阳性管数，查 MPN 检索表（表 6-1），报告每 100mL（g）食品中大肠菌群 MPN 值。

表 6-1 大肠菌群最可能数（MPN）检索表

（依据 GB 4789.3—2016《食品安全国家标准 食品微生物学检验 大肠菌群计数》）

阳性管数			MPN	95%可信限		阳性管数			MPN	95%可信限	
0.10	0.01	0.001		下限	上限	0.10	0.01	0.001		下限	上限
0	0	0	<3.0	—	9.5	2	2	0	21	4.5	42
0	0	1	3.0	0.15	9.6	2	2	1	28	8.7	94
0	1	0	3.0	0.15	11	2	2	2	35	8.7	94
0	1	1	6.1	1.2	18	2	3	0	29	8.7	94
0	2	0	6.2	1.2	18	2	3	1	36	8.7	94
0	3	0	9.4	3.6	38	3	0	0	23	4.6	94
1	0	0	3.6	0.17	38	3	0	1	38	8.7	110
1	0	1	7.2	1.3	18	3	0	2	64	17	180
1	0	2	11	3.6	38	3	1	0	43	9	180
1	1	0	7.4	1.3	20	3	1	1	75	17	200
1	1	1	11	3.6	38	3	1	2	120	37	420
1	2	0	11	3.6	42	3	1	3	160	40	420
1	2	1	15	4.5	42	3	2	0	93	18	420
1	3	0	16	4.5	42	3	2	1	150	37	420
2	0	0	9.2	1.4	38	3	2	2	210	40	430
2	0	1	14	3.6	42	3	2	3	290	90	1000
2	0	2	20	4.5	42	3	3	0	240	42	1000
2	1	0	15	3.7	42	3	3	1	460	90	2000
2	1	1	20	4.5	42	3	3	2	1100	180	4100
2	1	2	27	8.7	94	3	3	3	>1100	420	—

注：1. 本表采用 3 个稀释度 [0.10g（mL）、0.01g（mL）、0.001g（mL）]，每个稀释度接种 3 管。

2. 表内所列检样量如改用 1g（mL）、0.10g（mL）和 0.01g（mL）时，表内数字应相应除以 10；如改用 0.01g（mL）、0.001g（mL）和 0.0001g（mL）时，则表内数字应相应乘以 10，其余类推。

二、平板法

【适用范围】

本方法适用于各类食品、纯净水等样品中大肠菌群数测定。

【检测原理】

大肠菌群可产生 β-半乳糖苷酶，分解培养基中的酶底物——茜素-β-D 半乳糖苷（以下简称 Aliz-gal），使茜素游离并与固体培养基中的铝、钾、铁、铵离子结合形成紫色（或红色）的螯合物，使菌落呈现相应的颜色。

【主要仪器】

恒温培养箱，电子天平，均质器或乳钵，平皿，试管，吸管，广口瓶或锥形瓶，玻璃珠，试管架。

【试剂】

磷酸盐缓冲液或生理盐水，Aliz-gal 琼脂。

【操作步骤】

(1) 样品的制备

以无菌操作取 25g（mL）样品，加于含 225mL 无菌磷酸盐缓冲液（或生理盐水）的广口瓶（或锥形瓶）内（瓶内预置适当数量的玻璃珠），充分振摇或用均质器以 8000～10000r/min 均质 1min，成 1∶10 稀释液。用 1mL 无菌吸管吸取 1∶10 样品稀释液 1.0mL，注入含 9.0mL 无菌磷酸盐缓冲液（或生理盐水）的试管内，振摇均匀，即成 1∶100 样品稀释液。另取 1.0mL 无菌吸管，按上述方法制备 10 倍递增样品稀释液。每递增一次，换一支 1.0mL 无菌吸管。

(2) 接种

用无菌吸管吸取待检样液 1.0mL，加入无菌平皿内。每个样品选择 3 个连续稀释度，每个稀释度接种 2 个平皿。于每个加样平皿内倾注 15mL、45～50℃ 的 Aliz-gal 琼脂，迅速轻轻转动平皿，使混合均匀。待琼脂凝固后，再倾注 3～5mL Aliz-gal 琼脂覆盖表面。同时将 Aliz-gal 琼脂倾注加有 1mL 上述无菌磷酸盐缓冲液（或生理盐水）的无菌平皿内作空白对照。

(3) 培养

待琼脂凝固后，翻转平板，于（37±1）℃培养箱培养 18～24h。取出平板，计数紫色（或红色）菌落。

【菌落计数】

当平板上的紫色（或红色）菌落数不高于 150 个，且其中至少有 1 个平板紫色（或红色）菌落不少于 15 个时，按下式计算大肠菌群数 N 值。

$$N = \frac{\sum C}{(n_1 + 0.1n_2)d}$$

式中 N——样品的大肠菌群数，个/mL 或个/g；

$\sum C$——所有计数平板上，紫色（或红色）菌落数总和；

n_1——供计数的最低稀释度的平板数；

n_2——供计数的较最低稀释度高一个梯度的平板数；

d——供计数的样品最低稀释度（如 10^{-1}、10^{-2}、10^{-3} 等）。

【注意事项】

① 如接种所有（3 个）稀释样品的平板上紫色（或红色）菌落数均少于 15 个时，仍按此式计算，但应在所得结果旁加 "＊" 号，表示为估计值。

② 如接种未稀释样品和所有稀释样品的平板上，紫色（或红色）菌落数均少于 15 个时，报告结果为：每毫升（克）样品少于 15 个大肠菌群。

③ 如接种未稀释样品和所有稀释样品的平板上，均未发现紫色（或红色）菌落数时，报告结果为：每毫升（克）样品少于 1 个大肠菌群。

④ 如平板上的紫色（或红色）菌落数高于 150 个时，按上述公式计算，在结果旁加 "＊" 号表示估计值或视情况重新选择较高的稀释倍数进行测定。

三、其他方法

除了上述方法，下面两种方法也被广泛应用于大肠菌群的快速检测。

1. 试剂盒法

大肠菌群快速检测试剂盒的技术原理是依照国家标准方法将大肠菌群液体检测培养基包被到载体塑料盒中，配有产气孔，以此替代玻璃发酵管而实现大肠菌群快速检测，避免了传统方法中培养基配制、培养基灭菌等烦琐的工作。此法适用于食品、水质、餐具、物体表面等样品的快速检测。

2. 测试片法

原理是将检测培养基和特定指示剂加载在特制纸片上，经培养后能够在纸片上生长，在指示剂的作用下菌落具有显著的颜色，则可进行判定和计数。此法适用于各类食品的大肠菌群计数。

项目三　霉菌和酵母菌的快速检测

霉菌和酵母菌可作为食品中的正常菌相的一部分存在，长期以来人们利用其加工某些食品。但在某些情况下，过多的霉菌和酵母菌可使食品腐败变质，并能形成有毒代谢产物而引起疾病，因此霉菌和酵母菌也以其污染食品的程度来评价食品卫生质量的指标。

测试片法是检测霉菌和酵母菌应用较多的快速检测方法，与传统方法相比，省去了配制培养基、消毒和培养器皿的清洗处理等大量辅助性工作，即开即用，操作简便。培养时间由一周缩短为 48～72h。

【适用范围】

本方法适用于各类食品及饮用水中霉菌、酵母菌的计数。

【检测原理】

将霉菌、酵母菌的培养基、可溶性凝胶和酶显色剂加载在特制纸片上，通过培养，在酶显色剂的放大作用下，使霉菌、酵母菌在测试片上显现出来，通过计数报告结果。

【主要仪器】

恒温培养箱，电子天平，均质器或振荡器，锥形瓶，吸管，试管，压板，测试片。

【试剂】

无菌生理盐水：称取 8.5g 氯化钠溶于 1000mL 蒸馏水中，121℃高压灭菌 15min。

【操作步骤】

① 样品处理　取样品 25g（mL）放入含有 225mL 无菌生理盐水的锥形瓶内，充分振摇，得到 1∶10 的稀释液，用 1mL 无菌吸管吸取 1∶10 稀释液 1mL，注入含有 9mL 无菌生理盐水的试管内，振摇均匀，成 1∶100 的稀释液，以此类推，每递增一次换一支吸管。

② 接种　一般食品选 3 个稀释度进行检测，将检验纸片水平放置台面上，揭开上面的透明薄膜，用无菌吸管吸取样品原液或稀释液 1mL，均匀加到中央的滤纸片上，然后轻轻将上盖膜放下，将压板放置在上层膜中央处，平稳下压，使样液均匀覆盖于滤纸片上。拿开压板，静置至少 1min 以待培养基凝固。

③ 培养　将加样的检验纸片平放在28～35℃培养箱内培养48～72h。

【结果判定】

霉菌和酵母菌在纸片上生长后会显示蓝色斑点，霉菌菌落显示的斑点略大或有点扩散，酵母菌菌落则较小而圆滑，许多霉菌在培养后期会呈现其本身特有的颜色。选择菌落数适中（10～100个）的纸片进行计数，乘以稀释倍数后即为每克（或毫升）样品中霉菌和酵母菌的数目。

【注意事项】

使用过的测试片上带有活菌，及时按照生物安全废弃物处理原则进行处理。

项目四　沙门菌的快速检测

世界各地的食物中毒事件中，沙门菌中毒居前列，它常作为食品中致病菌和进出口食品的检测指标。因此检验食品中的沙门菌极为重要。

仿真实验-沙门菌检验

科研人员对荧光免疫技术、ELISA、PCR在快速检测食品中沙门菌做了大量的探索和研究，存在的问题是大多新建立的方法不十分成熟，使用普及率不高，而且运用到的分析检测设备价格昂贵，不适于基层检测部门的推广应用。本部分只介绍了相对来说操作简单、检测费用低的试剂盒法。

【适用范围】

本方法适用于各类食品及动物饲料中的沙门菌快速检测。

【检测原理】

沙门菌测试片含有选择性培养基、沙门菌特有辛酯酶的显色指示剂，一步培养15～24h就确认是否带有沙门菌。

【主要仪器】

恒温培养箱、均质器、高压灭菌锅、吸管或微量移液器、取样罐或匀质杯、沙门菌测试片。

【试剂】

无菌生理盐水或灭菌磷酸缓冲液稀释液。

【操作步骤】

（1）样品处理

取25mL（1g）样品放入含有225mL灭菌磷酸缓冲液稀释液（或生理盐水）的取样罐或均质杯中，制成1∶10的样品匀液。

（2）接种

将沙门菌测试片置于平坦实验台面，揭开上层膜，用无菌吸管吸取1mL样品匀液慢慢均匀地滴加到纸片上，然后再将上层膜缓慢盖下，静置10s左右，使培养基固定，每个样品接种两片，同时做一片阴性空白对照。

（3）培养

将测试片叠在一起放回自封袋中，透明面朝上水平置于恒温培养箱内，堆叠片数不超过12片，培养温度（36±1）℃，培养15～24h。

【结果判定】

对测试片进行观察，呈紫红色的菌落为沙门菌；呈蓝色的菌落为其他菌群。检出样呈阳性菌落的样品，最好经其他更为可靠的方法进行验证；没有条件的，至少要再取样重复检验一次。

项目五　金黄色葡萄球菌的快速检测

食品中若有金黄色葡萄球菌生长是一种潜在的危险，因为它可以产生肠毒素，食用后能引起食物中毒。因此，检测食品中金黄色葡萄球菌有实际意义。本部分介绍测试片法。

【适用范围】

本方法适用于各类食品中的金黄色葡萄球菌的检测。

【检测原理】

将选择性培养基中加入专一性的酶显色剂，并将其加载在纸片上，通过培养，如果样品中含有金黄色葡萄球菌，即可在纸片上呈现紫红色的菌落。

【主要仪器】

恒温培养箱，冰箱，恒温水浴锅，电子天平，高压灭菌锅、均质器，振荡器，微量移液器，锥形瓶，测试片。

【试剂】

无菌生理盐水：称取 8.5g 氯化钠溶于 1000mL 蒸馏水中，121℃高压灭菌 15min。

【操作步骤】

（1）样品前处理

无菌操作称取 25g（mL）样品放入盛有 225mL 无菌生理盐水的无菌锥形瓶或均质袋中，制成混悬液。

（2）样品接种

将测试片水平放在台面上，揭开上盖膜，用微量移液器吸取 1mL 样品混悬液，均匀加到中央的滤纸片上，然后轻轻将上盖膜放下，将压板放置在上层膜中央处平稳下压，使样液均匀覆盖于滤纸片上。拿开压板，静置至少 1min 以待培养基凝固。

（3）样品培养

将加样的测试片置于 37℃培养箱内培养 15～24h。

【结果判定】

对培养后的测试片进行观察，呈紫红色的菌落，为金黄色葡萄球菌阳性。

【注意事项】

① 对于一些经过烘烤加热或冷冻的食品样品，最好先用 7.5％ NaCl 肉汤进行预增菌，使"硬伤""冷冻"的金黄色葡萄球菌复苏，然后再进行检测。

② 使用后的测试片要按照生物安全要求进行无害化处理。

项目六　大肠杆菌 O157：H7 的快速检测

肠出血性大肠杆菌 O157：H7 是一种新出现的食源性疾病的病原菌。它除引起腹泻、出血性肠炎外，还可发生溶血性尿毒症综合征、血栓性血小板减少性紫癜等严重的并发症。传统分离鉴定大肠杆菌 O157：H7 的方法，全过程需时 4～7 天。

仿真实验-大肠 埃希菌检验

一、荧光免疫分析法

【适用范围】

本方法适用于食品及食物中毒样品中大肠杆菌 O157：H7 的检验。

【检测原理】

大肠杆菌 O157 分析是在自动 miniVIDAS 仪器上进行的双抗体夹心酶联荧光免疫分析方法。固相容器（SPR）用抗大肠杆菌 O157 抗体包被，各种试剂均封闭在试剂条内。煮沸过的增菌肉汤加入试剂条后，在特定时间内样本中的大肠杆菌 O157 抗原与包被在 SPR 内部的大肠杆菌 O157 抗体结合，未结合的其他成分通过洗涤步骤清除。标记有碱性磷酸酶的抗体与固定在 SPR 壁上的大肠杆菌 O157 抗原结合，最后洗去未结合的抗体标记物。SPR 中所有荧光底物为磷酸 4-甲基伞型物。结合在 SPR 壁上的酶将催化底物转变成具有荧光的产物——4-甲基伞型酮。VIDAS 光扫描器在波长 450nm 处检测该荧光强度。试验完成后由 VIDAS 自动分析结果，得出检测值，并打印出每份样本的检测结果。

【主要仪器】

miniVIDAS 或 VIDAS，全自动酶标荧光免疫系统。

【试剂】

① 大肠杆菌 O157 试剂条（VIDAS ECO）。

② 校正液：纯化灭活的大肠杆菌 O157 抗原标准溶液。

③ 阳性对照。

④ 阴性对照。

⑤ MLE 卡。

【操作步骤】

(1) 前增菌

以无菌操作取检样 25g（mL）加入含有 225mL 改良 EC 肉汤的均质袋中，在拍击式均质器上连续均质 1～2min；或放入盛有 225mL 改良 EC 肉汤的均质杯中，8000～10000r/min 均质 1～2min，于（36±1）℃培养 6～7h。同时做对照。

(2) 增菌

取 1mL 前增菌肉汤接种于 9mL 改良麦康凯肉汤（CT-MAC），于（36±1）℃培养 17～19h。然后取 1mL 增菌的 CT-MAC 肉汤加入试管中，在 100℃水浴中加热 15min。剩余增菌汤存于 2～8℃，以备对阳性检测结果确认。

（3）上机操作

① 输入 MLE 卡信息　每个试剂盒在使用之前，首先要用试剂盒中的 MLE 卡向仪器输入试剂规格（或曲线数据）。每盒试剂只需输入一次。

② 校正　在输入 MLE 卡信息后，使用试剂盒内的校正液进行校正，校正应做双份测试。以后每 14 天进行一次校正。

③ 检测　取出试剂条，待恢复至室温后进行样本编号。建立工作列表，输入样本编号。

分别吸取 500μL 对照液和样品液（冷却至室温）加入试剂条样本孔中央。依屏幕提示，将试剂条放入仪器相应的位置。

所有分析过程均由仪器自动完成，检测约需 45min。

【结果判定】

检测值是由每份样本的相对荧光值（RVF）与标准溶液 RVF 相比得出，公式如下。

$$检测值 = \frac{样品\ RVF}{标准\ RVF}$$

若检测值＜0.10，则报告为阴性；若检测值≥0.10，则报告为阳性。

二、聚合酶链式反应

【适用范围】

本方法适用于食品及食物中毒样品中大肠杆菌 O157∶H7 的检验。

【检测原理】

BAX 全自动病原菌检测系统利用聚合酶链式反应（PCR）来扩增并检测细菌 DNA 中特异片段来判断目标菌是否存在。反应所需的引物、DNA 聚合酶和核苷酸等被合并成为一个稳定、干燥的片剂，并装入 PCR 管中，检测系统运用荧光检测来分析 PCR 产物。每个 PCR 试剂片都包含有荧光染料，该染料能结合双链 DNA，并且受光激发后发出荧光信号。在检测过程中，BAX 系统通过测量荧光信号的变化，分析测量数据，从而判定阳性或阴性结果。

【主要仪器】

BAX 系统主机及工作站，仪器校正板，带帽裂解八联管及管架，盖帽器，去帽器，加热槽（两个），温度计，单道加样器，8 道加样器，冷却器，PCR 管支架，打印机，PCR 管，均质杯（或均质袋，均质器）。

【试剂】

裂解缓冲液，蛋白酶，溶菌试剂，改良 EC 肉汤。

【操作步骤】

（1）增菌

样品采集后尽快检验。若不能及时检验，可在 2～4℃保存 18h。以无菌操作取检样 25g（mL）加入含有 225mL 改良 EC 肉汤的均质袋中，在拍击式均质器上连续均质 1～2min；或放入盛有 225mL 改良 EC 肉汤的均质杯中，8000～10000r/min 均质 1～2min，于（36±1）℃培养 6～7h。同时做对照。

（2）上机操作

① 打开加热槽分别至 37℃和 95℃，检查冷藏过夜的冷却槽（4℃）。开机并启动 BAX®

系统软件。如果仪器自检后建议校正，按屏幕提示进行校正操作。

② 创建"rack"文件：根据提示在完整的"rack"文件和"个样"资料中输入识别数据。

③ 溶菌操作：在管架上放上标记好的溶菌管。在每支溶菌管加入 $200\mu L$ 配制好的溶菌试剂。将每个增菌后的 $5\mu L$ 样品加入相应的溶菌管中，盖上盖子。把管架放在 $37℃$ 加热槽中 20min，再将管架放在 $95℃$ 的第二块加热槽中 10min。最后将管架放在冷却槽上（冷却槽从冰箱取出后 30min 内使用完毕），样品冷却 5min。

④ 加热循环仪/检测仪：从菜单中选择"RUN FULL PROCESS"，加热到设定温度（加热槽 $90℃$，盖子 $100℃$）。

⑤ 溶菌产物转移：将 PCR 管支架放到专用冷却槽上，然后将 PCR 管放入到支架内。将所有的管盖放松并除去一排管盖。用多道加样器将 $50\mu L$ 溶菌液加入此排管中，并用替代的透明盖密封 PCR 管。换用新吸头，重复上述操作，直至将所有样品转入 PCR 管。

⑥ 扩增和检测：按"PCR Wizard"的屏幕提示，将转移后的 PCR 管放入 PCR 仪/检测仪中开始扩增。全过程（扩增和检测）需要大约 3.5h。当检测完成后，"PCR Wizard"提示取出样品，并自动显示结果。

【结果判定】

绿色"—"表示阴性结果，红色"＋"表示阳性结果，黄色"?"表示不确定结果，黄色"?"带斜线表示错误结果。

？ 思考题

1. 微生物快速检测的方法有哪些？
2. 微生物专有酶快速反应检测大肠菌群的原理是什么？
3. 测试片检测方法的优缺点有哪些？
4. 金黄色葡萄球菌快速检测样品前处理的要求有哪些？
5. 大肠杆菌 O157：H7 快速检测方法的优点有哪些？

实训 6-1　Petrifilm™ 试纸片法
快速测定即食豆制品中菌落总数

【目的要求】

通过实训，理解试纸片法基本原理，掌握利用试纸片检测食品微生物的基本技能。

【原理方法】

Petrifilm™ 试纸片为预先制备好的培养基系统，它含有标准培养基、冷水可溶性凝胶和指示剂，便于菌落计数。菌落总数测试片检样后 $37℃$ 培养 (48 ± 3)h，阳性菌落在测试片上为红色或粉红色，与测试片底色有较大反差，容易判别计数。最适宜计数范围是每张测试片 25～250 个菌落。

【样品】

即食豆制品。

【器材】

恒温培养箱、电子天平、均质杯（均质袋，均质器）、振荡器、吸管、试管、锥形瓶、放大镜和（或）菌落计数器或 Petrifilm™ 自动判读仪、Petrifilm™ 测试片和压板。

【试剂】

无菌生理盐水。

【操作步骤】

(1) 样品稀释

① 固体和半固体样品　以无菌操作称取 25g 样品置于 225mL 无菌生理盐水的无菌均质杯内，8000～10000r/min 均质 1～2min，或放入盛有 225mL 无菌生理盐水的无菌均质袋中，用拍击式均质器拍打 1～2min，制成 1∶10 的样液。

② 液体样品　以无菌吸管吸取 25mL 样品置盛有 225mL 无菌生理盐水的无菌锥形瓶中，充分混匀，制成 1∶10 的样液。

用 1mL 无菌吸管吸取 1∶10 的样液 1mL，沿管壁缓慢注于盛有 9mL 无菌生理盐水的无菌试管中，振摇均匀，制成 1∶100 的样液。

以此类推，每递增稀释一次，换用一次 1mL 无菌吸管。

(2) 接种

选择 2～3 个适宜的稀释度进行检验。将测试片置于平坦处，揭开上层膜，使用无菌吸管将 1mL 样液垂直滴加在测试片中央处，将上层膜直接落下，切勿向下滚动上层膜，用压板凹面底朝下，放置在上层膜中央处，轻轻地压下，使样液均匀覆盖于圆形培养面上，切勿扭转压板。拿开压板，静置约 1min 使培养基中的凝胶固化。每个稀释度接种两张测试片。

(3) 培养

将测试片的透明面朝上，水平置于培养箱中，可堆叠至 20 片，(36±1)℃培养 (48±2)h。水产品样品 (30±1)℃培养 (72±3)h。

(4) 计数

培养结束后立即计数，可肉眼观察计数，或用菌落计数器、放大镜、Petrifilm™ 自动判读仪选取菌落在 30～300 之间的测试片计数。

计数所有红色菌落。细菌浓度很高时，整个测试片会变成红色或粉红色，将结果记录为"多不可计"。有时，当细菌浓度很高时，测试片中央没有可见菌落，但圆形培养膜的边缘有许多小的菌落，其结果也记录为"多不可计"；进一步稀释样品可获得准确的读数。

某些微生物会液化凝胶，造成局部扩散或菌落模糊的现象。如果液化现象干扰计数，可以计数未液化的面积来估算菌落总数。

【课堂讨论】

① 测试片法接种时操作要领是什么？

② 测试片法测定菌落总数的计数原则是什么？

实训 6-2　微生物专有酶快速反应法测定鲜乳中大肠菌群

【目的要求】

通过实训，理解微生物专有酶快速反应法基本原理，掌握利用此法测定食品中大肠菌群的技能。

【原理方法】

大肠菌群可产生 β-半乳糖苷酶，分解液体培养基中的酶底物——4-甲基伞型酮-β-D-半乳糖苷，使 4-甲基伞型酮游离，因而在 366nm 的紫外光下呈现蓝色荧光。

【样品】

鲜乳。

【主要仪器】

培养箱，均质器或乳钵，试管，吸管，广口瓶或锥形瓶，玻璃珠，试管架，紫外灯（波长 366nm）。

【试剂】

磷酸盐缓冲液（或生理盐水），MUGal 肉汤。

【操作步骤】

① 样品制备　以无菌操作取 25mL 样品，加于含 225mL 无菌磷酸盐缓冲液（或生理盐水）的广口瓶（或锥形瓶）内（瓶内预置适当数量的玻璃珠），充分振摇或用均质器以 8000～10000r/min 均质 1min，成 1：10 稀释液。用 1mL 无菌吸管吸取 1：10 样品稀释液 1.0mL，注入含 9.0mL 无菌磷酸盐缓冲液（或生理盐水）的试管内，振摇均匀，即成 1：100 样品稀释液。另取 1.0mL 无菌吸管，按上述方法制备 10 倍递增样品稀释液。每递增一次，换一支 1.0mL 无菌吸管。

② 接种　将待检样品和样品稀释液接种 MUGal 肉汤管，每管 1.0mL（接种量在 1.0mL 以上者，接种双料 MUGal 肉汤管），每个样品接种 3 个连续稀释度，每个稀释度接种 3 管培养基。同时另取 2 支 MUGal 肉汤管（或双料 MUGal 肉汤管）加入与样品稀释液等量的上述无菌磷酸盐缓冲液（或生理盐水）作空白对照。

③ 培养　将接种后的培养管置于 37℃±1℃ 培养箱培养（18～24）h。

④ 结果计数　将培养后的培养管置于暗处，用波长 366nm 的紫外灯照射，如显蓝色荧光，为大肠菌群阳性管；如未显蓝色荧光，则为大肠菌群阴性管。

⑤ 结果报告　根据大肠菌群阳性管数，查 MPN 检索表（表 6-1），报告每 100mL（g）食品中大肠菌群 MPN 值。

【课堂讨论】

① 此法操作的关键点有哪些？

② 与传统方法相比，此法的灵敏度如何？

仿真实验-
单增李斯特菌检验

仿真实验-
副溶血性弧菌检验

仿真实验-
商业无菌检验

137

[1] 王林，王晶，周景洋，等．食品安全快速检测技术手册．北京：化学工业出版社，2008．

[2] 王晶．食品安全快速检测技术．北京：化学工业出版社，2003．

[3] 闫雪，姚卫蓉，钱和．国内外食品微生物快速检测技术应用进展．食品科学，2005，26（6）：269-272．

[4] 胡坷文，王剑平，盖玲，等．电化学方法在微生物快速检测中的应用．食品科学，2007，28（6）：526-530．

[5] 杨小龙，陈朝琼．食品微生物快速检测技术研究进展．河北农业科学，2008，12（12）：51-53．

[6] 吴毓薇，吴许文，等．食品卫生微生物测试片检测技术进展．中国卫生检验杂志，2008，18（12）：2832-2834．

[7] 缪佳铮，张虹．仪器分析方法在食品微生物快速检测方面的应用．食品研究与开发．2009，30（3）：166-169．

[8] 陈庆森，冯永强，黄宝华，等．食品中致病菌的快速检测技术的研究现状与进展．食品科学，2003，24（11）：148-152．

[9] 赵冬云．快速检测食品中微生物方法的进展．食用医技杂志，2007，14（16）：2126-2128．

[10] 杨毓环，陈伟伟．VITEK 全自动微生物检测系统原理及其应用．海峡预防医学杂志，2000，6（3）：38-39．

[11] 姜永民，等．应用 PCR 方法检定单核细胞增多性李斯特菌．中华预防医学杂志，1998，32（1）：19-21．

[12] 金大智，谢明杰．食品中单增李氏菌实时荧光 PCR 检测鉴定方法的建立．辽宁师范大学学报（自然科学版），2003，26（1）：73-76．

[13] 云泓若，李月琴，等．PCR 技术检测金黄色葡萄球菌肠毒素 D 基因．暨南大学学报（自然科学与医学版），1999，20（5）：84-87．

[14] 沈孝民，涂书清．用 PCR 技术检测动物产品中沙门氏菌的研究．中国动物检疫，1997，14（2）：8-10．

[15] 范远景，潘丙南，陈伟．3M 纸片检测大肠菌群法与国标快速检测法的比较研究．安徽农业科学，2009.37（1）364-365．

[16] 王莎莎．食品微生物快速检测技术的研究进展．生命科学仪器，2009，7（10）：60-63．

[17] 熊强，史纯珍，等．食品微生物快速检测技术的研究进展．食品与机械，2009，25（5）：133-136．

[18] GB 4789.2—2022.

[19] GB 4789.3—2016.

[20] GB 4789.4—2024.

[21] GB 4789.10—2016.

[22] GB 4789.36—2016.

模块七　生物毒素快速检测技术

 知识与能力目标

　　1. 掌握黄曲霉毒素等真菌毒素的主要快速检测方法：免疫亲和荧光法及酶联免疫法的原理及操作。

　　2. 掌握肉毒毒素及金黄色葡萄球菌肠毒素的快速检测方法的原理及操作。

　　3. 熟悉河鲀毒素等常见食源性动物毒素及植物毒素如氰苷、龙葵碱等毒素的快速检测原理及方法。

　　4. 了解生物毒素的食品污染范围、危害性及检测现状。

 职业素养目标

　　1. 提升科学、严谨的职业素养。

　　2. 开发对新知识、新技能的学习能力，鼓励开发新型检测技术。

　　3. 培养实验室安全防护意识及环境保护意识。

📖 背景知识

1. 生物毒素的来源和分类

　　生物毒素又称天然毒素，是指生物来源并不可自行复制的有毒化学物质，包括动物、植物、微生物产生的对其他生物物种有毒害作用的各种化学物质。生物毒素对人类和家畜的生命和健康有严重的危害，从毒理学上来看，生物毒素可以对机体的各种器官和生物靶位产生化学和生理作用，而引起机体损伤，造成功能障碍及致畸、致癌等各种不良的生理效应，甚至造成死亡。

　　生物毒素种类繁多，分布广泛，根据来源可分为细菌毒素、真菌毒素、植物毒素、动物毒素、海洋生物毒素等。

　　（1）细菌毒素　肉毒毒素、金黄色葡萄球菌肠毒素、副溶血弧菌毒素、大肠杆菌毒素、志贺菌毒素、霍乱弧菌毒素、沙门菌毒素等。

（2）真菌毒素　黄曲霉毒素、麦角生物碱、赭曲霉毒素、玉米赤霉烯酮、T-2 毒素、伏马毒素、脱氧雪腐镰刀菌烯醇、棒曲霉毒素等。

在讨论产毒真菌与真菌毒素的关系时，应该注意到以下几个问题。

① 提及某种产毒真菌时，只是说明该种菌的某些菌株有产毒能力，并不意味着所有的菌株都产毒。

② 同一产毒菌株的产毒能力具有一定的可变性和易变性。

③ 同一种真菌毒素可能由几种不同的真菌产生，而同一种真菌有可能产生几种不同的真菌毒素，所以说产毒真菌产生真菌毒素时没有严格的专一性。

④ 存在有真菌的物品中不一定都存在有真菌毒素；发现有真菌毒素时，有时从表面上不一定能观察到有霉变现象，两者之间不存在必然的因果关系，但是它们存在有概率关系，存在真菌与霉变现象较多的物品中，检测到真菌毒素的可能性会大一些。

（3）动物毒素　河鲀毒素、组胺等。

（4）植物毒素　氰苷、豆类凝血素、龙葵碱、蓖麻毒素、棉籽油毒素等。

（5）海洋生物毒素　麻痹性贝毒、腹泻性贝毒、记忆缺失性贝毒、神经性贝毒等。

黄曲霉毒素、杂色曲霉毒素等对谷类的污染，玉米、花生作物中的真菌毒素等都已经证明是地区性肝癌、胃癌、食管癌的主要诱导物质。现代研究还发现自然界中存在与细胞癌变有关的多种具有强促癌作用的毒素，如海兔毒素等。据统计，由于食用真菌、植物和鱼贝等引起的食物中毒的发生率远远高于化学中毒。提起生物毒素，人们会感到恐怖，因为包括肉毒毒素、白喉毒素、蛇毒素、蓖麻毒素和河鲀毒素等在内的许多生物毒素均为剧毒物质，如 1g 肉毒毒素可以杀死近百万只小白鼠。

2. 常见的生物毒素介绍

（1）黄曲霉毒素　黄曲霉毒素是到目前为止所发现的毒性最大的真菌毒素，是一种毒性极强的剧毒物质。它可通过多种途径污染食品和饲料，直接或间接进入人类食物链，威胁人类健康和生命安全，对人体及动物内脏器官尤其是肝脏损害严重。该毒素是黄曲霉和寄生曲霉中产毒菌株的代谢产物，特曲霉也能产生黄曲霉毒素，但产量较少。普遍存在于霉变的粮食及粮食制品中。黄曲霉毒素十分耐热，加热至 230℃ 才能被完全破坏，因此一般烹饪加工也不易消除。

黄曲霉毒素是一组化学结构类似的化合物，目前已分离鉴定出 12 种，包括黄曲霉毒素 B_1、黄曲霉毒素 B_2、黄曲霉毒素 G_1、黄曲霉毒素 G_2、黄曲霉毒素 M_1、黄曲霉毒素 M_2、黄曲霉毒素 P_1、黄曲霉毒素 Q、黄曲霉毒素 H_1、黄曲霉毒素 GM、黄曲霉毒素 B_{2a} 和毒醇等。黄曲霉毒素的基本结构为二呋喃环和香豆素，在紫外线下，黄曲霉毒素 B_1、黄曲霉毒素 B_2 呈蓝色荧光，黄曲霉毒素 G_1、黄曲霉毒素 G_2 呈绿色荧光。在天然污染的食品中以黄曲霉毒素 B_1 最为多见，其毒性和致癌性也最强。黄曲霉毒素 M_1 和黄曲霉毒素 M_2 是黄曲霉毒素 B_1 的 2 种代谢产物。黄曲霉毒素 M_1 是动物摄入黄曲霉毒素 B_1 后在体内经羟基化代谢的产物，一部分从尿和乳汁排出，一部分存在于动物的可食部分，如乳、肝、蛋、肾、血和肌肉中，其中以乳最为常见。黄曲霉毒素 M_1 的毒性和致癌性与黄曲霉毒素 B_1 基本相似。

黄曲霉毒素的分子量为 312～346，难溶于水，易溶于甲醇、丙酮和氯仿等有机溶剂，但不溶于石油醚、己烷和乙醚中。一般在中性及酸性溶液中较稳定，但在强酸性溶液中稍有分解，在强碱性溶液中分解迅速。其纯品为无色结晶，耐高温，黄曲霉毒素 B_1 的分解温度为 268℃，紫外线对低浓度黄曲霉毒素有一定的破坏性。

黄曲霉毒素常常存在于土壤、动植物、各种坚果特别是花生和核桃中。在大豆、稻谷、玉米、通心粉、调味品、牛乳、乳制品、食用油等制品中也经常发现黄曲霉毒素。在热带和亚热带地区，食品中黄曲霉毒素的检出率比较高。在我国，产生黄曲霉毒素的产毒菌种主要为黄曲霉，1980年测定了从17个省粮食中分离的黄曲霉1660株，广西地区的产毒黄曲霉最多，检出率为58%。总的分布情况为：华中、华南、华北产毒株多，产毒量也大，东北、西北地区较少。

黄曲霉毒素是剧毒物质，其毒性相当于氰化钾的10倍、砒霜的68倍。黄曲霉毒素属肝脏毒，有极强的致癌性，除抑制DNA、RNA的合成外，也抑制肝脏蛋白质的合成，长期摄入黄曲霉毒素会诱发肝癌。它诱发肝癌的能力比二甲基亚硝胺大75倍，是目前公认的致癌性最强的物质之一。1993年黄曲霉毒素被世界卫生组织癌症研究机构划定为Ⅰ类致癌物。另据世界卫生组织报道，黄曲霉毒素含量在$30\sim50\mu g/kg$时为低毒，$50\sim100\mu g/kg$时为中毒，$100\sim1000\mu g/kg$时为高毒，$1000\mu g/kg$以上为极毒。鉴于黄曲霉毒素对人类的巨大危害性，1995年，世界卫生组织制定的食品中黄曲霉毒素最高允许浓度为$15\mu g/kg$。我国对其在食品中的含量做了严格规定，其中，乳制品中黄曲霉毒素最高允许量为$5\mu g/kg$。我国国家标准《食品安全国家标准 食品中真菌毒素限量》（GB 2761—2017）对各种食物中黄曲霉毒素的最高允许含量见表7-1～表7-2。

表7-1 食品中黄曲霉毒素 B_1 限量指标

食品类别（名称）	限量/($\mu g/kg$)
谷物及其制品	
玉米、玉米面(渣、片)及玉米制品	20
稻谷[a]、糙米、大米	10
小麦、大麦、其他谷物	5.0
小麦粉、麦片、其他去壳谷物	5.0
豆类及其制品	
发酵豆制品	5.0
坚果及籽类	
花生及其制品	20
其他熟制坚果及籽类	5.0
油脂及其制品	
植物油脂(花生油、玉米油除外)	10
花生油、玉米油	20
调味品	
酱油、醋、酿造酱	5.0
特殊膳食用食品	
婴幼儿配方食品	
婴儿配方食品[b]	0.5(以粉状产品计)
较大婴儿和幼儿配方食品[b]	0.5(以粉状产品计)
特殊医学用途婴儿配方食品	0.5(以粉状产品计)
婴幼儿辅助食品	
婴幼儿谷类辅助食品	0.5
特殊医学用途配方食品[b](特殊医学用途婴儿配方食品涉及的品种除外)	0.5(以固态产品计)
辅食营养补充品[c]	0.5
运动营养食品[b]	0.5
孕妇及乳母营养补充食品[c]	0.5

a 稻谷以糙米计。

b 以大豆及大豆蛋白制品为主要原料的产品。

c 只限于含谷类、坚果和豆类的产品。

表 7-2　食品中黄曲霉毒素 M$_1$ 限量指标

食品类别（名称）	限量/（μg/kg）
乳及乳制品[a]	0.5
特殊膳食用食品	
婴幼儿配方食品	
婴儿配方食品[b]	0.5（以粉状产品计）
较大婴儿和幼儿配方食品[b]	0.5（以粉状产品计）
特殊医学用途婴儿配方食品	0.5（以粉状产品计）
特殊医学用途配方食品[b]（特殊医学用途婴儿配方食品涉及的品种除外）	0.5（以固态产品计）
辅食营养补充品[c]	0.5
运动营养食品[b]	0.5
孕妇及乳母营养补充食品[c]	0.5

a　乳粉按生乳折算。

b　以乳类及乳蛋白制品为主要原料的产品。

c　只限于含乳类的产品。

　　美国联邦政府有关法律规定人类消费食品和奶牛饲料中的黄曲霉毒素含量（指黄曲霉毒素 B$_1$ + 黄曲霉毒素 B$_2$ + 黄曲霉毒素 G$_1$ + 黄曲霉毒素 G$_2$ 的总量）不能超过 15μg/kg，人类消费的牛乳中的含量不能超过 0.5μg/kg，其他动物饲料中的含量不能超过 300μg/kg。而欧盟国家规定更加严格，要求人类生活消费品中的黄曲霉毒素 B$_1$ 的含量不能超过 2μg/kg。

　　（2）赭曲霉毒素　赭曲霉毒素是赭色曲霉属和几种青霉属真菌产生的一种毒素，包括赭曲霉毒素 A、赭曲霉毒素 B、赭曲霉毒素 C 等结构类似的化合物，其中以赭曲霉毒素 A 毒性最大。赭曲霉毒素 A 是稳定的无色结晶化合物，溶于极性溶剂和稀碳酸氢钠溶液，微溶于水。将赭曲霉毒素 A 的乙醇溶液储于冰箱中一年以上也无损失，但应避光保存，如接触紫外线，几天就会分解。研究资料表明，该毒素可损害动物的肾脏及肝脏，有致畸和致癌作用，并被认为与人类的巴尔干肾病有关。

　　由于其也有致癌后果，国际癌症研究机构将其定为 2B 类致癌物，赭曲霉毒素 A 浓度超过 5mg/kg 时，会对肝脏组织和肠产生损害。2001 年在荷兰举行的关于食品添加剂与污染物的会议上，提议赭曲霉毒素 A 在小麦、大麦、黑麦及其制品中的含量不得超过 5μg/kg。

　　我国国家标准《食品安全国家标准　食品中真菌毒素限量》（GB 2761—2017）对各种食品中赭曲霉毒素 A 的最高允许含量见表 7-3。

表 7-3　食品中赭曲霉毒素 A 限量指标

食品类别（名称）	限量/（μg/kg）
谷物及其制品	
谷物[a]	5.0
谷物碾磨加工品	5.0
豆类及其制品	
豆类	5.0
酒类	
葡萄酒	2.0

食品类别（名称）	限量/(μg/kg)
坚果及籽类	
烘焙咖啡豆	5.0
饮料类	
研磨咖啡（烘焙咖啡）	5.0
速溶咖啡	10.0

a　稻谷以糙米计。

（3）贝毒　在动物界中的软体动物，因大多数具有贝壳，故通常又称之为贝类。贝类的种类很多，至今已记载的约有十几万种。有毒食用贝类主要有以下几类。

① 蛤类　蛤的类型杂、种类多，是贝类中经济价值较大的一类海产品。它们的两壳相等、质地坚厚。其中少数种类含有毒物质，如文蛤、石房蛤等，石房蛤毒素是一种神经毒素，在分子量较小的毒素中为毒性较高者。

某些无毒可供食用的贝类，在摄取了有毒藻类后，就被毒化。有毒藻类主要为甲藻类，特别是一些属于膝沟藻属的藻类，毒藻类中的贝类麻痹性毒素主要是石房蛤毒素。该毒素为白色，易溶于水，耐热，胃肠道易吸收。因毒素在贝类体内呈结合状态，故贝体本身并不中毒，也无生态和外形上的变化。但是，当人们食用这种贝类后，毒素迅速被释放，引起中毒，会发生麻痹性神经症状，故称麻痹性贝类。中毒严重者常在 $2\sim12h$ 内因呼吸麻痹死亡，死亡率为 $5\%\sim18\%$。目前，对麻痹性贝类中毒尚无有效的解毒剂，而且此种毒素在一般烹调中不易完全去除。据测定，经 $116℃$ 加热的罐头，仍有 50% 以上的毒素未被去除。

目前，美国和加拿大对冷藏鲜贝肉含石房蛤毒素的限量为 $\leqslant80\mu g/100g$；对罐头原料用贝肉中毒素限量，美国为 $\leqslant200\mu g/100g$，加拿大为 $\leqslant160\mu g/100g$。

② 螺类　种类多，分布很广，与人类关系密切，绝大部分具很大经济价值，可食用，但少数种类含有毒物质。螺属于单壳类，其有毒部位分别在螺的肝脏或鳃下腺、唾液腺内，误食或食用过量，可引起中毒。我国常引起中毒的螺按中毒症状可分为麻痹型和皮炎型两种类型。

③ 鲍类　鲍的体外包被着一个厚的石灰质贝壳，其种类较少，其中有些含有毒物质，如杂色鲍、皱纹盘鲍和耳鲍等。从鲍的肝及其他内脏中可提取出不定型的有光感力的色素毒素。人食用其肝和内脏后再经日光暴晒，可引起皮炎反应。此外，在鲍的中肠里也常积累一些毒素，这主要是由于在赤潮时鲍进食了藻类所含的有毒物质，人食用后也可致病。

④ 海兔　海兔又名海珠，是一种生活在浅海中的贝类。海兔体内的毒腺又叫蛋白腺，能分泌一种略带酸性的乳状液体，具有令人恶心的气味，从中提取出的海兔毒素是一种芳香异环溴化合物。在海兔皮肤组织中所含的有毒物质是一种挥发油，对神经系统有麻痹作用。所以误食其有毒部位，或皮肤有伤口时接触海兔，都会引起中毒。

3. 检测方法

生物毒素具有较高的生物毒性，污染了真菌毒素和微藻毒素等的食品，会对大众健康造成极大危害。在我国"菜篮子"的诸多污染因素中，生物毒素是一类重要的污染物。由生物毒素引起的食源性疾病一直是全球关注的热点。在复杂的国际环境下，具有极高毒性的生物毒素品种还具备被发展成潜在生物武器的可能性，从而威胁到国家公共安全。因此，对食品、环境样本中生物毒素的检测已得到各国食品安全工作者、化学与生物分析工作者的重点关注。

生物毒素检测方法包括传统的理化分析法、常规免疫法和生物检测法，这些方法往往前处理复杂，检测成本高，不适于现场、高通量检测。随着高效、快捷的检测方法与配套产品的不断开发，质谱技术和新型生物传感器逐渐占据主流，极大提高了分析的灵敏度、特异性和准确度。而快速检测法具有现场、快速、低成本等优势，已成为生物毒素监控实践中应用最广泛的方法。

项目一　细菌毒素的快速检测

细菌毒素种类繁多，据不完全统计，现已发现的细菌毒素近 300 种，而且，每年都有新的细菌毒素被发现。

细菌性食物中毒是指人们摄入含有细菌或细菌毒素的食品而引起的食物中毒。其中最主要、最常见的原因就是食物被细菌污染，多发生在气候炎热的季节，临床表现多为头晕、发热、恶心、腹泻等。据我国近五年食物中毒统计资料表明，细菌性食物中毒占食物中毒总数的 50% 左右，而动物性食品是引起细菌性食物中毒的主要食品，其中肉类及熟肉制品居首位，其次有变质禽肉、病死畜肉以及鱼、乳、剩饭等。

一、肉毒毒素的快速测定

我国肉毒毒素中毒的食品，常见于家庭自制的食物，如臭豆腐、豆豉、豆酱、豆腐渣、腌菜、米糊等。因这些食物蒸煮加热时间短，未能杀灭芽孢，在容器内（20～30℃）发酵多日后，肉毒梭菌及芽孢繁殖产生毒素的条件成熟，如果食用前又未经充分加热处理，进食后容易中毒。另外动物性食品，如不新鲜的肉类、腊肉、腌肉、风干肉、熟肉、死畜肉、鱼类、鱼肉罐头、香肠、动物油、蛋类等亦可引起肉毒毒素食物中毒。

肉毒毒素毒性非常强，其毒性比氰化钾强 1 万倍，属剧毒。肉毒毒素对人的致死量为 0.1～1.0pg。根据毒素抗原性不同可将其分为 8 个型，分别为 A、B、C_1、C_2、D、E、F、G。引起人类疾病的以 A、B 常见。我国报道毒素型别有 A、B、E 三种。据统计，我国报道的肉毒毒素食物中毒 A、B 型约占中毒数的 95%、中毒人数的 98.0%。

1. 胶体金法

【适用范围】

本方法可用于肉类、豆制品、腌制的菜、酱、蜂蜜、乳及乳制品等 A 型肉毒毒素的检出。

【检测原理】

采用双抗体夹心法，将抗 A 型肉毒毒素特异性抗体包被在硝酸纤维素膜上，用于捕捉标本中的 A 型肉毒毒素，然后用特异性抗体标记的免疫胶体金探针进行检测。检测时，待测样中的肉毒毒素与试纸条上金标记抗体结合后沿着硝酸纤维素膜移动，并与膜上的抗体结合形成肉眼可视红色带。

【主要试剂】

生理盐水。

【操作步骤】

① 样品处理

a. 固态食品：称取约 2g，充分剪碎，加 5mL 生理盐水振荡 10min，使内容物充分浸出，自然沉降或 3000r/min 离心 5min，取上清液作为样品检测液。

b. 液态食品：吸取上清液 0.1mL，加生理盐水 0.4mL，混匀后作为样品检测液。

② 测定　取试剂一个，撕开外包装，吸取样品检测液，滴加 3～4 滴（约 0.2mL）于试剂圆孔中，2min 后开始观察结果，15min 终止观察。

【结果判定】

① 阳性结果　试剂窗口 "C"（对照）和 "T"（检测）处出现 2 条红色沉淀线为阳性，即有肉毒毒素检出。

② 阴性结果　试剂窗口 "C"（对照）处出现 1 条红色沉淀线为阴性，即无肉毒毒素检出。

③ 试剂失效　试剂窗口 "C"（对照）和 "T"（检测）均无红色沉淀线，即试剂失效。

【注意事项】

在 2～15min 内观察到结果。

2. 反向乳胶凝集法

【适用范围】

本方法适用于各种肉毒毒素易中毒食品，例如香肠、午餐肉、咸牛肉、腊肠、青豆、蘑菇、酱豆腐和豆豉等。

【检测原理】

用无活性乳胶颗粒（如聚苯乙烯乳胶）作为载体，将肉毒毒素抗体预先吸附在乳胶颗粒上，包被其表面，形成大颗粒型试剂，与食品中的肉毒毒素相互作用出现凝集，抗体可与相对应的抗原结合而出现间接凝集反应。

【主要试剂】

① 生理盐水。

② 高免血清致敏乳胶液制备　取聚苯乙烯乳胶 0.10mL，加灭菌蒸馏水 0.40mL，再加 pH8.2 硼酸缓冲液 2mL，混合后即为 25 倍稀释的乳胶液。在上述乳胶液中滴加稀释的免疫血清 0.20～0.70mL，边加边摇，当出现肉眼可见的颗粒后，仍继续加血清，直至颗粒消失，成为均匀的乳胶悬液为止。

【操作步骤】

① 样品处理　称取样品约 2g，充分粉碎，加 5mL 生理盐水振荡 10min，使内容物充分浸出，自然沉降或 3000r/min 离心 5min 取上清液作为样品检测液。

② 测定　取洁净玻板一块，用玻璃铅笔划成小格，滴加待检样品 0.10mL，再滴加高免血清致敏乳胶液 0.01mL，以牙签或火柴棒混匀，在 3min 内判定结果。

【结果判定】

① 全部乳胶凝集成絮状团块，液体清亮，即显示肉毒毒素检测强阳性。

② 大部分乳胶凝集成较小的颗粒，液体清亮，即显示肉毒毒素检测中阳性。

③ 半量乳胶凝集成细小颗粒，液体混浊，即显示肉毒毒素检测阳性。

④ 较少量的乳胶凝集成可见的细颗粒，液体混浊，即显示肉毒毒素检测弱阳性或假阳性。

⑤ 全部乳胶仍为均匀液体，无颗粒，即显示肉毒毒素检测阴性。

以③作为该反应滴度的终点。

【注意事项】

① 若结果显示弱阳性或假阳性，则需采取另外的方法辅助检测。

② 检测时，应与一定稀释度的相应抗原出现阳性反应，与生理盐水出现阴性反应为合格。

③ 乳胶致敏时，镜下检查应无自凝。

④ 以正常血清代替免疫血清进行乳胶致敏，以做对照。

二、金黄色葡萄球菌肠毒素的快速测定

金黄色葡萄球菌能引起人中毒的常为毒素型菌株。由金黄色葡萄球菌引起的食物中毒多发于气温较高的季节，常见的易被污染的食物有：加少量淀粉的肉馅、凉粉、剩饭、米酒、蛋及蛋制品、乳及乳制冷饮（如棒冰等）、含乳糕点、糯米凉糕、熏鱼等。

金黄色葡萄球菌的致病力主要取决于其产肠毒素和凝固酶的能力。其产生的肠毒素可沾染食物而致食物中毒，进食者吃下约100ng的肠毒素即可出现食物中毒症状，主要是呕吐和腹泻。肠毒素可耐受100℃煮沸30min而不被破坏。

目前常采用免疫学方法检测葡萄球菌肠毒素，不仅敏感、特异，且简便快速。其中反向乳胶凝集和酶联免疫吸附（ELISA）两种方法较为实用。

1. 胶体金法

【适用范围】

本方法适用于肉馅、凉粉、剩饭、米酒、蛋及蛋制品、乳及乳制冷饮（如棒冰等）、含乳糕点、糯米凉糕、熏鱼等易感染金葡菌的食品。

【检测原理】

采用双抗体夹心法，将抗金黄色葡萄球菌肠毒素特异性抗体包被在硝酸纤维素膜上，用于捕捉标本中的肠毒素，然后用特异性抗体标记的免疫胶体金探针进行检测。

【操作步骤】

① 样品处理

a. 固态食品：称取样品约2g，充分剪碎，加5mL生理盐水振荡10min，使内容物充分浸出，自然沉降或离心后取上清液作为样品检测液。

b. 液态食品：吸取0.1mL，加生理盐水0.4mL，混匀后作为样品检测液。

② 测定　取试剂一个，撕开外包装，吸取样品检测液，滴加3~4滴（约0.2mL）于试剂圆孔中，2min后开始观察结果，15min终止观察。

【结果判定】

① 阳性结果　试剂窗口"C"（对照）和"T"（检测）处出现2条红色沉淀线为阳性，即有金黄色葡萄球菌肠毒素检出。

② 阴性结果　试剂窗口"C"（对照）处出现 1 条红色沉淀线为阴性，即无金黄色葡萄球菌肠毒素检出。

③ 试剂失效　试剂窗口"C"（对照）和"T"（检测）均无红色沉淀线，即试剂失效。

2. 反向乳胶凝集法

【适用范围】

本方法适用于各种固体、液态易感染金黄色葡萄球菌的食品，如肉馅、凉粉、剩饭、米酒、蛋及蛋制品、乳及乳制冷饮（如棒冰等）、含乳糕点、糯米凉糕、熏鱼等。

【检测原理】

金黄色葡萄球菌肠毒素免疫的兔抗体血清经过纯化后与聚苯乙烯乳胶颗粒结合，这些乳胶颗粒与相应的肠毒素相互结合，就会产生相应的凝集反应。

【主要器材】

V 型微孔板/10 孔验血片；生理盐水；聚苯乙烯乳胶。

【操作步骤】

① 样品处理　称取样品约 2g，充分粉碎，加 5mL 生理盐水振荡 10min，使内容物充分浸出，自然沉降或 3000r/min 离心 5min，取上清液作为样品检测液。

② 测定　取洁净微孔板一块，滴加待检样品 0.10mL，再滴加高免血清致敏乳胶 0.01mL，以牙签或火柴棒混匀，在 3min 内判定结果。

【结果判定】

如果有金黄色葡萄球菌肠毒素存在，将会出现凝集反应，形成特定的网络结构，最终在微孔底部扩散形成一层沉淀。

如果不存在肠毒素或低于检出限，就不会形成网络结构，乳胶颗粒就会紧密地凝集在微孔底部。

【注意事项】

① 同时提供阴性质控，即与未经免疫的血清结合的乳胶颗粒。

② 食品的抽提物或菌落滤液在 5 排 V 型微孔板中进行稀释，可以检测毒素最低检测限。

3. ELISA

【适用范围】

本方法适用于乳制品、巧克力、熏肉、鱼肉、生肉、熟猪肉、海产品、液态和灌装菌类、高盐高糖类样品中金黄色葡萄球菌肠毒素。

【检测原理】

将已知金黄色葡萄球菌肠毒素抗体包被于固态载体微孔板表面，洗除未吸附抗原，加入一定量抗体与待测样品（含有抗原）提取液的混合液，竞争培养后，在微孔板表面形成抗原-抗体复合物。洗除多余抗体成分，然后加入酶标记的抗球蛋白的第二抗体结合物，与吸附在固体表面的抗原-抗体复合物相结合，再加入酶底物。在酶的催化作用下，底物发生降解反应，产生有色物质，通过酶标检测仪测出酶底物的降解量，从而推知被测样品中的抗原量。

反应载体是微孔板中包被针对金黄色葡萄球菌肠毒素的特异性抗体。

【仪器与试剂】

（1）器材

96孔微孔板；匀浆机或搅拌器；离心机≥3000～3500r/min；磁力搅拌器；pH计或pH试纸；涡旋振荡器；移液器100～1000μL；计数板；0.2μm过滤器；透析袋；酶标仪。

（2）试剂

① ELISA试剂盒。

② 生肉提取试剂盒　将每个试剂瓶加入400μL蒸馏水，溶解，得到生肉提取液1、生肉提取液2，将上述溶液分装成20μL/瓶，储存在−30～−15℃条件下。

③ 提取缓冲液（可选）　$Na_2HPO_4 \cdot 2H_2O$ 35.6g或KH_2PO_4 6.8g，溶解于1000mL水中。

④ pH调试剂　NaOH（6mmol/L）；HCl（6mmol/L）。

⑤ 聚乙二醇（M_W>17000）　将30g聚乙二醇溶解于100mL蒸馏水中，轻微加热。

⑥ 阳性质控稀释液　按照1:50的比例用蒸馏水稀释阳性质控（40μL阳性质控加2mL蒸馏水），混合均匀。

⑦ 稀释洗涤缓冲液　按照1:20的比例用蒸馏水稀释洗涤缓冲液，混合并加至洗涤设备。

⑧ 发色剂和底物混合液　将50μL发色剂和50μL底物混合。

⑨ 蒸馏水。

⑩ 反应停止液　H_2SO_4（即用型溶液）。

【操作步骤】

（1）样品制备

① 固态食品　将25g食物样品中加入25mL提取缓冲液中，用匀浆机或搅拌器混合均匀，如果过于黏稠，加入提取缓冲液或蒸馏水。将悬浊液室温下（18～25℃）放置30min以便毒素扩散，离心分离（15min，3000r/min）或过滤残渣，取上清液，调pH值至7.0～7.5。如果有沉淀，进行再次离心分离取上清液备用。

② 液态和罐装菌类食品　直接用罐中液体，不需要提取，测定前确保pH值在7.0～7.5。

③ 熟猪肉和海产品　如上述固态食品提取步骤，以蒸馏水替代提取缓冲液。

④ 生肉　为了防止假阳性结果，要对生肉另行提取。按照固态食品一般步骤在室温下提取，调pH值至7.0～7.5，每1mL提取液加入20μL生肉提取液1，均质，室温孵育10min（18～25℃），再加入20μL生肉提取液2，均质，室温孵育10min，调pH值至7.0～7.5，过滤，取滤液备用。

⑤ 干燥样品　按照一般步骤取25g样品加入蒸馏水进行提取。

⑥ 高盐高糖类样品（>5%）　根据产品种类选择合适的提取步骤，用分子截留量6000～8000Da透析柱进行过夜透析。

⑦ 乳制品、巧克力、熏肉和鱼肉　取25g样品加40mL蒸馏水或提取缓冲液用匀浆机混合均匀，加10mL蒸馏水或提取缓冲液冲洗管壁。将悬浊液室温下（18～25℃）放置30min以便毒素扩散，调pH值至3.5±0.5，离心分离（15min，≥3500r/min，2～8℃）。

取上清液，去掉上清液的脂肪层，注意不要留下残渣，调 pH 值至 7.0～7.5，离心 15min，≥3500r/min，2～8℃。取上清，调 pH 值至 7.0～7.5，作为检测液备用。

（2）测定

① 将相应数量的微孔板条插到微孔板架上：2 个用于阴性质控（1 个阴性质控用于表面培养），1 个用于阳性质控，1 个用于样品。在记录本上记录下样本的位置。

② 100μL 阳性质控、阴性质控和样品分别加到标记好的孔中。表面培养微孔板不需要加入样品和酶标记物，而是直接加入发色剂和底物混合液，使用阴性质控，盖上盖子培养。

③ 室温下振荡孵育 30min，准备好洗涤缓冲液。

④ 将微孔液体倒出，向孔中加入洗涤缓冲液，保持 5～10s，倒出洗涤液，在桌上放置的吸水纸上多次拍打（孔向下），充分吸去微孔中液体。重复洗涤 4 次。

⑤ 加入 100μL 酶标记物至各孔中，小心不要让枪头碰到边缘。混匀，盖上盖子。

⑥ 室温下振荡孵育 30min，在孵育结束之前准备好发色剂和底物混合液。

⑦ 将微孔液体倒出，向微孔中加入洗涤缓冲液，保持 5～10s，倒出洗涤液，在桌上放置的吸水纸上多次拍打（孔向下），充分吸去微孔中液体。重复洗涤 4 次。

⑧ 各孔中加入 100μL 发色剂和底物混合液，丢弃剩余的混合液，室温下振荡孵育 30min。

⑨ 往每个微孔中加入 100μL 反应停止液，与加底物的步骤相同。混合反应液确保染色成功，反应液会由蓝色变成黄色。在 450nm 条件下以空气为空白，测量吸光值。

【结果判定】

① 实验确认　阳性质控的吸光值要至少不低于 0.50；阴性质控的吸光值不高于 0.50。如果质控结果达不到上述要求，则测定结果无效。

② 食品提取物阈值计算　阈值＝阴性质控吸光值平均值＋0.20。

③ 表面培养阈值计算　阈值＝无菌培养基阴性质控吸光值＋0.10。

④ 判定

阳性结果：如果样品吸光值不低于阈值，则结果显示阳性。

阴性结果：如果样品吸光值低于阈值－0.05，则结果显示阴性。

假阳性结果：如果样品吸光值介于阈值－0.05 和阈值之间，则结果显示假阳性，需要再进行透析浓缩重新测定。

【注意事项】

（1）安全注意事项

① 为避免所有样品和提取物被污染以及试剂腐蚀，特别是使用 HCl 和 NaOH 时穿戴手套和实验服。

② 阳性质控瓶内含金黄色葡萄球菌肠毒素 A，必须戴手套操作，一旦皮肤和眼睛与试剂接触，立即用大量自来水冲洗。

③ 所有与金黄色葡萄球菌肠毒素有关的材料和试剂都要按实验规定处理。

（2）试剂配制注意事项

① 使用前提前 1h 取出试剂盒；所有试剂和样品提前准备；缓冲液要提前或者在孵育阶段就开始稀释；但是发色剂和底物混合液不稳定，不能提前配制；在准备过程中，洗涤非常

重要。

② 使用前用手或漩涡振荡器摇匀各个试管；孵育要在振荡中进行（大约 600r/min）；试剂瓶使用之前也要进行摇匀，特别要注意不要混用不同批号的试剂。

③ 每步试验都需准备新的阳性质控。

④ 精确的 pH 值对于酶联免疫测定是非常重要的，可以确保结果的准确性。

⑤ 根据法国官方方法和欧洲筛选方法，乳制品必须进行透析浓缩。

（3）结果判定注意事项

① 在加热或物理处理过程中造成细菌死亡，但肠毒素依然存在于样品中。也就是说样品可能对肠毒素显示阳性，但对金黄色葡萄球菌可能显示阴性。

② 样品中具有相似性质的物质，如内源过氧化物酶和其他内源性物质都可能对结果产生交叉影响。

③ 根据法国官方方法和欧洲筛选方法，乳制品中结果出现假阳性认为是阴性结果。

项目二　真菌毒素的快速检测

真菌毒素对人体的危害极大，目前真菌毒素的快速检测方法发展迅速，特别是生物化学方法，如亲和色谱法和酶联免疫吸附测定法。

一、黄曲霉毒素的快速测定

1. 免疫亲和柱法

【适用范围】

仿真软件-黄曲霉毒素

本方法适用于大豆、稻谷、玉米、通心粉、调味品、牛乳、乳制品、食用油等。

【检测原理】

以单克隆免疫亲和柱为分离手段，将大剂量的黄曲霉毒素单克隆抗体固化在水不溶性的载体上，试样中的黄曲霉毒素在经过免疫亲和柱时，能与之发生特异性结合，用甲醇将亲和柱上的黄曲霉毒素淋洗下来，起到分离纯化的效果，再用荧光仪和紫外灯作为检测工具。

【仪器与试剂】

① 仪器　4 系列真菌毒素专用荧光分析仪；1.5μm 玻璃纤维滤纸；试管；黄曲霉毒素免疫亲和柱；搅拌杯。

② 试剂　0.03% 溴溶液储备液；0.003% 溴衍生溶液；荧光分析仪校准溶液；分析纯氯化钠；流动相 [甲醇-水（60+40）]；色谱纯甲醇。

【操作步骤】

① 样品准备　称取磨细的样品 25g（液体样品直接量取）、氯化钠 5g，置于搅拌杯中，加入 125mL 甲醇-水溶液，盖上盖子，高速搅拌 1min，过滤，取滤液备用。

② 检测　移取 20mL 滤液，加入 20mL 水，用玻璃纤维滤纸过滤；取 10mL 滤液，以 1~2 滴/s 的流速全部通过亲和柱，直至空气进入亲和柱为止。

将 10mL 水以 2 滴/s 的流速通过亲和柱，重复一次，直至空气进入亲和柱为止。

用 1.0mL 色谱纯的甲醇以 1~2 滴/s 的流速淋洗亲和柱，将所有样品淋洗液收集于试管，加入 1.0mL 0.003％溴衍生溶液，混匀，备用。

【结果判定】

用荧光仪测定：将制备好的样液试管置于已标定好的荧光仪（用荧光分析仪校准溶液标定）中，60s 后读数，测定结果为黄曲霉毒素 B_1、黄曲霉毒素 B_2、黄曲霉毒素 G_1、黄曲霉毒素 G_2 的总量。

计算公式：$F = Kc$

式中　F——荧光强度；

　　　K——荧光吸收系数；

　　　c——被检物质浓度，g/100mL。

【灵敏度】

测定范围：0～300μg/kg。

【注意事项】

① 在淋洗液中加入溴衍生溶液，可以提高测定灵敏度。

② 荧光仪调零时，以纯水置于测试管，校正荧光仪读数为 0 即可。

③ 免疫亲和柱是克服了薄层色谱法在操作过程中使用剧毒的真菌毒素作为标定标准物和在样品预处理过程中使用多种有毒、异味的有机溶剂，可能对操作人员有害和污染环境的缺点。

2. ELISA 法

【适用范围】

本方法适用于大豆、稻谷、玉米、通心粉、调味品、牛乳、乳制品、食用油。

【检测原理】

将已知抗原吸附在固态载体表面，洗除未吸附抗原，加入一定量抗体与待测样品（含有抗原）提取液的混合液，竞争培养后，在固相载体表面形成抗原-抗体复合物。洗除多余抗体成分，然后加入酶标记的抗球蛋白的第二抗体结合物，与吸附在固体表面的抗原-抗体复合物相结合，再加入酶底物。在酶的催化作用下，底物发生降解反应，产生有色物质，通过酶标检测仪测出酶底物的降解量，从而推知被测样品中的抗原量。

【仪器与试剂】

(1) 仪器

微孔板，恒温培育箱，酶标仪，涡流振荡器，锥形瓶。

(2) 试剂

① 四甲基联苯胺、30％过氧化氢、牛血清白蛋白、吐温-20 等。

② 抗体　抗黄曲霉毒素 B_1 的特异性单克隆抗体（或抗血清）。

③ 包被抗原　黄曲霉毒素 B_1 与载体蛋白（牛血清白蛋白或多聚赖氨酸等）的结合物。

④ 酶标二抗　羊抗鼠免疫球蛋白 G 与辣根过氧化酶结合物。

⑤ 缓冲液系统　包被缓冲液为 pH9.6 的磷酸盐缓冲液；洗液为含 0.05％吐温-20 的 pH7.4 的磷酸-柠檬酸缓冲液；底物缓冲液为 pH5.0 的磷酸盐缓冲液；终止液为 1mol/L 的硫酸。

⑥ 黄曲霉毒素 B_1 的标准溶液　用甲醇配成 1mg/mL 的黄曲霉毒素 B_1 储备液，于冰箱

储存，于检测当天，准确吸取储备液，用 20％甲醇的磷酸盐缓冲液稀释成制备标准曲线的所需浓度。

⑦ 底物溶液　10mg 四甲基联苯胺溶于1mL 二甲基甲酰胺中，取 75μL 四甲基联苯胺溶液，加入 10mL 底物缓冲液，加 10μL 30％过氧化氢溶液。

⑧ 样品提取液　乙腈-水（50＋50）。

⑨ 2mol/L 碳酸盐缓冲液。

⑩ 0.1％ BSA 溶液。

【操作步骤】

① 样品处理　称取 10g 粉碎的样品于锥形瓶中，用 50mL 乙腈-水（50＋50，体积分数），用 2mol/L 碳酸盐缓冲液调 pH 值至 8.0 进行提取，振摇 30min 后，滤纸过滤，滤液用 0.1％BSA 的洗液稀释后，供实验备用。

② 测定　用包被抗原（包被缓冲液稀释至 10μg/mL）包被酶标微孔板，每孔 100μL，4℃过夜。

酶标微孔板用洗液洗 3 次，每次 3min，每孔加 50μL 系列黄曲霉毒素 B_1 的标准溶液及 50μL 样品提取液，然后再加入 50μL 稀释后抗体，37℃培养 1.5h。

酶标微孔板用洗液洗 3 次，每次 3min，每孔加 100μL 酶标二抗，37℃培养 2h。

酶标微孔板用洗液洗 3 次，每次 3min，每孔加 100μL 底物溶液，37℃培养 0.5h，用 1mol/L 的硫酸终止反应。

【结果判定】

计算：黄曲霉毒素 B_1 浓度$(ng/g) = \dfrac{C \times \dfrac{V_1}{V_2} \times D}{m}$

式中　C——酶标微孔板上所测得的黄曲霉毒素的量，根据标准曲线求得，ng；

V_1——样品提取液的体积，mL；

V_2——滴加样液的体积，mL；

D——样液的总稀释倍数；

m——样品质量，g。

二、赭曲霉毒素的快速测定

产生赭曲霉毒素 A 的曲霉属主要是淡褐色曲霉属、硫黄色曲霉属，产生赭曲霉毒素 A 的条件是中温、寒冷气候，青霉属产生赭曲霉毒素 A 的地区主要是亚热带。一般容易感染赭曲霉毒素 A 的食品包括大豆、绿豆、绿咖啡豆、酒、葡萄汁、调味品、草本植物、猪肾等。

1. 免疫亲和柱

【适用范围】

本方法适用于大豆、绿豆、绿咖啡豆、酒、葡萄汁、调味品、草本植物、猪肾等。

【检测原理】

以单克隆免疫亲和柱为分离手段，将大剂量的赭曲霉毒素单克隆抗体固化在水不溶性的载体上，试样中的赭曲霉毒素在经过免疫亲和柱时，能与之发生特异性结合，再用甲醇将亲和柱上的赭曲霉毒素淋洗下来，起到分离纯化的效果，再用荧光仪和紫外灯作为检测工具。

【仪器与试剂】

（1）仪器

4 系列真菌毒素专用荧光分析仪；赭曲霉毒素免疫亲和柱；搅拌杯，天平，吸管，试管。

（2）试剂

① 荧光分析仪校准溶液，分析纯氯化钠，色谱纯甲醇，色谱纯乙腈，重蒸水，$1.5\mu m$ 玻璃纤维滤纸。

② 分析纯碳酸氢钠　1%碳酸氢钠（10g 碳酸氢钠加 1000mL 的水）。

③ PBS 缓冲液　PBS-2%吐温-20 清洗缓冲液（98＋2）；PBS-0.01%吐温-20 清洗缓冲液（98＋2）；真菌毒素清洗缓冲液。

【操作步骤】

① 样品准备　称取 25g 磨细的样品（液体样品直接量取）、5g 氯化钠，置于搅拌杯中，加入 50mL 1%碳酸氢钠提取液，盖上盖子，高速搅拌 1min，过滤，取滤液。

② 检测步骤　移取 10mL 滤液，加入 40mL PBS-2%吐温-20 清洗缓冲液将滤液稀释，用玻璃纤维滤纸过滤；取 10mL 滤液，以 1~2 滴/s 的流速全部通过亲和柱，直至空气进入亲和柱为止。

将 10mL PBS-2%吐温-20 清洗缓冲液以 2 滴/s 的流速通过亲和柱，将 10mL 水以 2 滴/s 的流速通过亲和柱直至空气进入亲和柱为止。

用 1.5mL 真菌毒素清洗缓冲液以 1~2 滴/s 的流速淋洗亲和柱，将所有样品淋洗液收集于试管，混匀。

【结果判定】

用荧光仪测定：将制备好的样液试管置于已标定好的荧光仪中，60s 后读数，测定结果为赭曲霉毒素 A 的量。

计算公式：$F＝Kc$

式中　F——荧光强度；

　　　K——荧光吸收系数；

　　　c——被检物质浓度，g/100mL。

2. ELISA 法

【适用范围】

本方法适用于大豆、绿豆、绿咖啡豆、酒、葡萄汁、调味品、草本植物、猪肾等。

【检测原理】

将已知抗原吸附在固态载体表面，洗除未吸附抗原，加入一定量酶标记抗体与待测样品（含有抗原）提取液的混合液，竞争培养后，在固相载体表面形成抗原-抗体-酶复合物。洗除多余抗体成分，再加入酶底物。在酶的催化作用下，底物发生降解反应，产生有色物质，通过酶标检测仪，测出酶底物的降解量，从而推算出被测样品中的抗原量。

【仪器与试剂】

（1）仪器

酶标仪、分液漏斗、微孔板、蒸发皿、天平、锥形瓶、滤纸、吸管、pH 试纸等。

（2）试剂

① 赭曲霉毒素 A、四甲基联苯胺、甲醇、石油醚、三氯甲烷、无水乙醇、乙酸乙酯、二甲基甲酰胺、30％过氧化氢、牛血清白蛋白、吐温-20 等。

② 缓冲液：包被缓冲液为 pH9.6 的 50mmol/L 碳酸盐缓冲液。

③ 洗液：含 0.05％吐温-20 的 pH7.4 的磷酸盐缓冲液。

④ 底物缓冲液：pH5.0 的磷酸-柠檬酸缓冲液。

⑤ 底物溶液。

⑥ 终止液为 1mol/L 的硫酸。

⑦ 赭曲霉毒素 A 标准溶液：用甲醇配成 1mg/mL 赭曲霉毒素 A 储备液，于冰箱储存，检测当天，准确吸取储备液，稀释成制备标准曲线的所需浓度。

⑧ 包被抗原：赭曲霉毒素 A 与载体蛋白（牛血清白蛋白或多聚赖氨酸等）的结合物。

⑨ 抗体：赭曲霉毒素 A 单克隆抗体与辣根过氧化酶结合物。

⑩ 4％氯化钠溶液：称取 40g 氯化钠，溶解定容至 1000mL。

【操作步骤】

① 样品提取　称取 20g 粉碎的样品于锥形瓶中，用 30mL 石油醚和 100mL 甲醇-水（55＋45，体积分数），振摇 30min 后，滤纸过滤，待下层甲醇-水层分清后，取出 20mL 滤液于 100mL 分液漏斗中，用 pH 试纸测试，为 5～6；加入 25mL 三氯甲烷振摇 2min，静置分层后放出三氯甲烷，再重复一次，收取三氯甲烷液于另一分液漏斗，加入 50～100mL 4％氯化钠溶液，振摇放置，待三氯甲烷层澄清后，将三氯甲烷层放至蒸发皿中，蒸气浴通风挥干，用稀释液溶解残渣，供实验样品之用。

② 检测步骤　用包被抗原（包被缓冲液稀释至 10μg/mL）包被酶标微孔板，每孔 100μL，4℃过夜。

酶标微孔板用洗液洗 3 次，每孔加 50μL 系列赭曲霉毒素 A 的标准溶液或 50μL 样品提取液，再加入抗体-酶结合物（1＋400）的混合液 50μL，37℃培养 1.5h。

酶标微孔板用洗液洗 3 次，每次 3min，每孔加 100μL 底物溶液，37℃培养 0.5h，用 1mol/L 的硫酸终止反应。于波长 450nm 处测定 OD 值。

【结果判定】

若样品检测孔所测定 OD 值大于或等于阳性对照孔 OD 值，该样品为阴性，反之，则阳性。阳性样品毒素的含量计算如下。

$$赭曲霉毒素 A 浓度(ng/g) = \frac{C \times \frac{V_1}{V_2} \times D}{m}$$

式中　C——酶标微孔板上所测得的赭曲霉毒素 A 的量，根据标准曲线求得，ng；

V_1——样品提取液的体积，mL；

V_2——滴加样液的体积，mL；

D——样液的总稀释倍数；

m——样品质量，g。

三、3-硝基丙酸的快速测定——薄层色谱法

3-硝基丙酸为无色针状结晶，熔点为 66.7～67.5℃，溶于水、乙醇、乙酸乙酯、丙酮、乙醚等，不溶于石油醚和苯。

3-硝基丙酸是曲霉属和青霉属少数菌种产生的有毒代谢产物。能产生 3-硝基丙酸的真菌有黄曲霉、米曲霉、白曲霉、链霉菌、节菱孢霉菌等。3-硝基丙酸是霉变甘蔗中节菱孢霉菌产生的主要毒性物质，也是引起霉变甘蔗中毒的优势毒素。

变质甘蔗中毒在我国北方地区常有发生。中毒的特点是发病急，潜伏期短，中毒者多为儿童，重症患者可在 1～3 天内死亡，有的患者可留有后遗症，以锥体外系神经损害为主要表现，严重影响患者的生活。

【适用范围】

本方法适用于霉变甘蔗及甘蔗汁。

【检测原理】

3-硝基丙酸经提取、净化及浓缩，点样于硅胶 G 薄层板上，展开后喷以 3-甲基-2-苯并噻唑啉酮腙盐酸盐（MBTH）显色剂，在长波紫外灯下显示出黄色荧光点。目视可定性检查，荧光扫描仪可以测定其含量。

【仪器及试剂】

① 分液漏斗、吸管、锥形瓶、干燥器、微量进样器、硅胶 G 薄层板、紫外灯等。

② 展开剂：苯-冰醋酸或石油醚-冰醋酸（9+1）。

③ 显色剂：0.5% MBTH 溶液。

④ 3-硝基丙酸标准溶液：精确称取 3-硝基丙酸标准品，用乙酸乙酯制备成储备液，临用时用乙酸乙酯稀释成含 3-硝基丙酸 $20\mu g/mL$ 的使用液，4℃冰箱中保存。

⑤ 6mol/L 盐酸、乙酸乙酯、氯仿、2%碳酸氢钠。

【操作步骤】

① 样品处理　取经去皮后切碎挤压得到的甘蔗汁 10mL，置于分液漏斗中，用 6mol/L 盐酸调 pH 值至 2～3，用乙酸乙酯等体积提取三次，放置乙酸乙酯于另一个分液漏斗中，用 30mL 与 10mL 2%碳酸氢钠分次提取，振摇，静置分层，将水相置于另一分液漏斗中，弃去乙酸乙酯，用氯仿萃取碳酸氢钠层，去氯仿层，再用 6mol/L 盐酸调 pH 值至 2～3，加乙酸乙酯提取至锥形瓶中，浓缩。

② 检测步骤　取现成的 5cm×20cm 硅胶 G 薄层板三块，110℃干燥预处理 3h，置于干燥器中备用。

点样以薄层板的短边为底边，距底边 3cm 的基线上用微量进样器，点样 10μL，标准液一个点，样品液两个点，在其中一个样品点上再滴加一个标准液。

展开后的薄层板经挥干后，喷以显色剂至刚成潮湿状，烘干，冷却，在 365nm 紫外灯下目视定性观察。

【结果判定】

3-硝基丙酸的 R_f 值为 0.39，365nm 紫外灯下标准品与样品等距离显示斑点。

四、伏马毒素的快速测定——免疫亲和柱-荧光仪法

伏马毒素是 1989 年发现的一种新型毒素，是由串珠镰刀菌等产生的真菌毒素。目前已知有 7 种衍生物，研究证实伏马毒素可导致马产生白脑软化症，神经性中毒而呈现意识障碍、失明和运动失调，甚至造成死亡；对猪产生肺水肿综合征；并被怀疑可诱发人类的食管癌等疾病，从而对畜牧业及人类的健康构成威胁。对我国海门地区进行的 3 年的跟踪研究结果表明：伏马毒素还可导致肝癌。

伏马毒素大多存在于玉米及玉米制品中，在大米、面条、调味品、高粱、啤酒中也有较低浓度的伏马毒素存在。

【适用范围】

本方法适用于玉米及玉米制品、大米、面条、调味品、高粱、啤酒。

【检测原理】

以单克隆免疫亲和柱为分离手段，用荧光分光光度计和紫外灯作为检测工具的快速分析方法。试样中的伏马毒素用一定比例的甲醇-水提取，提取液经过过滤、稀释后，用免疫亲和柱净化，用甲醇将亲和柱上的毒素淋洗下来，在淋洗液中加入溴溶液衍生，以提高测定灵敏度，然后用荧光分光光度计进行定量。

【仪器及试剂】

① 伏马毒素亲和柱，真菌毒素专用荧光仪，聚乙二醇 8000，色谱纯甲醇，色谱纯乙腈，氯化钠，伏马毒素衍生液，真菌毒素通用标定标准物一套，天平，吸管，搅拌杯，试管。

② 提取液：乙腈-水（90+10）或者甲醇-水（80+20）。

③ 0.003%溴溶液。

【操作步骤】

① 样品处理　称取 25g 磨细的样品（液体样品直接量取）、5g 氯化钠，置于搅拌杯中，加入 125mL 甲醇-水溶液，盖上盖子，高速搅拌 1min，过滤，取滤液。

② 检测　移取 20mL 滤液，加入 20mL 水，用玻璃纤维滤纸过滤。

取 10mL 滤液，以 1~2 滴/s 的流速全部通过亲和柱，直至空气进入亲和柱为止。

将 10mL 水以 2 滴/s 的流速通过亲和柱，重复一次，直至空气进入亲和柱为止。

用 1.0mL 色谱纯的甲醇以 1~2 滴/s 的流速淋洗亲和柱，将所有样品淋洗液收集于试管，加入 1.0mL 0.003%溴溶液，混匀。

【结果判定】

用荧光仪测定：将制备好的样液试管置于已标定好的荧光仪中，60s 后读数，测定。

计算公式：$F = Kc$

式中　F——荧光强度；

$\quad\quad K$——荧光吸收系数；

$\quad\quad c$——被检物质浓度，g/100mL。

五、呕吐毒素的快速测定——免疫亲和柱-荧光仪法

脱氧雪腐镰刀菌烯醇，又称为呕吐毒素，单端孢霉烯族化合物。该毒素是由 F. 镰刀菌

产生，主要是其二级代谢产物。这类真菌大多在低温、潮湿和收割季节，在谷物庄稼中慢慢生长。呕吐毒素一般在大麦、小麦、玉米、燕麦中含有较高的浓度，在黑麦、高粱、大米中的浓度较低，常常与其他真菌毒素同存，从谷物和饲料中分离出来的呕吐毒素的最高浓度已达 92mg/kg。研究证明，发霉玉米中的呕吐毒素对猪会产生毒性，对人产生食物中毒性白细胞缺乏症。我国建议供人食用的谷物中呕吐毒素的含量不得超过 1mg/kg。

【适用范围】

本方法适用于大麦、小麦、玉米、燕麦等谷物。

【检测原理】

以单克隆免疫亲和柱为分离手段，将大剂量的呕吐毒素单克隆抗体固化在水不溶性的载体上，试样中的呕吐毒素在经过免疫亲和柱时，能与之发生特异性结合，再用甲醇将亲和柱上的呕吐毒素淋洗下来，起到分离纯化的效果，再用荧光仪和紫外灯作为检测工具。

【仪器与试剂】

呕吐毒素亲和柱，真菌毒素专用荧光仪，天平，均质器，搅拌器，吸管（或移液管），滤纸，漏斗，试管，聚乙二醇 8000（PEG 8000），色谱纯甲醇，氯化钠，呕吐毒素衍生液，呕吐毒素标定标准液一套：2 个蓝色、1 个灰色、1 个红紫色。

【操作步骤】

① 样品处理　称取已粉碎好的样品 50g，加入均质器中，加 5g 氯化钠、10g PEG 8000 及 150mL 的水，高速搅拌 1min，提取呕吐毒素；过滤，滤液备用。

② 检测步骤　将呕吐毒素衍生液混匀，移取 500μL 至 20mL 滤液中，混匀，将提取液、标准液、衍生液分别以 1~2 滴/s 的流速通过亲和柱，注意流速相同，不可过快，直至空气进入柱中。

用 10mL 水以 1~2 滴/s 的流速清洗柱子，用 2mL 甲醇以 1 滴/s 的流速淋洗柱子，将淋洗液收集至试管。

【结果判定】

混合均匀后，在荧光仪中测定，读数。

计算公式：$F = Kc$

式中　F——荧光强度；

　　　K——荧光吸收系数；

　　　c——被检物质浓度，g/100mL。

【检测限】

检测范围：1~5.0mg/kg。

六、玉米赤霉烯酮的快速测定——免疫亲和柱-荧光仪法

玉米赤霉烯酮又称 F-2 毒素，是由禾谷镰刀菌、三线镰刀菌、尖孢镰刀菌、黄色镰刀菌、串珠镰刀菌、木贼镰刀菌、燕麦镰刀菌、雪腐镰刀菌等菌种产生的有毒代谢产物，是一种雌激素真菌毒素。纯的玉米赤霉烯酮不溶于水、二硫化碳和四氯化碳，溶于碱性水溶液、乙醚、苯、氯仿、二氯甲烷、乙酸乙酯、乙腈和乙醇，微溶于石油醚，在紫外线照射下呈蓝绿色。

玉米赤霉烯酮首先从赤霉病玉米中分离，有多种以上的衍生物，其主要存在于玉米和玉米制品中，小麦、大麦、高粱、大米中也有一定程度的分布。

【适用范围】

本方法适用于玉米、麦类等谷物。

【检测原理】

以单克隆免疫亲和柱为分离手段，用大剂量的玉米赤霉烯酮单克隆抗体固化在水不溶性的载体上，试样中的玉米赤霉烯酮在经过免疫亲和柱时，能与之发生特异性结合，再用甲醇将亲和柱上的玉米赤霉烯酮淋洗下来，起到分离纯化的效果，再用荧光仪和紫外灯作为检测工具。

【仪器与试剂】

玉米赤霉烯酮亲和柱，真菌毒素专用荧光仪，天平，均质器，玻璃微纤维滤纸，搅拌器，玻璃注射器，吸管（或移液管），试管，聚乙二醇 8000，色谱纯甲醇，色谱纯乙腈，氯化钠，玉米赤霉烯酮衍生液，真菌毒素通用标定标准物一套。

1 倍 0.1％吐温-20-PBS 缓冲液。提取液：乙腈-水（90＋10）或者甲醇-水（80＋20）。

【操作步骤】

① 样品处理　称取 20g 粉碎的样品，2g 氯化钠，置于均质器中，加入 50mL 提取液，搅拌 2min，过滤，滤液备用。

② 测定　移取 10mL 滤液，加入 40mL 1 倍 0.1％吐温-20-PBS 缓冲液稀释，混匀。玻璃微纤维滤纸过滤，置于玻璃注射器筒中。

取 10mL 滤液，以 1～2 滴/s 的流速全部通过亲和柱，直至空气进入柱中。

将 10mL 0.1％吐温-20-PBS 缓冲液以 1～2 滴/s 的流速通过亲和柱。

将 10mL 水以 1～2 滴/s 的流速通过亲和柱，直至空气进入柱中。

用 1.0mL 甲醇以 1 滴/s 的流速淋洗柱子，将淋洗液收集至试管；试管中再加入 1.0mL 显色剂，混匀。

【结果判定】

荧光仪中 300s 延时测定，读数。

计算公式：$F = Kc$

式中　F——荧光强度；

　　　　K——荧光吸收系数；

　　　　c——被检物质浓度，g/100mL。

七、T-2 毒素的快速测定——免疫亲和柱-荧光仪法

T-2 毒素是单端孢霉烯族化合物之一，为白色针状结晶，熔点为 150～151℃，难溶于水，易溶于极性溶剂，如三氯甲烷、丙酮和乙酸乙酯等。烹调过程不易将其破坏，在紫外灯下不显荧光。

我国小麦中 T-2 毒素的污染含量是比较高的，正常小麦中，阳性率为 80％，平均含量为 53.3μg/kg，最高含量可达 1122.0μg/kg。

【适用范围】

本方法适用于小麦、大麦及麦制品。

【检测原理】

以单克隆免疫亲和柱为分离手段，将大剂量的 T-2 毒素单克隆抗体固化在水不溶性的载体上，试样中的 T-2 毒素在经过免疫亲和柱时，能与之发生特异性结合，再用甲醇将亲和柱上的 T-2 毒素淋洗下来，起到分离纯化的效果，再用荧光仪和紫外灯作为检测工具。

【仪器与试剂】

T-2 毒素亲和柱，真菌毒素专用荧光仪，聚乙二醇 8000，色谱纯甲醇，色谱纯乙腈，PBS 缓冲液，氯化钠，T-2 毒素衍生液，T-2 毒素标定标准物一套（红色），天平，均质器，搅拌器，玻璃微纤维滤纸，移液管，玻璃注射器，试管。

0.02%吐温-20-PBS 缓冲液：0.1mL 吐温-20＋9.9mL PBS＋490mL 水。提取液：甲醇-水（25＋75）。

【操作步骤】

① 样品处理　称取 50g 粉碎的样品、5g 氯化钠、10g 聚乙二醇 8000 置于均质器中，加入 150mL 提取液，搅拌 1min，过滤，滤液备用。

② 测定　移取 25mL 滤液，加入 25mL 水稀释，混匀。玻璃微纤维滤纸过滤，置于玻璃注射器筒中，取 10mL 滤液，加入 0.2mL 衍生液，混匀，以 1～2 滴/s 的流速全部通过亲和柱，直至空气进入柱中。

将 10mL 0.02%吐温-20-PBS 缓冲液以 1～2 滴/s 的流速通过亲和柱。

用 2.0mL 甲醇以 2 滴/s 的流速淋洗柱子，将淋洗液收集至试管。

混匀后，荧光仪中 300s 延时测定，读数。

【结果判定】

根据荧光仪读数，判断毒素含量。

计算公式：$F=Kc$

式中　F——荧光强度；

　　　K——荧光吸收系数；

　　　c——被检物质浓度，g/100mL。

项目三　其他生物毒素的快速检测

一、河鲀毒素的快速测定

河鲀中毒是世界上最严重的动物性食物中毒，各国都很重视。河鲀是味道鲜美但含有剧毒的鱼类。其毒素主要有两种：河鲀毒素和河鲀酸。0.5g 河鲀毒素就可以使体重 70kg 的人致死，河鲀的有毒部位主要是卵巢和肝脏。河鲀毒素是一种很强的神经毒，它对神经细胞膜的钠离子通道具有高度专一性作用，能阻断神经冲动的传导，使呼吸抑制，引起呼吸肌麻痹，对胃、肠道也有局部刺激作用，还可使血管神经麻痹、血压下降。河鲀中毒的特点是发病急速而剧烈，潜伏期 10min 至 3h。

1. 生物检定法

【适用范围】

本方法适用于含河鲀毒素的食品等。

【检测原理】

河鲀毒素是一种剧毒性的生物毒素，小鼠对河鲀毒素的耐受性极差，在纳克/千克（ng/kg）的浓度范围内即可使小鼠致死，因此是测定样品中河鲀毒素的非常快速而有效的方法。

【操作步骤】

① 样品处理　将样品剪碎后，用研钵充分磨碎，取 10g 放入烧杯中，加入适量甲醇，加入 1‰乙酸溶液至呈微酸性，在沸水浴中浸 15min，3000r/min 离心 10min 后去沉淀，取上清液，定容至 50mL 容量瓶中，备用。

② 检测步骤　取小鼠 3 只，腹腔注射定容液 1mL，在 10～30min 内观察。

【结果判定】

小鼠最初出现不安、突然旋动；继之步履蹒跚，呼吸加快；最后突然跳起，翻身，四肢痉挛而死亡。

2. 化学法

【适用范围】

本方法适用于含河鲀毒素的食品等。

【检测原理】

河鲀毒素在浓硫酸条件下，可与重铬酸钾进行呈色反应。

【操作步骤】

① 样品处理　将样品剪碎后，用研钵充分磨碎，取 10g 放入烧杯中，加入适量甲醇，加入 1‰乙酸溶液至呈微酸性，在沸水浴中浸 15min，3000r/min 离心 10min 后去沉淀，取上清液，定容至 50mL 容量瓶中，备用。

② 取溶液 3mL，加入浓硫酸适量，再加入少量重铬酸钾溶液后，观察颜色变化。

【结果判定】

呈绿色，即说明样品中有河鲀毒素。

二、组胺的快速测定——化学呈色法

海产鱼中的青皮红肉鱼类，如鲐鱼、金枪鱼、刺鲅鱼、沙丁鱼等可引起过敏性食物中毒，其原因是这些鱼中含有较高量的组氨酸，在鱼类的存放过程中，鱼体内蛋白质发生自溶作用释放组氨酸，经细菌体内组氨酸脱羧酶作用后，产生组胺。

组胺是一种生物碱，人类组胺中毒与鱼肉中组胺含量、鱼肉的食用量及个体对组胺的敏感程度有关。GB 2733—2015《食品安全国家标准 鲜、冻动物性水产品》规定高组胺鱼类（如鲐鱼、鲹鱼、竹荚鱼、鲭鱼、鲣鱼、金枪鱼、秋刀鱼、马鲛鱼、青占鱼、沙丁鱼等青皮红肉海水鱼）≤40mg/100g，其他海水鱼类≤20mg/100g。

【适用范围】

本方法适用于海产鱼中的青皮红肉鱼类，如鲐鱼、金枪鱼、刺鲅鱼、沙丁鱼等以及容易分解产生组胺的蛋白质类食品。

【检测原理】

鱼体中的组胺经提取后，与偶氮试剂在弱碱性环境中进行偶氮反应，偶氮化合物在乙酸乙酯有机相内呈红色，红色的深浅与组胺的含量成正比。

【操作步骤】

取已去骨、去皮、去内脏的鱼肉样品 10g，研碎，用水 90mL，分次洗涤研钵移至烧杯中，加 90mL 5％三氯乙酸溶液，用玻璃棒搅拌均匀，静置 5min，过滤；取滤液 2mL，滴加 0.5％氢氧化钠溶液中和，加入 1mL 4％碳酸钠溶液，放置冷却；加入 1mL 偶氮试剂，在冰浴中放置 5min，加入乙酸乙酯 10mL，剧烈振摇 30s，观察结果。

【结果判定】

如乙酸乙酯层出现红色，则表示鱼肉中有组胺存在，比色法可测组胺含量。

【注意事项】

目前对于水产品中或其他蛋白质类动物性食品中组胺的测定，有快速测定的专用组胺测定仪，其基本原理即为化学显色法，操作比较简单，只要 20min 即可检测出含量。

三、氰苷的快速测定

氰苷是由氰醇衍生物的羟基和 D-葡萄糖缩合形成的糖苷，其结构中有氰基，水解后产生氢氰酸，从而对人体造成危害。

氰苷广泛存在于豆科、蔷薇科、禾本科等约 1000 多种植物中，含有氰苷的食源性植物主要有木薯、豆类及一些果树的种子，如杏仁、桃仁、枇杷仁、亚麻籽等。另外，一些鱼类，如青鱼、草鱼、鲢鱼等胆中也有氰苷。氰苷常包括苦杏仁苷、蜀黍氰苷和亚麻苦苷三种，苦杏仁苷主要存在于苦杏仁和其他果仁中，以苦杏仁和苦桃仁中含量最高，约 3％；蜀黍氰苷主要存在于高粱及有关草类；亚麻苦苷主要存在于豆类、木薯和亚麻籽中。

氰苷的毒性甚强，对人的致死量为 18mg/kg。氢氰酸口服的致死量为 0.5～3.5mg/kg；苦杏仁苷的致死量约为 1mg/kg，小儿食入 6 粒，成人食入 10 粒苦杏仁苷就可能引起中毒，潜伏期 0.5～5h。

氰苷也可引起慢性中毒，主要是食用木薯而引起，主要引起神经性共济失调和视力萎缩等症状。

1. 苦味酸试纸法

【适用范围】

本方法适用于扁豆、刀豆、黄豆等豆类食品，杏仁、桃仁、枇杷仁、亚麻籽等果仁。

【检测原理】

氰化物在酸性条件下产生氰化氢气体，它与苦味酸试纸反应，可生成红色物质。

【试剂】

苦味酸试纸，将滤纸浸泡在苦味酸饱和溶液中，在室温下阴干，备用。

【操作步骤】

称取样品 10.0g，放入锥形瓶中，加入水 20mL、酒石酸 2g 和氯仿几滴，苦味酸试纸以

5％碳酸钠溶液润湿，塞于锥形瓶口，在 80～90℃水浴中加热半小时，观察苦味酸试纸的变化，若由淡黄色变为橘红色时，则说明样品中可能含有氰化物。

2. 对-邻试纸法

【适用范围】

本方法适用于扁豆、刀豆、黄豆等豆类食品，杏仁、桃仁、枇杷仁、亚麻籽等果仁。

【检测原理】

氰离子与对硝基苯甲醛能够缩合为苯偶姻。在碱性条件下，苯偶姻使邻二硝基苯还原，产生典型的紫色反应。

【试剂】

① 对-邻试纸　取 1.5g 对硝基苯甲醛和 1.7g 邻二硝基苯溶于 100mL 95％乙醇中，用普通定性滤纸浸泡 5min 后取出晾干，剪成条备用。

② 醋酸铅棉花　用 10％醋酸铅溶液将脱脂棉浸透后，压除多余水分，100℃以下干燥备用。

③ 碳酸钠饱和溶液　临用时配制。取无水碳酸钠试剂少许，用少量水溶解成饱和溶液。

④ 酒石酸固体试剂。

【检测步骤】

① 样品处理

a. 取切碎的固体样品 10g 和 50mL 蒸馏水或纯净水于 100mL 锥形瓶中，充分振摇溶解。

b. 如果是液体样品，直接取 50mL，不再加水。

② 测定　取 1 支检氰玻璃管，插入一片对-邻试纸条，在试纸条上滴加 1 滴碳酸钠饱和溶液使试纸条湿润，在检氰玻璃管下方松软地塞入醋酸铅棉花，将检氰玻璃管插入带孔橡胶塞中。

加固体酒石酸约 1g，立即塞上装有检氰玻璃管的橡胶塞，轻轻摇动使酒石酸溶解。

【结果判定】

将锥形瓶放入 75～85℃水浴中加热 20min 后观察管内试纸变色情况，如果试纸出现紫红色，表示有氰化物存在。

【灵敏度】

对-邻试纸对氰化物的检出限为：2mg/kg。

【注意事项】

① 如果醋酸铅棉花变为黑色，说明样品中含有硫化物，应重新进行操作，加大醋酸铅棉花的放入量，排除硫化氢的干扰。

② 氰化物的含量越高，试纸显色的时间越快，颜色越深，色泽保留的时间也越长。

③ 避免阳光直射操作。

四、龙葵碱的快速测定——化学显色法

龙葵碱又名茄碱、龙葵毒素、马铃薯毒素，是由葡萄糖残基和茄啶组成的一种弱碱性糖苷，不溶于水、乙醚、氯仿，能溶于乙醇，与稀酸共热生成茄啶及一些糖类。

龙葵碱广泛存在于马铃薯、番茄及茄子等茄科植物中，马铃薯中龙葵碱的含量因品种和季节的不同而有所不同，一般为 $0.005\%\sim0.01\%$，在储藏过程中含量逐渐增加，马铃薯发芽后，其幼芽和芽眼部分的龙葵碱含量高达 $0.3\%\sim0.5\%$。龙葵碱口服毒性较低，人食入 $0.2\sim0.5g$ 龙葵碱即可引起中毒。

【适用范围】

本方法适用于马铃薯、番茄及茄子等茄科植物食品中。

【检测原理】

龙葵碱能与钒酸铵、硒酸钠显色，且随着时间变化，颜色变化多样，是龙葵碱的特征性反应。同时龙葵碱也能与浓硝酸、浓硫酸发生氧化还原显色反应。

【试剂】

① 钒酸铵溶液 称取 1g 钒酸铵，溶于 1:1000 的硫酸-水溶液中。
② 硒酸钠溶液 称取 0.3g 硒酸钠，溶于 8mL 水中，然后加入 6mL 硫酸，混匀。

【操作步骤】

取适量样品捣碎后榨汁，放入烧杯中，残渣用水洗涤，将洗液与汁液混合，取上清液用氨水碱化，蒸发至干。残渣用 95% 热乙醇提取 2 次，过滤，滤液用氨水碱化，使龙葵碱沉淀，过滤。

取少量沉淀加入 1mL 钒酸铵溶液，观察颜色变化。

取少量沉淀加入 1mL 硒酸钠溶液，温热，冷却后观察颜色变化。

将马铃薯发芽部位切开，在出芽部位分别滴加浓硝酸和浓硫酸，观察颜色变化。

【结果判定】

阳性结果为：

① 加入 1mL 钒酸铵溶液，呈现黄色，以后逐渐转变为橙红色、紫色、蓝色、绿色，最后颜色消失。

② 加入 1mL 硒酸钠溶液，温热，冷却后呈紫红色，后转为橙红色、黄橙色、黄褐色，最后颜色消失。

③ 滴加浓硝酸和浓硫酸，显玫瑰红色。

【注意事项】

在实验过程中注意实验安全，小心使用浓硫酸与浓硝酸。

五、麦角毒素的快速测定——化学显色法

麦角毒素是麦角中的主要活性有毒成分，主要是以麦角酸为基本结构的一系列生物碱衍生物，如麦角胺、麦角新碱和麦角毒碱等。麦角胺与麦角毒碱不溶于水，麦角新碱溶于水。麦角生物碱在有氨水的碱性条件下，可溶于氯仿及醚类。当面粉中混入超过 7% 的麦角时，则可能会引起急性中毒。麦角生物碱可直接作用于血管使其收缩，导致血压升高，通过感受器反射性兴奋迷走神经中枢，引起心动过缓；大剂量麦角生物碱能损害毛细血管内皮细胞，导致血管栓塞和坏死，并能阻滞肾上腺素能受体，使肾上腺素的升压作用反转；麦角碱还能兴奋子宫平滑肌，引起子宫强直性收缩。成人口服麦角的最小致死量是 1g。食用 1% 以上麦角的粮食即可引起中毒。

【适用范围】

本方法适用于小麦、大麦、燕麦等谷物类食品。

【检测原理】

在氨碱性条件下，麦角生物碱被氯仿提取，提取物与对二甲氨基苯甲醛反应，液层面呈蓝紫色环。另外，麦角生物碱乙醇溶液在 365nm 紫外光照射下，有强烈的蓝紫色荧光反应。

【试剂】

对二甲氨基苯甲醛溶液：称取 0.125g 对二甲氨基苯甲醛，加 100mL 稀硫酸（取 65mL 硫酸缓缓倒入 35mL 水中，混匀）溶解，然后加 5％氯化铁溶液 0.1mL 混匀。

【操作步骤】

取 20 粒麦角于研钵中，加 5mL 2％酒石酸溶液研成糊状，加入 10mL 乙醚，再次研磨，加入 15mL 氨水，混匀；至分液漏斗中，用氯仿提取三次，每次 10mL 氯仿，合并氯仿层；将氯仿层分为两份。

【结果判定】

一份氯仿提取液加入 2mL 对二甲氨基苯甲醛溶液，在两液接触面出现蓝紫色环，数分钟后，氯仿层呈蓝色，则说明麦角生物碱存在；另一份氯仿提取液置于试管中，水浴加热，挥干氯仿，残留物加无水乙醇溶液溶解，于 365nm 紫外灯下观察，如产生强烈蓝紫色荧光，则说明有麦角生物碱存在。

? 思考题

1. 快速检测食品中黄曲霉毒素含量的意义是什么？哪些常见的食品中含有黄曲霉毒素？如何处理含有黄曲霉毒素的食品？

2. 酶联免疫法测定黄曲霉毒素的原理是什么？在检测过程中，该注意哪些事项？测定黄曲霉毒素的计算公式是什么？

3. 免疫亲和荧光光度法的检测原理是什么？与薄层色谱法比较，其优点与缺点有哪些？在检测中该注意哪些事项？

4. 比较不同真菌毒素使用免疫亲和荧光光度法快速检测过程中操作中的差异，分析其原因。

5. 麦角中毒发生的原因是什么？

6. 河鲀中含河鲀毒素最高的部位在哪里？如何对含河鲀毒素的食品进行样品前处理，以便于最准确地检测其河鲀毒素含量？

7. 氰苷在哪些食品中含量较高？该如何避免氰苷中毒？食品中氰苷的快速检测方法有哪些？

8. 快速检测马铃薯中毒的方法有哪些？其检测原理是什么？

实训 7-1　反向乳胶凝集法快速检测豆瓣酱中肉毒毒素

【目的要求】

通过实训，掌握反向乳胶凝集法快速检测肉毒毒素的原理，掌握反向乳胶凝集实验的操作过程，熟悉乳胶致敏的方法，判断乳胶凝集法的结果，了解其中试剂的配制。

【原理方法】

将肉毒毒素抗体预先吸附在乳胶颗粒上，与食品中的肉毒毒素作用出现凝集，将无活性乳胶颗粒（如聚苯乙烯乳胶）作为载体，将抗原成分（或抗体）包被其表面，形成大颗粒型试剂，可与相对应的抗体（或抗原）结合而出现间接凝集反应。

【器材】

V 型微孔板、酶标仪、振荡器、离心机等、天平、移液管、玻璃棒。

【试剂】

① 封闭液　标准牛血清白蛋白（BSA）。

② 磷酸缓冲液　0.05mol/L pH7.2 的磷酸盐缓冲溶液。

③ 致敏乳胶　选取直径为 0.8μm 的聚苯乙烯，用磷酸缓冲液（PBS）稀释 20 倍，室温保存备用，致敏时取一定体积稀释的乳胶经 PBS 清洗 1 遍，与等体积抗体在微量离心管中混合。37℃水浴 30min，离心去上清液，PBS 清洗 1 次再用封闭液清洗 1 次，最后溶于适量 PBS 中。

④ 生理盐水。

⑤ 抗 A 型肉毒毒素，抗 B 型肉毒毒素。

【操作步骤】

① 样品处理　称取豆瓣酱约 2g，加 5mL 生理盐水振荡 10min，使内容物充分浸出，自然沉降或离心后取上清液；吸取上清液 5mL，一式两份，分别加入 400μg/mL 抗 A 型肉毒毒素、500μg/mL 抗 B 型肉毒毒素各 2mL，再加入 10mL 无菌生理盐水，搅拌均匀，供检测用。

② 测定　选用 10 孔微孔板，每孔加被检标本 25μL、致敏乳胶 25μL，混匀后放入封闭湿润的玻璃圆盘中。在室温环境下放置，每隔 10min、20min、30min 观察 1 次，放置 4h 复核 1 次，判定结果。同时设阳性和阴性对照（生理盐水）。

【结果判定】

① 全部乳胶凝集成絮状团块，液体清亮，表示肉毒毒素检出，呈强阳性（＋＋＋＋）。

② 大部分乳胶凝集成较小的颗粒，液体清亮，表示肉毒毒素检出，呈中阳性（＋＋＋）。

③ 半量乳胶凝集成细小颗粒，液体混浊，表示肉毒毒素检出，呈阳性（＋＋）。

④ 较少量的乳胶凝集成可见的细颗粒，液体混浊，表示肉毒毒素检出，呈弱阳性（＋）。

⑤ 全部乳胶仍为均匀液体，无颗粒，表示肉毒毒素未检出，呈阴性（－）。

【课堂讨论】

① 乳胶凝集现象会不会受时间因素影响？如果结果放置时间过长或过短，会不会直接影响结果的判断？能不能在课堂上摸索观察结果的最佳时间？

② 在操作中最应注意的是操作要非常小心，在实验过程中，哪些操作是不可取的（会直接导致实验结果假阴性或假阳性）？

实训 7-2　ELISA 检测鲜牛乳中金黄色葡萄球菌肠毒素

【目的要求】

掌握金黄色葡萄球菌肠毒素 ELISA 速测法的原理及具体操作，学会实验异常情况分析、结果处理及判断。

【原理方法】

将已知金黄色葡萄球菌肠毒素抗体包被于固态载体微孔板表面，洗除未吸附抗原，加入一定量抗体与待测样品（含有抗原）提取液的混合液，竞争培养后，在微孔板表面形成抗原-抗体复合物。洗除多余抗体成分，然后加入酶标记的抗球蛋白的第二抗体结合物，与吸附在固体表面的抗原-抗体复合物相结合，再加入酶底物。在酶的催化作用下，底物发生降解反应，产生有色物质，通过酶标检测仪测出酶底物的降解量，从而推知被测样品中的抗原量。

反应载体是微孔板中包被针对金黄色葡萄球菌肠毒素的特异性抗体。

【器材】

96 孔微孔板；匀浆机或搅拌器；离心机≥3000～3500r/min；磁力搅拌器；pH 计或 pH 试纸；涡旋振荡器；移液器 100～1000μL；计数板；0.2μm 过滤器；透析袋，酶标仪。

【试剂】

（1）试剂盒内装试剂

① 瓶 1　阴性质控：即用型溶液-1×4mL。

② 瓶 2　阳性质控：葡萄球菌肠毒素 A-50X-1×0.8mL。

③ 瓶 3　洗涤缓冲液-20X-2×60mL。

④ 瓶 4　酶标记物：葡萄球菌肠毒素抗体与过氧化氢酶混合剂-即用型溶液-1×15mL。

⑤ 瓶 5　底物：过氧化脲-1×10mL。

⑥ 瓶 6　发色剂：TMB-1×10mL。

⑦ 瓶 7　反应终止液：H_2SO_4-即用型溶液-1×10mL。

（2）实验室准备试剂

① 提取缓冲液（可选）　$Na_2HPO_4 \cdot 2H_2O$ 35.6g 或 KH_2PO_4 6.8g，溶解于 1000mL 水中。

② pH 调试剂　NaOH（6mmol/L）、HCl（6mmol/L）。

③ 聚乙二醇（M_W>17000）　将 30g 聚乙二醇溶解于 100mL 蒸馏水中，轻微加热。

④ 阳性质控稀释液　按照 1：50 的比例用蒸馏水稀释阳性质控（40μL 阳性质控加 2mL 蒸馏水），混合均匀。

⑤ 发色剂和底物混合液　将 50μL 发色剂和 50μL 底物混合。

【操作步骤】

（1）样品制备

直接取鲜牛乳 10mL，调 pH 值 7.0～7.5。

（2）测定

将相应数量的微孔板条插到微孔板架上：2 个用于阴性质控（1 个阴性质控用于表面培养），1 个用于阳性质控，1 个用于样品。

分别加 100μL 阳性质控、阴性质控和样品到标记好的孔中。表面培养微孔板直接加发色剂和底物混合液，使用阴性质控，盖上盖子培养。

室温下振荡孵育 30min，准备好洗涤缓冲液，参照试剂配制。

将微孔液体倒出，向微孔中加入洗涤缓冲液，保持 5～10s，倒出洗涤液，在桌上放置的吸水纸上多次拍打（孔向下），充分吸去微孔中液体。重复洗涤 4 次。

加入 100μL 酶标记物至各孔中，小心不要让枪头碰到边缘。混匀，盖上盖子。

室温下振荡孵育 30min，在孵育结束之前准备好发色剂和底物混合液。

将微孔液体倒出，向微孔中加入洗涤缓冲液，保持 5～10s，倒出洗涤液，在桌上放置的吸水纸上多次拍打（孔向下），充分吸去微孔中液体。重复洗涤 4 次。

各孔中加入 100μL 发色剂和底物混合液，丢弃剩余的混合液。发色剂和底物也可以事先不混合，分别向微孔中加入 50μL。室温下振荡孵育 30min。

往每个微孔中加入 100μL 反应终止液，与加底物的步骤相同。混合反应液确保染色成功，反应液由蓝色会变成黄色。在 450nm 条件下以空气为空白，测量吸光值。

【结果判定】

（1）实验确认

阳性质控的吸光值要至少不低于 0.50；阴性质控的吸光值不高于 0.50。如果质控结果达不到上述要求，则测定结果无效。

食品提取物阈值计算　阈值＝阴性质控吸光值平均值＋0.20。

表面培养阈值计算　阈值＝无菌培养基阴性质控吸光值＋0.10。

（2）结果判定

① 阳性结果　如果样品吸光值不低于阈值，则结果显示阳性。

② 阴性结果　如果样品吸光值低于阈值－0.05，则结果显示阴性。

③ 假阳性结果　如果样品吸光值介于阈值－0.05 和阈值之间，则结果显示假阳性，需要再进行透析浓缩重新测定。

【课堂讨论】

① 进行实验确认的意义是什么？

② 什么情况下会出现假阳性的实验结果？如果出现假阳性，该如何处理？

③ 是否在实验中对于样品要进行透析浓缩处理？如何处理？

实训 7-3　马铃薯中龙葵碱的快速检测

【目的要求】

掌握马铃薯中龙葵碱的快速检测方法及原理，熟悉实验操作，了解试剂配制。

【原理方法】

龙葵碱能与钒酸铵、硒酸钠显色，且随着时间变化，颜色变化多样，是龙葵碱的特征性反应。同时龙葵碱也能与浓硝酸、浓硫酸发生氧化还原显色反应。

【试剂】

① 钒酸铵溶液　称取 1g 钒酸铵，溶于 1：1000 的硫酸-水溶液中。

② 硒酸钠溶液　称取 0.3g 硒酸钠，溶于 8mL 水中，然后加入 6mL 硫酸，混匀。

【操作步骤】

（1）样品处理

取适量马铃薯捣碎后榨汁，放入烧杯中，残渣用水洗涤，将洗液与汁液混合，取上清液用氨水碱化，蒸发至干。残渣用 95% 热乙醇提取 2 次，过滤，滤液用氨水碱化，使龙葵碱沉淀，过滤取沉淀。

(2) 测定

取少量沉淀加入 1mL 钒酸铵溶液，呈现黄色，以后逐渐转变为橙红色、紫色、蓝色、绿色，最后颜色消失。

取少量沉淀加入 1mL 硒酸钠溶液，温热，冷却后呈紫红色，后转为橙红色、黄橙色、黄褐色，最后颜色消失。

将马铃薯发芽部位切开，在出芽部位分别滴加浓硝酸和浓硫酸，显玫瑰红色。

由上鉴定马铃薯中含有龙葵碱。

【课堂讨论】

① 如何判定马铃薯内含有龙葵碱？

② 在出芽部位滴加的浓硫酸与浓硝酸的量如何控制？

参 考 文 献

[1] 王秉栋. 食品卫生检验手册. 上海：上海科学技术出版社，2003.

[2] 王林，王晶，等. 食品安全快速检测技术手册. 北京：化学工业出版社，2008.

[3] 朱坚，邓晓军. 食品安全检测技术. 北京：化学工业出版社，2006.

[4] 刘岱岳，余传隆，刘鹃华. 生物毒素开发与利用. 北京：化学工业出版社，2007.

[5] 食品卫生检验方法理化标准汇编.

[6] 曹小红. 食品安全与卫生. 北京：科学出版社，2006.

[7] 王晶，王林，黄晓蓉. 食品安全快速检测技术. 北京：化学工业出版社，2002.

[8] 许牡丹，毛跟年. 食品安全性与分析检测. 北京：化学工业出版社，2003.

[9] 吴守全，宋俊峰. 建立快速体外肉毒毒素检验方法研究. 中国卫生检验杂志，2004，14（6）：662-663.

[10] 郭铃. 肉毒毒素食物中毒实验室检测. 现代预防医学，2005，32（12）：1742.

[11] 李凤琴. 生物毒素和中毒控制中常见毒物快速测定技术研究. 中国食品卫生杂志，2005，17（4）：294-302.

[12] 吴斌，秦成，裴轶君，等. 食品中金黄色葡萄球菌肠毒素的快速检测方法. 微生物学通报，2004，31（5）：93-95.

[13] 郝宏兰. 水产品中组胺的测定方法研究. 食品科学，2000，5：46-48.

[14] 左佳，宁保安，孙思明，等. 胶体金免疫层析法检测葡萄球菌 B 型肠毒素. 解放军预防医学杂志，2009，27（3）：168-171.

[15] 刘中勇，刘津，张喆，等. 粮谷类食品中伏马毒素限量标准和检测方法进展. 粮食与饲料工业，2009，7：45-47.

[16] 柳其芳. 测定粮食和饲料中伏马毒素的方法应用研究. 中国热带医学，2005，5（7）：1523-1526.

[17] 权英，王硕，王向红. 伏马毒素 B_1 酶联免疫分析方法研究. 国外医学卫生学分册，2006，33（3）：182-186.

[18] 丁建英，韩剑众. 赭曲霉毒素 A 的研究进展. 食品研究与开发，2006，27（3）：112-114.

模块八　包装材料有害释出物快速检测技术

知识与能力目标

1. 掌握 ATP 快速荧光检测仪的使用方法和固相微萃取技术在食品包装安全快速检测中的应用；

2. 熟悉食品包装霉菌快速检测方法和食品包装材料中甲醛及乙醛的快速测定；

3. 了解食品包装材料存在的安全问题。

职业素养目标

1. 具有一定的法律意识和食品安全意识，具有高度的社会责任感和专业使命感。

2. 强调科学严谨的工作态度，融入持续学习和创新精神。

📖 背景知识

食品包装是现代食品工业的最后一道工序，它起着保护、宣传和方便食品储藏、运输、销售的重要作用。在一定程度上，对食品质量产生直接或间接的影响。食品包装与食品安全有着密切的关系，食品包装必须保证被包装食品的卫生安全。目前我国允许使用的食品容器、包装材料从原料上可分为塑料制品，天然、合成橡胶制品，陶瓷、搪瓷容器，铝、不锈钢、铁质容器，玻璃容器，食品包装用纸，复合薄膜、复合薄膜袋，竹木，棉麻等。

1. 塑料

塑料是一种以高分子聚合物——树脂为基本成分，再加入一些用来改善其性能的各种添加剂制成的高分子材料。塑料包装材料作为包装材料的后起之秀，因其原材料丰富、成本低廉、性能优良、质轻美观的特点，成为近 40 年来世界上发展最快的包装材料。塑料包装材料内部残留的有毒有害物质迁移、溶出而导致食品污染，主要有以下几方面。

（1）树脂本身所具有的毒性　树脂中未聚合的游离单体、裂解物（氯乙烯、苯乙烯、酚类、丁腈胶、甲醛）、降解物及老化产生的有毒物质对食品安全均有影响。聚氯乙烯游离单体氯乙烯（VCM）具有麻醉作用，可引起人体四肢血管的收缩而产生痛感，同时具有致癌、致畸作用，它在肝脏中形成氧化氯乙烯，具有强烈的烷化作用，可与 DNA 结合产生肿瘤。聚苯乙烯中残留物质苯乙烯、乙苯、甲苯和异丙苯等对食品安全构成危害。苯乙烯可抑制大鼠生育，使肝、肾质量减轻。低分子量聚乙烯溶于油脂产生蜡味，影响产品质量。

（2）塑料包装表面污染　因塑料易带电，易吸附微尘杂质和微生物，从而对食品造成污染。

（3）塑料制品在制造过程中添加的稳定剂、增塑剂、着色剂等助剂的毒性　几乎所有品牌的塑料桶装食用油中，都含有邻苯二甲酸二丁酯（DBP）和邻苯二甲酸二辛酯（DOP）这两种增塑剂，而这两种增塑剂具有很强的促衰老及致突变作用。

（4）非法使用的回收塑料中的大量有毒添加剂、重金属、色素等对食品造成的污染　塑料材料的回收利用是大势所趋，由于回收渠道复杂，回收容器上常残留有害物质，难以保证清洗处理完全。有的为了掩盖回收品质量缺陷，往往添加大量涂料，导致涂料色素残留多，造成对食品的污染。因监管不力，甚至大量的医学垃圾塑料被回收利用，这些都给食品安全造成隐患。

（5）油墨污染　油墨中主要物质有颜料、树脂、助剂和溶剂。油墨厂家往往考虑树脂和助剂对安全性的影响，而忽视颜料和溶剂间接对食品安全的危害。有的油墨为提高附着牢度会添加一些促进剂，如硅氧烷类物质，此类物质会在一定的干燥温度下使基团发生键断裂，生成甲醇等物质，而甲醇会对人的神经系统产生危害。在塑料食品包装袋上印刷的油墨，因一些有毒物不易挥发，对食品安全的影响更大。

（6）复合薄膜用黏合剂　黏合剂大致可分为聚醚类黏合剂和聚氨酯类黏合剂。聚醚类黏合剂正逐步被淘汰，而聚氨酯类黏合剂有脂肪族和芳香族两种。黏合剂按照使用类型还可分为水性黏合剂、溶剂型黏合剂和无溶剂型黏合剂。水性黏合剂对食品安全不会产生影响，但由于功能方面的局限，在我国还没有广泛被应用，我国主要还是使用溶剂型黏合剂。我国使用的溶剂型黏合剂有 99% 的是芳香族黏合剂，它含有芳香族异氰酸酯，用这种袋装食品后经高温蒸煮，可使其迁移至食品中并水解生成致癌物质芳香胺。

2. 纸类

纸包装材料因其一系列独特的优点，在食品包装中占有相当重要的地位。单纯的纸是卫生、无毒、无害的，且在自然条件下能够被微生物分解，对环境无污染。纸中有害物质的来源及对食品安全的影响主要存在以下几个方面。

（1）造纸原料本身带来的污染　生产食品包装纸的原材料有木浆、草浆等，存在农药残留。有的使用一定比例的回收废纸造纸，废旧回收纸虽然经过脱色，但只是将油墨颜料脱去，而有害物质铅、镉、多氯联苯等仍可留在纸浆中；有的采用霉变原料生产，使成品含有大量霉菌。

（2）造纸过程中的添加物　造纸需在纸浆中加入化学品，如防渗剂、施胶剂、填料、漂白剂、染色剂等。纸的溶出物大多来自纸浆的添加剂、染色剂和无机颜料。其中多使用各种金属，这些金属即使在毫克/千克（mg/kg）级以下亦能溶出而致病。在纸的加工过程中，尤其是使用化学法制浆，纸和纸板通常会残留一定的化学物质，如硫酸盐法制浆过程残留的碱液及盐类。食品安全法规定，食品包装材料禁止使用荧光染料或荧光增白剂，它是一种致癌物。此外，从纸制品中还能溶出防霉剂或树脂加工时使用的甲醛。

（3）油墨造成的污染　我国没有食品包装专用油墨，在纸包装上印刷的油墨，大多是含甲苯、二甲苯的有机溶剂型凹印油墨，为了稀释油墨常使用含苯类溶剂，造成残留的苯类溶剂超标。苯类溶剂在 GB 9685 标准中不被许可使用，但仍被大量使用。在油墨所使用的颜料、染料中存在着重金属（铅、镉、汞、铬等）、苯胺或稠环化合物等物质，引起重金属污染，苯胺类或稠环类染料则是明显的致癌物质。印刷时因包装材料相互叠在一起，造成无印刷面也接触油墨，形成二次污染。所以，纸制包装印刷油墨中的有害物质对食品安全的影响很严重。为了保证食品包装安全，采用无苯印刷将成为发展趋势。

（4）储存、运输过程中的污染　纸包装物在储存、运输时表面受到灰尘、杂质及微生物污染，对食品安全造成影响。

3. 金属

金属包装材料是传统包装材料之一，用于食品包装有近200年的历史。金属包装材料以金属薄板或箔材为原料加工成各种形式的容器用于包装食品。由于金属包装材料的高阻隔性、耐高温性、废弃物易回收等优点，在食品包装上的应用越来越广。金属作为食品包装材料最大的缺点是化学稳定性差，不耐酸碱，特别是用其包装高酸性食品时易被腐蚀，同时金属离子易析出，从而影响食品风味。铁制容器的安全问题主要是镀锌层接触食品后锌会迁移至食品中引起食物中毒。铝制材料含有铅、锌等元素，长期摄入会造成慢性蓄积中毒；铝的抗腐蚀性很差，易发生化学反应析出或生成有害物质。不锈钢制品中加入了大量镍元素，受高温作用时，使容器表面呈黑色；同时其传热快，容易使食物中不稳定物质发生糊化、变性等，还可能产生致癌物；不锈钢不能与乙醇接触，乙醇可将镍溶解，导致人体慢性中毒。因此，一般需要在金属容器的内外壁施涂涂料。内壁涂料是涂布在金属罐内壁的有机涂层，可防止内容物与金属直接接触，避免电化学腐蚀，延长食品货架期，但涂层中的化学污染物也会在罐头的加工和储藏过程中向内容物迁移，造成污染。这类物质有BPA（双酚A）、及其衍生物等。双酚A环氧衍生物是一种环境激素，通过罐头食品进入人体内，造成内分泌失调及遗传基因变异。

4. 玻璃

玻璃是一种古老的包装材料。3000多年前埃及人首先制造出玻璃容器，从此玻璃成为食品及其他物品的包装材料。玻璃是硅酸盐、金属氧化物等的熔融物，是一种惰性材料，无毒无害。玻璃作为包装材料的最大特点是：高阻隔性、光亮透明、化学稳定性好、易成型。其用量占包装材料总量的10%左右。

（1）熔炼过程中有毒物质的溶出　一般来说，玻璃内部离子结合紧密，高温熔炼后大部分形成不溶性盐类物质而具有极好的化学惰性，不与被包装的食品发生作用，具有良好的包装安全性。但是熔炼不好的玻璃制品可能产生来自玻璃原料的有毒物质溶出问题。所以，对玻璃制品应做水浸泡处理或加稀酸加热处理。对包装有严格要求的食品、药品可改钠钙玻璃为硼硅玻璃，同时应注意玻璃熔炼和成型加工质量，以确保被包装食品的安全性。

（2）重金属含量的超标　高档玻璃器皿中如高脚酒杯往往添加含铅化合物，加入量一般为玻璃的30%左右。这是玻璃器皿中较突出的安全问题。

（3）加色玻璃中着色剂的安全隐患　为了防止有害光线对内容物的损害，用各种着色剂使玻璃着色而添加的金属盐，其主要的安全问题是从玻璃中溶出的迁移物，如添加的铅化合物可能迁移到酒或饮料中，二氧化硅也可溶出。

5. 陶瓷

我国是使用陶瓷制品历史最悠久的国家。与金属、塑料等包装材料制成的容器相比，陶瓷容器更能保持食品的风味。

陶瓷包装材料用于食品包装的卫生安全问题主要是指上釉陶瓷表面釉层中重金属元素铅或镉的溶出。一般认为陶瓷包装容器是无毒、卫生、安全的，不会与所包装食品发生任何不良反应。但长期研究表明，釉料主要由铅、锌、镉、锑、钡、铜、铬、钴等多种金属氧化物及其盐类组成，多为有害物质。陶瓷在 1000～1500℃ 下烧制而成，如果烧制温度低，彩釉未能形成不溶性硅酸盐，在使用陶瓷容器时易使有毒有害物质溶出而污染食品。如盛装酸性食品（如醋、果汁）和酒时，这些物质容易溶出而迁入食品，引起安全问题。国内外对陶瓷包装容器铅、镉溶出量均有允许极限值的规定。

通过以上对食品包装材料及主要材质安全性的介绍，可以看出，食品包装材料的安全性存在着很大的问题。因此，对食品包装材料中的有害物质进行检测是非常必要的。但是，随着社会的进步和科学技术的快速发展以及人们对检测速度越来越快的要求，传统的食品包装材料检测手段已渐渐无法满足需要，由此产生了食品包装材料快速检测技术。近年来这类技术得到了快速的发展。

项目一　食品包装材料现场快速检测

一、食品包装材料中三磷酸腺苷的荧光现场快速检测

【适用范围】

本方法适用于塑料、纸类、金属、玻璃、陶瓷等食品包装材料。

【检测原理】

三磷酸腺苷即 ATP，是广泛存在于生物体内的一种能量物质。实验证明，在生理条件下，每个细菌细胞中所含 ATP 的含量大致相同，约为 10^{-18} mol/个。萤火虫荧光素酶简称虫光素酶，是一种能将化学能转变为光能的活性蛋白质，即生物催化剂。ATP 在虫光素酶的催化作用下，与荧光素在有氧环境及二价镁离子作用下，反应释放出荧光。在荧光素及虫光素酶过量情况下，释放的荧光与 ATP 在一定范围内呈线性关系，因此可以通过测量荧光强度检测样品中的 ATP，进而检测其中的细菌总数。

【主要仪器】

这种方法所用的仪器为 ATP 快速荧光检测仪。ATP 快速荧光检测仪可检测人体细胞、细菌、霉菌、食物残渣，在 15s 内得到反应结果。ATP 快速荧光检测仪在 1975 年被应用到食品工业中。此仪器有下面几个特点：①最新的试剂形式——单次实验剂量包装；②高灵敏度、低干扰、信噪比高；③具有较高单位的 ATP 光输量；④具有较高的精确度和准确度；⑤操作简便；⑥在 28℃ 情况下试剂保质期长达 12 个月。

【试剂】

荧光素及虫光素酶。

【操作步骤】

① 涂抹擦拭被检测物（图 8-1）。
② 掰断阀芯。
③ 挤入试剂。
④ 放入机器。

【结果判定】

根据仪器显示判定细菌和霉菌数量。

(a) 涂抹　　　　(b) 掰断阀芯　　(c) 挤入试剂　　　　(d) 放入机器

图 8-1　食品包装材料中细菌、霉菌的现场快速检测

二、食品包装材料中甲醛的现场快速检测

甲醛用途极为广泛，在药品，黏合剂，三聚氰胺甲醛树脂（MF）、漆酚树脂、环氧酚醛树脂等包装材料以及容器内壁涂料中常含有甲醛。然而甲醛是一种破坏生物细胞蛋白质的原生质毒物，并有致癌作用。因此，食品包装材料中甲醛的准确、快速检验具有一定的意义。

适用范围：塑料制品的包装材料。

1. 亚硝基亚铁氰化钠法

【样品处理】

将样品剪成小碎片，用天平称取样品 10g，放至样品处理杯中。加入 20mL 蒸馏水或纯净水，充分振摇 50 次以上，浸泡 10～15min；吸取样品提取液上清液，备用。

其他同模块五中甲醛的快速测定中的亚硝基亚铁氰化钠法。

【注意事项】

① 使用的试剂注意是否必须现用现配。

② 可根据显色的程度与标准色卡比较，半定量判定食品中甲醛的参考含量，注意显色时间。

③ 对于测定结果为阳性的样品应慎重处置，建议送样品至实验室或法定检测机构做精确定量。

2. AHMT 法

样品处理同上，其他同模块五中甲醛的快速测定中的 AHMT 法。

3. 三氯化铁法

样品处理同上，其他同模块五中甲醛的快速测定中的三氯化铁法。

项目二　食品包装材料实验室快速检测

一、食品包装材料中霉菌的快速检测

食品包装材料中霉菌的快速检测方法比传统检测法节省 4～5 天。按传统方法检测，需要经过配制培养基、培养基和所需器械灭菌等多道程序，耗时达 5～7 天。该方法利用快速检测盒只需 1～2 天即可，适用于中小企业随时进行霉菌指标检测。

1. 适用范围

本方法适用于塑料、纸类、金属、玻璃、陶瓷等食品包装材料。

2. 食品包装材料中霉菌检测滤纸片的使用方法

① 打开检测盒，用消毒的镊子取出滤纸片，并放入无菌的培养皿内。

② 将 5mL 无菌水倒入待测食品包装材料中，反复摇动数次，将含有的霉菌孢子洗下。

③ 用无菌吸管或移液器取出 2.4mL 洗涤液，均匀滴加在滤纸片上。

④ 将装有滤纸载体的培养皿放入 28~30℃培养箱内，培养 36~48h，观察生长的霉菌数。

⑤ 每个样品至少做三个重复。如滤纸片上长出的霉菌数量很多，需要对洗涤液进行相应的稀释。

二、食品包装材料中有害化学物质的快速检测

1. 甲醛的快速测定

国外检测食品包装材料中甲醛采用变色和乙酰丙酮比色法，我国国家标准采用示波极谱法。比色法和示波极谱法操作烦琐，特别是受乙醛、酚、葡萄糖等成分的影响较大，方法重现性差，故在应用上受到一定限制。结合当今研究进展，本书介绍快速测定食品包装材料中甲醛的衍生气相色谱法。

本方法适用于罐头内壁环氧酚醛树脂、涂料、涂膜和易拉罐内壁涂料膜中游离甲醛的测定。该法具有衍生物稳定、抗干扰能力强、操作简便、检测快速、线性范围好、检出限低等优点。经对实际样品分析并与国家标准方法进行对比，结果令人满意。

【检测原理】

2,4-二硝基苯肼（DNPH）为衍生剂，在酸性介质中与甲醛反应生成相应的腙，经环己烷萃取，用配有电子捕获检测器（ECD）的气相色谱仪测定生成的腙，间接测定食品包装材料中的游离甲醛。

【主要仪器】

① HP 6890 型气相色谱仪，附有电子捕获检测器、氢火焰离子化检测器（FID）及数据处理设备。

② HP G1800A 型气相色谱-质谱联用仪；氮气（纯度≥99.99%），氢气（纯度≥99.95%），空气。

③ 具塞比色管，水浴锅。

【试剂】

① 乙酸、甲醛（36%~38%水溶液）。

② 2,4-二硝基苯肼溶液：称取 0.500g 2,4-二硝基苯肼溶解于 3mL 浓硫酸（分析纯）中，用蒸馏水稀释，冷却后定容至 100mL。

③ 甲醛标准溶液：取甲醛溶液按国家标准配制，并标定其浓度，使用前稀释至 1g/mL。

④ 环己烷（分析纯）。

⑤ 实验用水由 PL5241 型 PALL 超纯水机制备。

【色谱条件】

色谱柱：50m×0.32mm×1.0m DB-5 柱。柱流量：1.8mL/min。柱温：230℃恒温。

进样量：1.0μL。分流比为 50：1。汽化室温度：250℃。辅助气：N₂。FID 检测器：温度 300℃。ECD 检测器：温度 300℃。MS 检测器：电离方式 EI，电子能量 70eV，离子源温度 250℃，接口温度 300℃，扫描范围 20～400u，电子倍增电压＋1400V。

【标准曲线的绘制】

精密吸取 1g/mL 的甲醛标准溶液 0mL、0.50mL、1.00mL、2.00mL、4.00mL、8.00mL，分别置于 10mL 具塞比色管中，加水至 10mL。加入 0.3mL 2,4-二硝基苯肼溶液，摇匀后置于 60℃ 水浴 15min，然后在流水中快速冷却，加入 5mL 环己烷，超声萃取 2min，连续萃取三次，收集三次萃取液，按上述色谱条件，取环己烷层 1.0μL 进样分析，每种浓度重复三次，取峰面积的平均值，以甲醛含量对峰面积作图，绘制标准曲线。

【样品处理】

将空心制品置于水平桌面上，用量筒注入水至离上边缘（溢出面）5mm 处，记录其体积（V），精确至±2％。用 4％乙酸浸泡时，先将需要量的水加热至 95℃，再加入计算量的 36％乙酸，使其浓度达到 4％，浸泡 0.5h，备用。

【样品测定】

吸取处理的样品溶液 10mL，移入 10mL 具塞比色管中，加入 0.3mL 2,4-二硝基苯肼溶液，以下步骤与标准曲线的绘制相同。

【结果计算】

根据公式 $X = m/V$ 计算测定的结果。式中，X 为试样浸泡液中甲醛的含量（mg/L）；m 为测定时所取试样浸泡液中甲醛的质量（mg）；V 为测定时所取试样浸泡液体积（L）。

【注意事项】

① 衍生反应 醛类物质在酸性介质中能与 2,4-二硝基苯肼反应生成稳定的碱。本法生成相应的甲醛腙（HCHO-DNPH），经环己烷萃取，利用电子捕获检测器气相色谱法测定衍生物，以保留时间定性，峰面积定量，间接测定食品包装材料中痕量甲醛。衍生剂用量和酸性是影响衍生反应的重要因素。适度的酸性有助于促进甲醛与 2,4-二硝基苯肼的反应，过强的酸性会损坏毛细管柱。不同的酸对衍生效果影响不同，经比较盐酸、硫酸和乙酸的影响，硫酸的衍生效果最好，其最佳酸度为 0.54mol/L。

② 衍生物的稳定性 生成的衍生物在冰箱中保存 240h 后，含量基本不变。

③ 萃取条件的选择 环己烷的用量和萃取的次数影响萃取效果。环己烷萃取体积太大，测定溶液的浓度偏低，从而影响测定结果的精密度和准确性，因此要控制环己烷的用量。

2. 乙醛的气相色谱快速检测方法

【适用范围】

本方法适用于塑料制品包装材料。

【检测原理】

直接用固体样品分析可大大提高灵敏度。固体加热适当时间，样品中挥发性成分与周围的气体达到动态平衡，这种平衡与聚合物的温度临界点、温度有关，也与样品物理形态有关，其平衡时间很短。如果样品是多孔的颗粒或薄片，扩散路径短，则更易达到平衡。

【操作步骤】

① 样品用液氮冷冻粉碎，取 2g 于顶空瓶中，密封瓶塞，130℃ 加热 1h。

② 于 92℃平衡 30min，取顶空分析，用 $4m \times 1/8\mu m$ Porapak Q 色谱柱，检测器 FID，$0 \sim 300\mu g/L$ 呈线性。

该法的优点是灵敏度高；可避免溶剂污染；平衡时间快。缺点是不能用标准添加法定量，较大的样品粉碎时需在冷冻条件下进行，否则粉碎碾磨温度升高使被测组分损失。固体法还可应用于原料糖发酵成分分析、粮食熏蒸剂残留分析、薄膜印刷油墨溶剂残留分析。

？ 思考题

ATP 快速荧光检测仪的检测原理是什么？它与传统方法比较，优点体现在哪些方面？

实训8-1 ATP 快速荧光检测仪的使用

【目的要求】

掌握 ATP 快速荧光检测仪的使用方法。

【原理方法】

通过虫光素酶与 ATP 进行反应，可检测人体细胞、细菌、霉菌、食物残渣，在 15s 内得到反应结果。

【器材】

① ATP 快速荧光检测仪。

② 建议采用的样品：金属罐头盒。

【试剂】

荧光素及虫光素酶。

【操作步骤】

① 涂抹擦拭被检测物。

② 掰断阀芯。

③ 挤入试剂。

④ 放入机器。

【课堂讨论】

根据你所掌握的知识，ATP 快速荧光检测仪可应用于哪些方面？

实训8-2 食品包装材料中霉菌的快速检测

【目的要求】

掌握塑料、纸类、金属、玻璃、陶瓷等食品包装材料中霉菌的快速检测方法。

【原理方法】

通过霉菌检测滤纸片来检测食品包装材料上的霉菌只需 1～2 天，比传统检测法节省 4～5 天。

【器材】

① 食品包装材料霉菌快速检测盒，霉菌培养箱，镊子，培养皿，吸管（或移液器），恒温培养箱。

② 建议采用的样品：包装食品的硬纸盒。

【操作步骤】

① 打开检测盒，用消毒的镊子取出滤纸片，并放入无菌的培养皿内。

② 将 5mL 无菌水倒入待测食品包装材料中，反复摇动数次，将含有的霉菌孢子洗下。

③ 用无菌吸管或移液器取出 2.4mL 洗涤液，均匀滴加在滤纸片上。

④ 将装有滤纸载体的培养皿放入 28～30℃ 培养箱内，培养 36～48h，观察生长的霉菌数。

⑤ 每个样品至少做三个重复。如滤纸片上长出的霉菌数量很多，需要对洗涤液进行相应的稀释。

【课堂讨论】

你认为食品包装材料霉菌快速检测盒的应用前景如何？

<h2 style="text-align:center">参 考 文 献</h2>

[1] 刘浩，赵笑虹. 食品包装材料安全性分析. 中国食物与营养，2009，5：11-14.

[2] 岳伟伟，周爱玉，何保山，等. 基于生物发光技术的细菌总数快速检测仪. 微纳电子技术，2007，7（8）：387-390.

[3] 薛宏江. 食品包装霉菌快速检测方法. 江苏调味副食品，2008，(1)：45.

[4] 张爱平，王华，张文国，等. 衍生气相色谱法快速测定食品包装材料中甲醛. 分析科学学报，2007，23（1）：91-94.

[5] 张文德，孙仕萍，马志东，等. 食品包装材料中甲醛的极谱快速测定. 卫生研究，2003，32（4）：391-393.

[6] 李润岩，原现瑞，李挥，等. 固相微萃取技术在食品包装材料检测中的应用. 塑料助剂，2008，4：16-18.

[7] 马素勤. 食品包装材料中挥发性物质的分析方法. 医学动物防制，2008，24（12）：935.

附录 1 ELISA 标准曲线制作

可以采用各种绘图软件来绘制 ELISA 标准曲线，下面以 "Curve Exert 1.3" 软件为例，绘制 ELISA 标准曲线的方法如下。

1. 启动 "Curve Expert 1.3"。

2. X 轴输入标准品的 OD 值，Y 轴输入所对应的浓度值，如图所示。

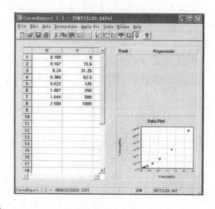

3. 单击［运行］ 按钮，出现如下对话框。

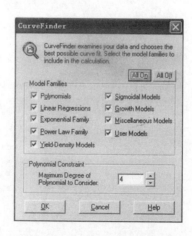

4. 单击［OK］按钮，出现如下两个对话框，关闭下面一个对话框。

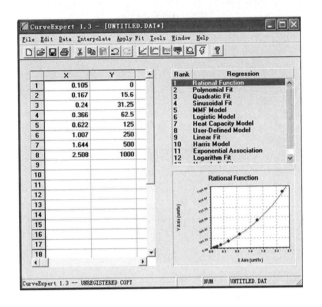

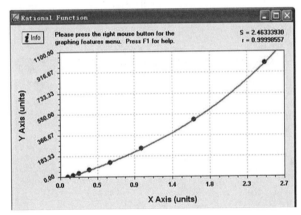

5. 在对话框的右上角出现一些曲线的名称，从"1"开始依次点击曲线名称，在右下角会出现相应拟合的曲线。

Rank	Regression
1	Rational Function
2	Polynomial Fit
3	Quadratic Fit
4	Sinusoidal Fit
5	MMF Model
6	Logistic Model
7	Heat Capacity Model
8	User-Defined Model
9	Linear Fit
10	Harris Model
11	Exponential Association
12	Logarithm Fit

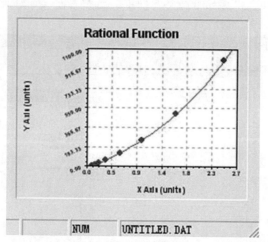

6. 根据拟合的曲线选取 ELISA 拟合度最佳的曲线双击，出现如下对话框。

注意：选择系数（即"r"值）最好的曲线方程来进行运算。在下面的对话框

右上角有"r"值 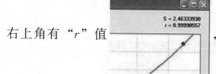 ，"r"值越接近 1 拟合度越好。

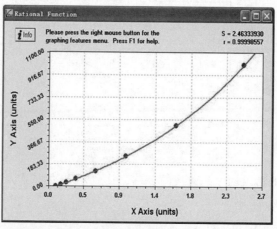

7. 按［Ctrl］键＋［L］键，出现如下对话框。

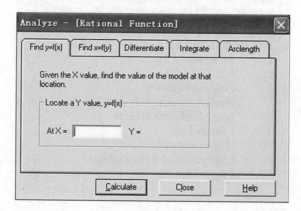

8. 输入标准的 OD 值，单击 [Calculate] 按钮，即可得到待测样品的实际含量（样本稀释了 N 倍，运算出的数值应再乘以 N）。

9. 如想得到 ELISA 拟合曲线的方程，可在步骤 6 的对话框空白处右击，选择 [Information]。

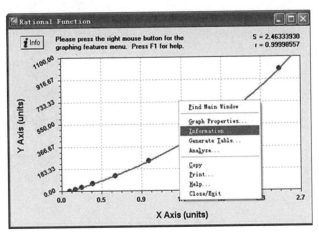

10. 得到如下对话框：点击 [Copy]。

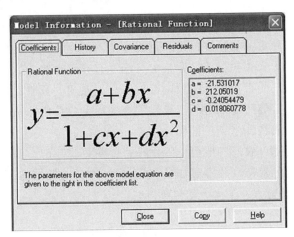

在需要的位置粘贴即可得到如下数据。

Rational Function：$y=(a+bx)/(1+cx+dx^2)$

附录2　17类食品及生产加工环节安全快速检测项目

1. 粮　　食

【主要安全问题】　粮食在收购、销运、储存等环节中，如果温度、相对湿度和通风等条件不合适，很容易受多种霉菌的污染；生产过程中，不规范使用农药导致农药残留超标、用污染严重的水灌溉导致重金属超标等；原粮中可能混有有毒植物，如毒麦和曼陀罗籽等；原粮加工不正确，未消除某些有毒成分导致中毒，如未煮熟透的豆浆；运输工具、仓储设备被有毒有害物质污染，杀鼠等药物保管不当导致的意外污染；使用非法添加物；掺伪，如在大米中掺入霉变米、陈米或将陈米染色销售等。

【快速检测参考项目】　农药、鼠药、陈化粮、生熟豆浆、砷、亚硝酸盐、硼酸盐、可疑掺入物如水溶性非食用色素、真菌毒素如黄曲霉毒素 B_1、黄曲霉毒素 M_1、总黄曲霉毒素、伏马菌素 B_1、赭曲霉毒素 A、玉米赤霉烯酮等。

2. 食用油脂

【主要安全问题】　油脂包装、储存不当而发生酸败；误食误用了有毒有害植物油，如桐油、大麻油等；高温条件下反复使用的油脂；植物原料加工前有霉变可导致植物油中含有毒素，如黄曲霉毒素超标等；浸出溶剂残留超标；压榨油加工中机械润滑油（矿物油）不慎污染；人为加入液体石蜡（矿物油）等。

【快速检测参考项目】　酸价、过氧化值、极性组分、矿物油、非食用有毒有害植物油（桐油、大麻油、巴豆油、蓖麻油）、真菌毒素如黄曲霉毒素 B_1。

3. 蔬菜和水果

【主要安全问题】　农药施洒不当或施洒农药后蔬菜、水果的采摘时间不当而引起的农药残留超标或农药中毒问题；某些果蔬自身含有有毒有害物质，如生扁豆中含有皂素、鲜黄花菜中含有生物碱、发芽土豆中含有龙葵素、银杏果中含有氰化物等；氮肥施撒过量导致的硝酸盐含量超标问题；不新鲜的蔬菜或腌制菜容易导致的亚硝酸盐含量超标问题；工业废水灌溉或废气排放引起的污染问题；某些蔬菜或水果在二次加工中乱用防腐剂、增白剂等，如竹笋、黄花菜、蜜饯、果脯等二氧化硫残留超标问题；人畜粪肥处理不当会对果蔬污染，尤其是肠道致病菌和寄生虫卵的污染。

【快速检测参考项目】　农药残毒、亚硝酸盐、硝酸盐、砷、二氧化硫、可能存在的危害性物质（如豆角生熟）等。

4. 肉与肉制品

【主要安全问题】　肉与肉制品存放不当或存放时间过长而腐败变质；饲养过程中使用违禁药物（如莱克多巴胺、催长激素等）；畜禽防病、患病使用的大量抗生素；病害肉流入市场；注水肉，特别注入的是不洁净的水；宰杀后牲畜的胴体或制品中加入超量的发色剂如硝酸盐、亚硝酸盐；肉制品加工中使用非法防腐剂、非食用色素等；大块肉在加工中，中心温度 70℃持续不到 10min 导致的隐患。

【快速检测参考项目】　变质肉、病害肉、注水肉、莱克多巴胺、亚硝酸盐、硝酸盐、非食用色素、细菌总数、大肠菌群、致病菌。

5. 水产品及水产制品

【主要安全问题】　运输、储藏不当而造成的产品腐败变质、食物中毒；有毒鱼种（如河鲀等）混入消费市场；含组胺较高的鱼体（如鲭鱼等）或由细菌引起的变质使组胺大量增加；污染水质对产品造成的有机物或无机物污染，如蛤蜊中甲肝病毒富集，水产品中砷、汞富集等；生食水产品导致寄生虫侵入人体；水发水产品中的甲醛、双氧水等；水产品添加的非食用添加物或违禁药物，如用工业染料对鱼体着色，采用孔雀石绿化学物质杀菌养鱼等。

【快速检测参考项目】　水发水产品：溶液酸碱度、甲醛、双氧水；水产品及水产制品：砷、汞、孔雀石绿等水溶性非食用色素。

6. 乳与乳制品

【主要安全问题】　由于乳与乳制品的高营养特性，一旦遭受微生物污染即可在短时间内大量繁殖；运输、加工过程中的污染；人为的掺杂造假。

【快速检测参考项目】　变质牛乳、蛋白质含量、亚硝酸盐、硝酸盐、农药残毒、砷、金黄色葡萄球菌、阪崎肠杆菌、大肠菌群、大肠杆菌、细菌总数、牛乳水分、碱性物质、淀粉和麦芽糊精、尿素、三聚氰胺。

7. 蛋与蛋制品

【主要安全问题】　微生物污染、存放不当或时间过长导致腐败变质；有害金属、农药、兽药残留。

【快速检测参考项目】 鸡蛋鲜度、亚硝酸盐、细菌总数、大肠菌群、致病菌、霉菌、酵母菌、铅等。

8. 面粉、米粉及糕点类食品

【主要安全问题】 原料面粉的含水量大于 15％时，易于霉菌繁殖，当温度在 30℃以上时，霉菌繁殖速度非常快；包装或操作不当导致霉变或致病菌污染；高脂制品储存不当导致油脂酸败、变质；原料和加工中有害金属的污染；使用非法添加物，如加入硼酸盐用于防虫杀虫等；过量使用食品添加剂或掺杂造假等，如在面粉或米粉中掺入滑石粉、石膏粉、吊白块及增白剂等。

【快速检测参考项目】 滑石粉、石膏粉、新鲜（陈化）度、吊白块、二氧化硫、硼酸盐、亚硝酸盐、砷、油脂酸价与过氧化值、黄曲霉毒素 B_1、霉菌、酵母菌、大肠菌群、致病菌。

9. 豆类及豆制品

【主要安全问题】 生豆类如大豆、扁豆等含有对人体有害的蛋白酶抑制成分；生豆类尤其是生菜豆类含有对人体有害的红细胞凝集素、致甲状腺肿素、氰苷；豆制品加工中添加剂的不规范使用；霉菌和细菌的污染问题；豆制品加工所用油脂的酸败问题以及有毒化学物或杂物的混入等。

【快速检测参考项目】 生熟豆浆或生熟豆粉、二氧化硫、砷、黄曲霉毒素 B_1、大肠菌群、致病菌。

10. 酒　　类

【主要安全问题】 白酒（蒸馏酒）的主要安全问题是甲醇超标，不法分子使用工业酒精勾兑白酒导致的甲醇急性中毒；其他酒类存在的主要安全问题是微生物引起的变质，如啤酒、果酒因包装不干净等而变质；果酒生产原料中的二氧化硫残留超标问题；果酒添加色素问题。

【快速检测参考项目】 白酒（蒸馏酒、烧酒）中甲醇、果酒中色素及二氧化硫。

11. 饮料与冷饮

【主要安全问题】 生产加工、销售及储存中微生物（包括致病菌）的污染；有害化学物的污染；食品添加剂的使用不当和非法添加物。

【快速检测参考项目】 电导率、水溶性非食用色素、亚硝酸盐、砷、细菌总数、大肠菌群、致病菌。

12. 罐头食品

【主要安全问题】　不同类别的胖听（即金属装罐头的胀罐）；包装内壁涂料的脱落；食品添加剂的使用不当；重金属的污染，如锡、铅、砷、汞等。

【快速检测参考项目】　亚硝酸盐、非食用色素、砷、汞、大肠菌群、致病菌。

13. 食　糖

【主要安全问题】　加工中有害元素的污染；储存中微生物污染，如红糖和糖果的发霉等；食品添加剂的超量使用如二氧化硫或非法添加物；包装材料不安全，如糖果包装材料的彩色装潢直接接触糖果等。

【快速检测参考项目】　二氧化硫、水溶性非食用色素、砷、大肠菌群、致病菌。

14. 蜂　蜜

【主要安全问题】　误采、误食有毒蜂蜜；包装不当导致污染；金属容器储放蜂蜜；未成熟的蜂蜜及一些掺假蜂蜜的水分较多，导致蜂蜜发酵酸败；不法分子的掺杂掺假。

【快速检测参考项目】　含水量、酸度、糊精、淀粉。

15. 调　味　品

【主要安全问题】　酱油、醋、酱等生产原料中可能被霉菌毒素污染；误将亚硝酸盐作食盐食用；食醋中游离无机酸污染；生产加工中砷、铅、汞等金属污染；掺杂掺假行为的存在，如辣椒粉中加入工业用染料，调味品中非食用色素的使用，味精中掺入食盐，偷工减料导致主成分未达标等。

【快速检测参考项目】　食盐中亚硝酸盐、钡盐、碘，食醋中游离无机酸、总酸，酱油中总酸、氨基酸态氮，味精中谷氨酸钠，非食用色素，砷，汞，黄曲霉毒素 B_1。

16. 膨化食品和方便面食

【主要安全问题】　油脂酸败；微生物和真菌污染；二氧化硫残留问题；食品添加剂的超范围使用及非法添加物（如吊白块）等。

【快速检测参考项目】　二氧化硫、吊白块、甲醛、酸价、过氧化值、亚硝酸盐、黄曲霉毒素 B_1、细菌总数、大肠菌群、致病菌。

17. 食品生产加工环节

【主要安全问题】　熟食加工或餐饮器具不洁净；熟食加工消毒间消毒灯具的不良导致的

消毒不到位；含氯消毒液中有效氯浓度不足导致的消毒不到位；熟食加工食品中心温度不到位导致的杀菌不彻底；煎炸油温度过高导致的极性组分增加；食品运输、储存环境温度的不适导致的食品生物性污染与变质。

【快速检测参考项目】　熟食加工器具或餐饮器具洁净度、食品加工消毒间消毒灯具性能、消毒液有效氯浓度、食品中心温度、煎炸油温度、食品运输、储存环境温度。

18. 食品加工用水

【快速检测参考项目】　色度，浊度，电解质，耗氧量，砷、汞、镉含量，铅、铬含量，氰化物，氟化物，挥发酚，氨氮，余氯，农药，鼠药（毒鼠强、氟乙酰胺、敌鼠钠盐、安妥、磷化锌），亚硝酸盐。

附录3 食品中有害物质容许量标准

1. 国 家 标 准

附表 3-1 食品中真菌毒素限量

（据 GB 2761—2017《食品安全国家标准　食品中真菌毒素限量》）

药物名称	食品	限量(MLs)/(μg/kg)
黄曲霉毒素 B_1	玉米、花生及其制品	20
	大米、植物油(除玉米油、花生油)	10
	其他粮食、豆类、发酵食品	5.0
	酱油、醋、酿造酱	5.0
	婴幼儿配方食品	0.5
黄曲霉毒素 M_1	乳及乳制品	0.5
脱氧雪腐镰刀菌烯醇	小麦、小麦粉、麦片、大麦	1000
	玉米、玉米面	1000
展青霉素	苹果、山楂制品	50

附表 3-2 食品中农药最大残留限量

（据 GB 2763—2021《食品安全国家标准　食品中农药最大残留限量》）

药物名称	食物	最大限量(MLs)/(mg/kg)	再残留限量(MLs)/(mg/kg)
乙酰甲胺磷(杀虫剂)	茶叶	0.1	
	糙米	1	
	小麦、玉米	0.2	
	水果	0.5	
	蔬菜(朝鲜蓟除外)	1	
	棉籽	2	

药物名称	食物	最大限量（MLs）/（mg/kg）	再残留限量（MLs）/（mg/kg）
三氟羧草醚（除草剂）	大豆	0.1	
甲草胺（除草剂）	玉米	0.2	
	大豆	0.2	
	花生仁	0.05	
涕灭威（杀虫剂）	食用棉籽油、食用花生油	0.01	
	花生仁	0.02	
	棉籽	0.1	
艾氏剂和狄氏剂（已禁用）	稻谷、麦类、旱粮类、杂粮类、成品粮	—	0.02
磷化铝（杀虫剂）	稻谷、麦类、旱粮类、杂粮类、成品粮	0.05	
双甲脒（杀螨剂）	棉籽油	0.05	
	番茄、黄瓜、茄子、辣椒、梨、柑橘	0.5	
敌菌灵（杀菌剂）	稻谷	0.2	
	番茄、黄瓜	10	
莠去津（除草剂）	玉米、甘蔗	0.05	
三唑锡（杀螨剂）	梨	0.2	
	柑橘	2	
丙硫克百威（杀虫剂）（临时限量）	棉籽油	0.05	
	大米	0.2	
苄嘧磺隆（除草剂）	大米	0.05	
灭草松（除草剂）	大豆	0.05	
	稻谷、麦类	0.1	
联苯菊酯（杀虫/杀螨剂）	柑橘	0.05	
	番茄、梨、棉籽	0.5	
杀虫双（杀虫剂）	大米	0.2	
溴螨酯（杀螨剂）	梨、柑橘	2	
噻嗪酮（杀虫剂）	稻谷	0.3	
	柑橘	0.5	
丁草胺（除草剂）	大米、玉米	0.5	
硫线磷（杀虫剂）	柑橘类水果、甘蔗	0.005	
克菌丹（杀菌剂）	仁果类水果	15	
甲萘威（杀虫剂）	大米、大豆、棉籽	1	
多菌灵（杀菌剂）	小麦	0.5	
	花生仁、油菜籽、甜菜	0.1	
	大豆	0.2	
	玉米、黄瓜、橙、草莓	0.5	
	大米	2	
	梨、葡萄	3	

药物名称	食物	最大限量（MLs）/（mg/kg）	再残留限量（MLs）/（mg/kg）
克百威（杀虫剂）	麦类、玉米	0.05	
	马铃薯、甜菜、甘蔗	0.1	
	大豆	0.2	
	柑橘类水果	0.02	
丁硫克百威（杀虫剂）	稻谷、糙米	0.5	
灭幼脲（杀虫剂）	小麦、粟、甘蓝类蔬菜	3	
矮壮素（植物生长调节剂）	棉籽	0.5	
	小麦、玉米	5	
氯化苦（杀虫剂）	稻谷、麦类、杂粮类、旱粮类、大豆	0.1	
百菌清（杀菌剂）	花生仁	0.05	
	小麦	0.1	
	稻谷、豆类（干）	0.2	
	葡萄	0.5	
	柑橘、梨	1	
	瓜菜类蔬菜、叶菜类蔬菜、果蔬类蔬菜	5	
毒死蜱（杀虫剂）	茎类蔬菜、棉籽油	0.05	
	稻谷、小麦、番茄	0.5	
	结球甘蓝、萝卜、梨、苹果、柑橘	1	
甲基毒死蜱（杀虫剂）	稻谷、麦类、旱粮类、杂粮类、成品粮	5	
绿麦隆（除草剂）	麦类、玉米、大豆	0.1	
四螨嗪（杀螨剂）	梨、柑橘	0.5	
	枣	1	
氟氯氰菊酯（杀虫剂）	棉籽	0.05	
	结球甘蓝	0.5	
	苹果	0.5	
氯氟氰菊酯（杀虫剂）	棉籽油	0.02	
	番茄、辣椒、茄子、豆类蔬菜、仁果类水果、柑橘类水果	0.2	
氯氰菊酯（杀虫剂）	玉米、大豆	0.05	
	小麦、黄瓜、棉籽	0.2	
	豆类蔬菜、番茄、茄子	0.5	
	梨	2	
	茶叶	20	
灭蝇胺（杀虫剂）	黄瓜	1	
2,4-滴（除草剂）	茄子、辣椒	0.1	
	大白菜	0.2	
	小麦	2	

药物名称	食物	最大限量（MLs）/（mg/kg）	再残留限量（MLs）/（mg/kg）
滴滴涕（已禁用）	生乳	—	0.02
	稻谷、麦类、旱粮类	—	0.1
	蛋类	—	0.1
	茶叶、肉及其制品（脂肪含量10%以下，以原样计）	—	0.2
	水产品	—	0.5
	肉及其制品（脂肪含量10%及以上，以脂肪计）	—	2
溴氰菊酯（杀虫剂）	柑橘、柠檬、橙、柚、荔枝、芒果、香蕉、菠萝、猕猴桃	0.05	
	苹果、梨、油菜籽、棉籽	0.1	
	小麦粉、番茄、茄子、豆类蔬菜	0.2	
	稻谷、麦类、结球甘蓝、花椰菜	0.5	
	茶叶	10	
二嗪磷（杀虫剂）	稻谷、小麦	0.1	
	棉籽	0.2	
敌敌畏（杀虫剂）	稻谷、麦类、旱粮类、杂粮类	0.1	
	鳞茎类蔬菜、茄果类蔬菜、瓜类蔬菜、豆类蔬菜、柑橘类水果、瓜果类水果	0.2	
三氯杀螨醇（杀螨剂）	棉籽油	0.5	
	梨、苹果、柑橘、橙、柠檬、柚	1	
野燕枯（除草剂）	麦类	0.1	
除虫脲（杀虫剂）	小麦、玉米	0.2	
	花椰菜、菠菜、大白菜、莴苣、梨、柑橘、橙、柚、柠檬	1	
乐果（杀虫剂）（临时限量）	稻谷、小麦、大豆、食用植物油	0.05	
	鳞茎类蔬菜	0.2	
	果菜类蔬菜、豆类蔬菜、块根类蔬菜	0.5	
	叶菜类蔬菜、甘蓝类蔬菜	1	
	核果类水果、柑橘类水果	2	
烯唑醇（杀菌剂）	稻谷、玉米、高粱、粟	0.05	
	梨	0.1	
二苯胺（杀菌剂）	苹果、梨	5	
敌草快（除草剂）	食用植物油	0.05	
	小麦粉	0.5	
	小麦、全麦粉、油菜籽	2	
敌瘟磷（杀菌剂）	大米	0.1	
硫丹（杀虫剂）	甘蔗、苹果、梨、荔枝、瓜果类水果	0.05	
氰戊菊酯（杀虫剂）	棉籽	0.2	
	菠菜、普通白菜、莴苣、柑橘、苹果、梨	1	
	茶叶	0.1	

药物名称	食物	最大限量 （MLs） /（mg/kg）	再残留限量 （MLs） /（mg/kg）
乙烯利（植物生长调节剂）	番茄、棉籽、猕猴桃、芒果、香蕉、菠萝、荔枝	2	
乙硫磷（杀虫剂）	稻谷	0.2	
	棉籽油	0.5	
灭线磷（杀虫剂）	根茎类和薯芋类蔬菜、鳞茎类蔬菜、叶菜类蔬菜、芸薹属类蔬菜、花生仁	0.02	
苯线磷（杀虫剂）	花生仁、花生油	0.02	
氯苯嘧啶醇（杀菌剂）	仁果类水果、葡萄	0.3	
腈苯唑（杀菌剂）	香蕉	0.05	
	桃	0.5	
苯丁锡（杀螨剂）	仁果类水果、柠檬、柚、橙	5	
杀螟硫磷（杀虫剂） （临时限量）	茶叶、鳞茎类蔬菜、叶类蔬菜、茄果类蔬菜、叶菜类蔬菜、柑橘类水果	0.5	
	大米、小麦粉	1	
	稻谷、麦类、全麦粉、旱粮类、杂粮类	5	
仲丁威（杀虫剂）	稻谷	0.5	
甲氰菊酯（杀虫剂）	结球甘蓝、莴苣、萝卜	0.5	
	棉籽	1	
	仁果类水果、柑橘类水果、核果类水果、浆果及其他小型水果、瓜果类水果、热带和亚热带水果	5	
唑螨酯（杀螨剂）	苹果	0.2	
	柑橘	0.3	
倍硫磷（杀虫剂）	植物油（初榨橄榄油除外）	0.01	
	稻谷、小麦	0.05	
吡氟禾草灵（除草剂）	棉籽、花生仁	0.1	
	大豆、甜菜	0.5	
精吡氟禾草灵（除草剂）	棉籽、花生仁	0.1	
	大豆、甜菜	0.5	
氟氰戊菊酯（杀虫剂）	绿豆、大豆、萝卜、山药、马铃薯	0.05	
	辣椒、茄子、番茄、棉籽油	0.2	
	结球甘蓝、花椰菜、梨、苹果	0.5	
	茶叶	20	
氯氟吡氧乙酸（除草剂）	稻谷、小麦	0.2	
氟硅唑（杀菌剂）	苹果、梨、桃、油桃、杏	0.2	
氟胺氰菊酯（杀虫剂）	棉籽油	0.2	
	韭菜、结球甘蓝、花椰菜、芹菜	0.5	
氟磺胺草醚（除草剂）	大豆	0.1	
四氯苯酞（杀菌剂）	稻谷	0.5	

药物名称	食物	最大限量（MLs）/（mg/kg）	再残留限量（MLs）/（mg/kg）
草甘膦（除草剂）	棉籽油	0.05	
	稻谷	0.1	
	小麦粉	0.5	
	玉米	1	
	甘蔗	2	
	小麦、全麦粉	5	
氟吡甲禾灵（除草剂）	花生仁、大豆	0.1	
	棉籽	0.2	
	食用植物油	1	
六六六（已禁用）	生乳	—	0.02
	稻谷、麦类、旱粮类、杂粮类、成品粮、豆类、薯类、蔬菜、水果	—	0.05
	哺乳动物肉类及其制品（海洋哺乳动物除外）（脂肪含量10%以下，以原样计）、水产品、蛋品	—	0.1
	茶叶	—	0.2
	哺乳动物肉类及其制品（海洋哺乳动物除外）（脂肪含量10%及以上，以脂肪计）	—	1
七氯（已禁用）	稻谷、麦类、旱粮类、杂粮类	—	0.02
噻螨酮（杀螨剂）	梨、苹果、柑橘、橙、柠檬、柚	0.5	
抑霉唑（杀菌剂）	柑橘、橙、柠檬、柚、仁果类水果	5	
异菌脲（杀菌剂）	黄瓜	2	
	番茄、梨、苹果	5	
水胺硫磷（杀虫剂）	柑橘类水果	0.02	
	稻谷	0.05	
甲基异柳磷（杀虫剂）	糙米、玉米、麦类、旱粮类、杂粮类、甘蔗	0.02	
	甘薯、花生、甜菜	0.05	
异丙威（杀虫剂）	大米	0.2	
稻瘟灵（杀菌剂）	大米	1	
林丹（杀虫剂）（已禁用）	生乳	0.01	
	小麦	0.05	
	哺乳动物肉类及其制品（海洋哺乳动物除外）（脂肪含量10%以下，以原样计）、蛋类	0.1	
	哺乳动物肉类及其制品（海洋哺乳动物除外）（脂肪含量10%及以上，以脂肪计）	1	
马拉硫磷（杀虫剂）	大蒜、结球甘蓝、花椰菜、番茄、茄子、辣椒	0.5	
	芹菜、草莓	1	
	柑橘、苹果、梨、豆类蔬菜	2	
	稻谷、麦类、旱粮类、杂粮类	8	

药物名称	食物	最大限量（MLs）/（mg/kg）	再残留限量（MLs）/（mg/kg）
代森锰锌（杀菌剂）	茄子、辣椒、西瓜、香蕉	1	
	花椰菜、猕猴桃、芒果、菠萝	2	
	黄瓜、番茄、苹果、梨、草莓	5	
甲霜灵（杀菌剂）	麦类、旱粮类	0.05	
	黄瓜	0.5	
	葡萄	1	
甲胺磷（杀虫剂）	蔬菜（禁用该种农药）	—	0.05
	棉籽	0.1	
杀扑磷（杀虫剂）	柑橘	2	
灭多威（杀虫剂）	旱粮类	0.05	
	大豆、麦类、杂粮类、茶叶	0.2	
	棉籽	0.5	
溴甲烷（熏蒸剂）	稻谷、麦类、旱粮类、杂粮类、成品粮、大豆、薯类蔬菜	5	
异丙甲草胺（除草剂）	大豆、花生仁	0.5	
禾草敌（除草剂）	大米、糙米	0.1	
久效磷（杀虫剂）	稻谷、麦类、甘蔗	0.02	
	棉籽油	0.05	
噁草酮（除草剂）	稻谷	0.05	
多效唑（植物生长调节剂）	稻谷、小麦、苹果、菜籽油	0.5	
百草枯（除草剂）（已禁用）	蔬菜、菜籽油	0.05	
	玉米	0.1	
	柑橘	0.2	
	小麦粉	0.5	
对硫磷（杀虫剂）	蔬菜、水果（禁止使用）	—	0.01
	稻谷、麦类、旱粮类、杂粮类、棉籽油	0.1	
甲基对硫磷（杀虫剂）	仁果类水果（禁止使用）	—	0.01
	麦类、旱粮类、杂粮类、棉籽油	0.02	
二甲戊灵（除草剂）	糙米、玉米、莴苣、大蒜	0.1	
氯菊酯（杀虫剂）	棉籽油	0.1	
	小麦粉	0.5	
	番茄、茄子、辣椒	1	
	稻谷、麦类、柑橘、苹果、梨、葡萄	2	
	茶叶	20	
稻丰散（杀虫剂）	大米	0.05	
	柑橘	1	

药物名称	食物	最大限量（MLs）/(mg/kg)	再残留限量（MLs）/(mg/kg)
甲拌磷(杀虫剂)	小麦	0.02	
	花生油、棉籽	0.05	
	花生仁	0.1	
伏杀硫磷(杀虫剂)	棉籽油	0.1	
	菠菜、普通白菜、莴苣、大白菜	1	
亚胺硫磷(杀虫剂)	玉米、棉籽	0.05	
	稻谷、大白菜	0.5	
	柑橘、橙、柚、柠檬	5	
磷胺(杀虫剂)	稻谷	0.02	
辛硫磷(杀虫剂)	稻谷、麦类、蔬菜、水果	0.05	
抗蚜威(杀虫剂)	麦类、大豆	0.05	
	油菜籽	0.2	
	茄果类蔬菜	0.5	
	柑橘类水果	3	
甲基嘧啶磷(杀虫剂)	大米	1	
	糙米、小麦粉	2	
	稻谷、小麦、全麦粉	5	
丙草胺(除草剂)	大米	0.1	
咪鲜胺(杀菌剂)	稻谷	0.5	
	蘑菇、芒果	2	
	柑橘、香蕉	5	
腐霉利(杀菌剂)	韭菜	0.2	
	食用植物油	0.5	
	黄瓜	2	
	茄子、辣椒、葡萄	5	
	草莓	10	
敌稗(除草剂)	大米	2	
丙环唑(杀菌剂)	小麦	0.05	
	香蕉	1	
喹硫磷(杀虫剂)	大米	0.2	
	柑橘	0.5	
五氯硝基苯(杀菌剂)	小麦、大豆、棉籽油	0.01	
	番茄、茄子、辣椒、结球甘蓝	0.1	
	马铃薯	0.2	
单甲脒(杀虫剂)	苹果、梨、柑橘	0.5	
烯禾啶(除草剂)	大豆、花生仁	2	

药物名称	食物	最大限量 (MLs) /(mg/kg)	再残留限量 (MLs) /(mg/kg)
戊唑醇(杀菌剂)	小麦、花椰菜、芒果	0.05	
噻菌灵(杀菌剂)	香蕉	5	
	柑橘、柠檬、橙、柚	10	
杀虫环(杀虫剂)	大米	0.2	
硫双威(杀虫剂)	棉籽油	0.1	
三唑酮(杀菌剂)	豌豆	0.05	
	黄瓜、甜菜	0.1	
	稻谷、玉米、梨	0.5	
三唑醇(杀菌剂)	小麦	0.2	
三唑磷(杀虫剂)	稻谷、麦类、旱粮类	0.05	
	棉籽	0.1	
敌百虫(杀虫剂)	稻谷、小麦	0.1	
三环唑(杀菌剂)	稻谷、菜薹	2	
氟乐灵(除草剂)	大豆、大豆油、花生仁、花生油	0.05	
蚜灭磷(杀虫剂)	苹果、梨	1	
乙烯菌核利(杀菌剂)	黄瓜	1	
	番茄	3	

注：1. 蔬菜包括叶菜类（白菜、菠菜、青菜、莴苣）、甘蓝类（花椰菜、甘蓝）、果菜类（番茄、茄子、辣椒、蘑菇、甜玉米）、瓜菜类（黄瓜、西葫芦、南瓜、甜瓜、丝瓜）、豆类［豌豆（肉质植物籽）、菜豆、蚕豆（未成熟籽）、扁豆、豇豆、荷兰豆］、茎类（芹菜、芦笋、朝鲜蓟）、鳞茎类（韭菜、洋葱、大葱、百合、大蒜）、块根类（萝卜、胡萝卜、山药、马铃薯、甜菜）。

2. 水果包括仁果类（苹果、梨、山楂、枇杷、榲桲）、核果类（桃、油桃、李、杏、樱桃、枣）、小粒水果（葡萄、草莓、黑莓、醋栗）、柑橘类（柑、橘、橙、柚、柠檬）、热带及亚热带水果（皮可食）（无花果、橄榄）、热带及亚热带水果（皮不可食）（香蕉、菠萝、猕猴桃、荔枝、芒果）。

附表 3-3 已批准动物性食品中最大残留限量规定的兽药

（据 GB 31650—2019《食品安全国家标准 食品中兽药最大残留限量》）

药物名	残留标志物	动物种类	靶组织	残留限量/(μg/kg)
阿苯达唑 ADI:0～50μg/kg 体重	乳:阿苯达唑亚砜、阿苯达唑砜、阿苯达唑-2-氨基砜与阿苯达唑之和；除乳外其他靶组织：阿苯达唑-2-氨基砜	所有食品动物	肌肉	100
			脂肪	100
			肝	5000
			肾	5000
			乳	100
双甲脒 ADI:0～3μg/kg 体重	双甲脒与2,4-二甲基苯氨的总和	牛	脂肪	200
			肝	200
			肾	200
			乳	10

药物名	残留标志物	动物种类	靶组织	残留限量/(μg/kg)
双甲脒 ADI：0～3μg/kg 体重	双甲脒与 2,4-二甲基苯氨的总和	绵羊	脂肪	400
			肝	100
			肾	200
			乳	10
		山羊	脂肪	200
			肝	100
			肾	200
			乳	10
		猪	脂肪	400
			肝	200
			肾	200
		蜜蜂	蜂蜜	200
阿莫西林 ADI：0～2μg/kg 体重，微生物学 ADI	阿莫西林	所有食品动物（产蛋期禁用）	肌肉	50
			脂肪	50
			肝	50
			肾	50
			乳	4
		鱼	皮+肉	50
氨苄西林 ADI：0～3μg/kg 体重，微生物学 ADI	氨苄西林	所有食品动物（产蛋期禁用）	肌肉	50
			脂肪	50
			肝	50
			肾	50
			乳	4
		鱼	皮+肉	50
氨丙啉 ADI：0～100μg/kg 体重	氨丙啉	牛	肌肉	500
			脂肪	2000
			肝	500
			肾	500
		鸡/火鸡	肌肉	500
			肝	1000
			肾	1000
			蛋	4000
安普霉素 ADI：0～25μg/kg 体重	安普霉素	猪	肾	100
氨苯胂酸/洛克沙胂 	总砷计	猪	肌肉	500
			肝	2000
			肾	2000
			副产品	500

续表

药物名	残留标志物	动物种类	靶组织	残留限量/(μg/kg)
氨苯胂酸/洛克沙胂	总砷计	鸡/火鸡	肌肉	500
			副产品	500
			蛋	500
阿维菌素 ADI:0～2μg/kg 体重	阿维菌素 B1a	牛 (泌乳期禁用)	脂肪	100
			肝	100
			肾	50
		羊 (泌乳期禁用)	肌肉	20
			脂肪	50
			肝	25
			肾	20
阿维拉霉素 ADI:0～2000μg/kg 体重	二氯异苔酸	猪/兔	肌肉	200
			脂肪	200
			肝	300
			肾	200
		鸡/火鸡 (产蛋期禁用)	肌肉	200
			皮+脂	200
			肝	300
			肾	200
氮哌酮 ADI:0～6μg/kg 体重	氮哌酮与氮哌醇之和	猪	肌肉	60
			脂肪	60
			肝	100
			肾	100
杆菌肽 ADI:0～50μg/kg 体重	杆菌肽 A、杆菌肽 B 和杆菌肽 C 之和	牛/猪/家禽	可食组织	500
		牛	乳	500
		家禽	蛋	500
青霉素/普鲁卡因青霉素 ADI:0～30μg penicillin/人/天	青霉素	牛/猪/家禽 (产蛋期禁用)	肌肉	50
			肝	50
			肾	50
		牛	乳	4
		鱼	皮+肉	50
倍他米松 ADI:0～0.015μg/kg 体重	倍他米松	牛/猪	肌肉	0.75
			肝	2
			肾	0.75
		牛	乳	0.3
卡拉洛尔 ADI:0～0.1μg/kg 体重	卡拉洛尔	猪	肌肉	5
			脂肪/皮	5
			肝	25
			肾	25

药物名	残留标志物	动物种类	靶组织	残留限量/(μg/kg)
头孢氨苄 ADI:0～54.4μg/kg 体重	头孢氨苄	牛	肌肉	200
			脂肪	200
			肝	200
			肾	1000
			乳	100
头孢喹肟 ADI:0～3.8μg/kg 体重	头孢喹肟	牛/猪	肌肉	50
			脂肪	50
			肝	100
			肾	200
		牛	乳	20
头孢噻呋 ADI:0～50μg/kg 体重	去呋喃头孢噻呋	牛/猪	肌肉	1000
			脂肪	2000
			肝	2000
			肾	6000
		牛	乳	100
克拉维酸 ADI:0～50μg/kg 体重	克拉维酸	牛/猪	肌肉	100
			脂肪	100
			肝	200
			肾	400
		牛	乳	200
氯羟吡啶	氯羟吡啶	牛/羊	肌肉	200
			肝	1500
			肾	3000
			乳	20
		猪	可食组织	200
		鸡/火鸡	肌肉	5000
			肝	15000
			肾	15000
氯氰碘柳胺 ADI:0～30μg/kg 体重	氯氰碘柳胺	牛	肌肉	1000
			脂肪	3000
			肝	1000
			肾	3000
		羊	肌肉	1500
			脂肪	2000
			肝	1500
			肾	5000
		牛/羊	乳	45

药物名	残留标志物	动物种类	靶组织	残留限量/(μg/kg)
氯唑西林 ADI:0~200μg/kg 体重	氯唑西林	所有食品动物 (产蛋期禁用)	肌肉	300
			脂肪	300
			肝	300
			肾	300
			乳	30
		鱼	皮+肉	300
黏菌素 ADI:0~7μg/kg 体重	黏菌素 A 与黏菌素 B 之和	牛/羊/猪/兔	肌肉	150
			脂肪	150
			肝	150
			肾	200
		鸡/火鸡	肌肉	150
			皮+脂	150
			肝	150
			肾	200
		鸡	蛋	300
		牛/羊	乳	50
氟氯氰菊酯 ADI:0~20μg/kg 体重	氟氯氰菊酯	牛	肌肉	20
			脂肪	200
			肝	20
			肾	20
			乳	40
三氟氯氰菊酯 ADI:0~5μg/kg 体重	三氟氯氰菊酯	牛/猪	肌肉	20
			脂肪	400
			肝	20
			肾	20
		牛	乳	30
		绵羊	肌肉	20
			脂肪	400
			肝	50
			肾	20
氯氰菊酯/α-氯氰菊酯 ADI:0~20μg/kg 体重	氯氰菊酯总和	牛/绵羊	肌肉	50
			脂肪	1000
			肝	50
			肾	50
		牛	乳	100
		鱼	皮+肉	50

药物名	残留标志物	动物种类	靶组织	残留限量/(μg/kg)
环丙氨嗪 ADI：0～20μg/kg 体重	环丙氨嗪	羊 （泌乳期禁用）	肌肉	300
			脂肪	300
			肝	300
			肾	300
		家禽	肌肉	50
			脂肪	50
			副产品	50
达氟沙星 ADI：0～20μg/kg 体重	达氟沙星	牛/羊	肌肉	200
			脂肪	100
			肝	400
			肾	400
			乳	30
		家禽 （产蛋期禁用）	肌肉	200
			脂肪	100
			肝	400
			肾	400
		猪	肌肉	100
			脂肪	100
			肝	50
			肾	200
		鱼	皮＋肉	100
癸氧喹酯 ADI：0～75μg/kg 体重	癸氧喹酯	鸡	肌肉	1000
			可食组织	2000
溴氰菊酯 ADI：0～10μg/kg 体重	溴氰菊酯	牛/羊	肌肉	30
			脂肪	500
			肝	50
			肾	50
		牛	乳	30
		鸡	肌肉	30
			皮＋脂	500
			肝	50
			肾	50
			蛋	30
		鱼	皮＋肉	30
越霉素 A	越霉素 A	猪/鸡	可食组织	2000
地塞米松 ADI：0～0.015μg/kg 体重	地塞米松	牛/猪/马	肌肉	1.0
			肝	2.0
			肾	1.0
		牛	乳	0.3

药物名	残留标志物	动物种类	靶组织	残留限量/(μg/kg)
二嗪农 ADI：0～2μg/kg 体重	二嗪农	牛/羊	乳	20
		牛/猪/羊	肌肉	20
			脂肪	700
			肝	20
			肾	20
敌敌畏 ADI：0～4μg/kg 体重	敌敌畏	猪	肌肉	100
			脂肪	100
			副产品	100
地克珠利 ADI：0～30μg/kg 体重	地克珠利	绵羊/兔	肌肉	500
			脂肪	1000
			肝	3000
			肾	2000
		家禽 （产蛋期禁用）	肌肉	500
			皮＋脂	1000
			肝	3000
			肾	2000
地昔尼尔 ADI：0～7μg/kg 体重	地昔尼尔	绵羊	肌肉	150
			脂肪	200
			肝	125
			肾	125
二氟沙星 ADI：0～10μg/kg 体重	二氟沙星	牛/羊 （泌乳期禁用）	肌肉	400
			脂肪	100
			肝	1400
			肾	800
		猪	肌肉	400
			脂肪	100
			肝	800
			肾	800
		家禽 （产蛋期禁用）	肌肉	300
			皮＋脂	400
			肝	1900
			肾	600
		其他动物	肌肉	300
			脂肪	100
			肝	800
			肾	600
		鱼	皮＋肉	300

药物名	残留标志物	动物种类	靶组织	残留限量/(μg/kg)
三氮脒 ADI：0～100μg/kg 体重	三氮脒	牛	肌肉	500
			肝	12000
			肾	6000
			乳	150
二硝托胺	二硝托胺及其代谢物	鸡	肌肉	3000
			脂肪	2000
			肝	6000
			肾	6000
		火鸡	肌肉	3000
			肝	3000
多拉菌素 ADI：0～1μg/kg 体重	多拉菌素	牛	肌肉	10
			脂肪	150
			肝	100
			肾	30
			乳	15
		羊	肌肉	40
			脂肪	150
			肝	100
			肾	60
		猪	肌肉	5
			脂肪	150
			肝	100
			肾	30
多西环素 ADI：0～3μg/kg 体重	多西环素	牛 （泌乳期禁用）	肌肉	100
			脂肪	300
			肝	300
			肾	600
		猪	肌肉	100
			皮＋脂	300
			肝	300
			肾	600
		家禽 （产蛋期禁用）	肌肉	100
			皮＋脂	300
			肝	300
			肾	600
		鱼	皮＋肉	100

药物名	残留标志物	动物种类	靶组织	残留限量/(µg/kg)
恩诺沙星 ADI:0~6.2µg/kg 体重	恩诺沙星与环丙沙星之和	牛/羊	肌肉	100
			脂肪	100
			肝	300
			肾	200
			乳	100
		猪/兔	肌肉	100
			脂肪	100
			肝	200
			肾	300
		家禽 （产蛋期禁用）	肌肉	100
			皮+脂	100
			肝	200
			肾	300
		其他动物	肌肉	100
			脂肪	100
			肝	200
			肾	200
		鱼	皮+肉	100
乙酰氨基阿维菌素 ADI:0~10µg/kg 体重	乙酰氨基阿维菌素 B1a	牛	肌肉	100
			脂肪	250
			肝	2000
			肾	300
			乳	20
红霉素 ADI:0~0.7µg/kg 体重	红霉素 A	鸡/火鸡	肌肉	100
			脂肪	100
			肝	100
			肾	100
		鸡	蛋	50
		其他动物	肌肉	200
			脂肪	200
			肝	200
			肾	200
			乳	40
			蛋	150
		鱼	皮+肉	200
乙氧酰胺苯甲酯	Metaphenetidine	鸡	肌肉	500
			肝	1500
			肾	1500

药物名	残留标志物	动物种类	靶组织	残留限量/(μg/kg)
非班太尔/芬苯达唑/奥芬达唑 ADI:0～7μg/kg 体重	芬苯达唑、奥芬达唑和奥芬达唑砜的总和,以奥芬达唑砜等效物表示	牛/羊/猪/马	肌肉	100
			脂肪	100
			肝	500
			肾	100
		牛/羊	乳	100
		家禽	肌肉	50(仅芬苯达唑)
			皮+脂	50(仅芬苯达唑)
			肝	500(仅芬苯达唑)
			肾	50(仅芬苯达唑)
			蛋	1300(仅芬苯达唑)
倍硫磷 ADI:0～7μg/kg 体重	倍硫磷及代谢产物	牛/猪/家禽	肌肉	100
			脂肪	100
			副产品	100
氰戊菊酯 ADI:0～20μg/kg 体重	氰戊菊酯异构体之和	牛	肌肉	25
			脂肪	250
			肝	25
			肾	25
			乳	40
氟苯尼考 ADI:0～3μg/kg 体重	氟苯尼考与氟苯尼考胺之和	牛/羊 (泌乳期禁用)	肌肉	200
			肝	3000
			肾	300
		猪	肌肉	300
			皮+脂	500
			肝	2000
			肾	500
		家禽 (产蛋期禁用)	肌肉	100
			皮+脂	200
			肝	2500
			肾	750
		其他动物	肌肉	100
			脂肪	200
			肝	2000
			肾	300
		鱼	皮+肉	1000
氟佐隆 ADI:0～40μg/kg 体重	氟佐隆	牛	肌肉	200
			脂肪	7000
			肝	500
			肾	500

药物名	残留标志物	动物种类	靶组织	残留限量/(μg/kg)
氟苯达唑 ADI:0~12μg/kg 体重	氟苯达唑	猪	肌肉	10
			肝	10
		家禽	肌肉	200
			肝	500
			蛋	400
醋酸氟孕酮 ADI:0~0.03μg/kg 体重	醋酸氟孕酮	羊	肌肉	0.5
			脂肪	0.5
			肝	0.5
			肾	0.5
			乳	1
氟甲喹 ADI:0~30μg/kg 体重	氟甲喹	牛/羊/猪	肌肉	500
			脂肪	1000
			肝	500
			肾	3000
		牛/羊	乳	50
		鸡 (产蛋期禁用)	肌肉	500
			皮+脂	1000
			肝	500
			肾	3000
		鱼	皮+肉	500
氟氯苯氰菊酯 ADI:0~1.8μg/kg 体重	氟氯苯氰菊酯	牛	肌肉	10
			脂肪	150
			肝	20
			肾	10
			乳	30
		羊 (泌乳期禁用)	肌肉	10
			脂肪	150
			肝	20
			肾	10
氟胺氰菊酯 ADI:0~0.5μg/kg 体重	氟胺氰菊酯	所有食品动物	肌肉	10
			脂肪	10
			副产品	10
		蜜蜂	蜂蜜	50

药物名	残留标志物	动物种类	靶组织	残留限量/(μg/kg)
庆大霉素 ADI:0～20μg/kg 体重	庆大霉素	牛/猪	肌肉	100
			脂肪	100
			肝	2000
			肾	5000
		牛	乳	200
		鸡/火鸡	可食组织	100
常山酮 ADI:0～0.3μg/kg 体重	常山酮	牛 （泌乳期禁用）	肌肉	10
			脂肪	25
			肝	30
			肾	30
		鸡/火鸡	肌肉	100
			皮＋脂	200
			肝	130
咪多卡 ADI:0～10μg/kg 体重	咪多卡	牛	肌肉	300
			脂肪	50
			肝	1500
			肾	2000
			乳	50
氮氨菲啶 ADI:0～100μg/kg 体重	氮氨菲啶	牛	肌肉	100
			脂肪	100
			肝	500
			肾	1000
			乳	100
伊维菌素 ADI:0～10μg/kg 体重	23,23-二氢阿维菌素 B1a	牛	肌肉	30
			脂肪	100
			肝	100
			肾	30
			乳	10
		猪/羊	肌肉	30
			脂肪	100
			肝	100
			肾	30
卡那霉素 ADI:0～8μg/kg 体重，微生物学 ADI	卡那霉素 A	所有食品动物 （产蛋期禁用，不包括鱼）	肌肉	100
			皮＋脂	100
			肝	600
			肾	2500
			乳	150

药物名	残留标志物	动物种类	靶组织	残留限量/(μg/kg)
吉他霉素 ADI：0～500μg/kg 体重	吉他霉素	猪/家禽	肌肉	200
			肝	200
			肾	200
			可食下水	200
拉沙洛西 ADI：0～10μg/kg 体重	拉沙洛西	牛	肝	700
		鸡	皮+脂	1200
			肝	400
		火鸡	皮+脂	400
			肝	400
		羊	肝	1000
		兔	肝	700
左旋咪唑 ADI：0～6μg/kg 体重	左旋咪唑	牛/羊/猪/家禽 （泌乳期禁用、 产蛋期禁用）	肌肉	10
			脂肪	10
			肝	100
			肾	10
林可霉素 ADI：0～30μg/kg 体重	林可霉素	牛/羊	肌肉	100
			脂肪	50
			肝	500
			肾	1500
			乳	150
		猪	肌肉	200
			脂肪	100
			肝	500
			肾	1500
		家禽	肌肉	200
			脂肪	100
			肝	500
			肾	500
		鸡	蛋	50
		鱼	皮+肉	100
马度米星铵 ADI：0～1μg/kg 体重	马度米星铵	鸡	肌肉	240
			脂肪	480
			皮	480
			肝	720
马拉硫磷 ADI：0～300μg/kg 体重	马拉硫磷	牛/羊/猪/ 家禽/马	肌肉	4000
			脂肪	4000
			副产品	4000

药物名	残留标志物	动物种类	靶组织	残留限量/(μg/kg)
甲苯咪唑 ADI：0～12.5μg/kg 体重	甲苯咪唑等效物总和	羊/马 （泌乳期禁用）	肌肉	60
			脂肪	60
			肝	400
			肾	60
安乃近 ADI：0～10μg/kg 体重	4-氨甲基-安替比林	牛/羊/猪/马	肌肉	100
			脂肪	100
			肝	100
			肾	100
		牛/羊	乳	50
莫能菌素 ADI：0～10μg/kg 体重	莫能菌素	牛/羊	肌肉	10
			脂肪	100
			肾	10
		羊	肝	20
		牛	肝	100
			乳	2
		鸡/火鸡/鹌鹑	肌肉	10
			脂肪	100
			肝	10
			肾	10
莫昔克丁 ADI：0～2μg/kg 体重	莫西克丁	牛	肌肉	20
			脂肪	500
			肝	100
			肾	50
		绵羊	肌肉	50
			脂肪	500
			肝	100
			肾	50
		牛/绵羊	乳	40
		鹿	肌肉	20
			脂肪	500
			肝	100
			肾	50
甲基盐霉素 ADI：0～5μg/kg 体重	甲基盐霉素 A	牛/猪	肌肉	15
			脂肪	50
			肝	50
			肾	15
		鸡	肌肉	15
			皮＋脂	50
			肝	50
			肾	15

药物名	残留标志物	动物种类	靶组织	残留限量/(μg/kg)
新霉素 ADI:0~60μg/kg 体重	新霉素 B	所有食品动物	肌肉	500
			脂肪	500
			肝	5500
			肾	9000
			乳	1500
			蛋	500
		鱼	皮+肉	500
尼卡巴嗪 ADI:0~400μg/kg 体重	4,4-二硝基均二苯脲	鸡	肌肉	200
			皮+脂	200
			肝	200
			肾	200
硝碘酚腈 ADI:0~5μg/kg 体重	硝碘酚腈	牛/羊	肌肉	400
			脂肪	200
			肝	20
			肾	400
			乳	20
喹乙醇 ADI:0~3μg/kg 体重	3-甲基喹噁啉-2-羧酸	猪	肌肉	4
			肝	50
苯唑西林	苯唑西林	所有食品动物 (产蛋期禁用)	肌肉	300
			脂肪	300
			肝	300
			肾	300
			乳	30
		鱼	皮+肉	300
奥苯达唑 ADI:0~60μg/kg 体重	奥苯达唑	猪	肌肉	100
			皮+脂	500
			肝	200
			肾	100
噁喹酸 ADI:0~2.5μg/kg 体重	噁喹酸	牛/猪/鸡 (产蛋期禁用)	肌肉	100
			脂肪	50
			肝	150
			肾	150
		鱼	皮+肉	100
土霉素/金霉素/四环素 ADI:0~30μg/kg 体重	土霉素、金霉素、四环素单个或组合	牛/羊/猪/家禽	肌肉	200
			肝	600
			肾	1200
		牛/羊	乳	100
		家禽	蛋	400
		鱼	皮+肉	200
		虾	肌肉	200

药物名	残留标志物	动物种类	靶组织	残留限量/(μg/kg)
辛硫磷 ADI：0～4μg/kg 体重	辛硫磷	猪/羊	肌肉	50
			脂肪	400
			肝	50
			肾	50
哌嗪 ADI：0～250μg/kg 体重	哌嗪	猪	肌肉	400
			皮＋脂	800
			肝	2000
			肾	1000
		鸡	蛋	2000
吡利霉素 ADI：0～8μg/kg 体重	吡利霉素	牛	肌肉	100
			脂肪	100
			肝	1000
			肾	400
			乳	200
巴胺磷 ADI：0～0.5μg/kg 体重	巴胺磷与脱异丙基巴胺磷之和	羊 （泌乳期禁用）	脂肪	90
			肾	90
碘醚柳胺 ADI：0～2μg/kg 体重	碘醚柳胺	牛	肌肉	30
			脂肪	30
			肝	10
			肾	40
		羊	肌肉	100
			脂肪	250
			肝	150
			肾	150
		牛/羊	乳	10
氯苯胍 ADI：0～5μg/kg 体重	氯苯胍	鸡	皮＋脂	200
			其他可食组织	100
盐霉素 ADI：0～5μg/kg 体重	盐霉素	鸡	肌肉	600
			皮＋脂	1200
			肝	1800
沙拉沙星 ADI：0～0.3μg/kg 体重	沙拉沙星	鸡/火鸡 （产蛋期禁用）	肌肉	10
			脂肪	20
			肝	80
			肾	80
		鱼	皮＋肉	30
赛杜霉素 ADI：0～180μg/kg 体重	赛杜霉素	鸡	肌肉	130
			肝	400

药物名	残留标志物	动物种类	靶组织	残留限量/(μg/kg)
大观霉素 ADI:0～40μg/kg 体重	大观霉素	牛/羊/猪/鸡	肌肉	500
			脂肪	2000
			肝	2000
			肾	5000
		牛	乳	200
		鸡	蛋	2000
螺旋霉素 ADI:0～50μg/kg 体重	牛、鸡:螺旋霉素和新螺旋霉素总量;猪:螺旋霉素等效物(即抗生素的效价残留)	牛/猪	肌肉	200
			脂肪	300
			肝	600
			肾	300
		牛	乳	200
		鸡	肌肉	200
			脂肪	300
			肝	600
			肾	800
链霉素/双氢链霉素 ADI:0～50μg/kg 体重	链霉素、双氢链霉素总量	牛/羊/猪/鸡	肌肉	600
			脂肪	600
			肝	600
			肾	1000
		牛/羊	乳	200
磺胺二甲嘧啶 ADI:0～50μg/kg 体重	磺胺二甲嘧啶	所有食品动物 (产蛋期禁用)	肌肉	100
			脂肪	100
			肝	100
			肾	100
		牛	乳	25
磺胺类 ADI:0～50μg/kg 体重	兽药原形之和	所有食品动物 (产蛋期禁用)	肌肉	100
			脂肪	100
			肝	100
			肾	100
		牛/羊	乳	100 (除磺胺二甲嘧啶)
		鱼	皮+肉	100
噻苯达唑 ADI:0～100μg/kg 体重	噻苯达唑与 5-羟基噻苯达唑之和	牛/猪/羊	肌肉	100
			脂肪	100
			肝	100
			肾	100
		牛/羊	乳	100

药物名	残留标志物	动物种类	靶组织	残留限量/(μg/kg)
甲砜霉素 ADI:0～5μg/kg 体重	甲砜霉素	牛/羊/猪	肌肉	50
			脂肪	50
			肝	50
			肾	50
		牛	乳	50
		家禽 （产蛋期禁用）	肌肉	50
			皮＋脂	50
			肝	50
			肾	50
		鱼	皮＋肉	50
泰妙菌素 ADI:0～30μg/kg 体重	可被水解为 8-α-羟基妙林的代谢物总和;鸡蛋:泰妙菌素	猪/兔	肌肉	100
			肝	500
		鸡	肌肉	100
			皮＋脂	100
			肝	1000
			蛋	1000
		火鸡	肌肉	100
			皮＋脂	100
			肝	300
替米考星 ADI:0～40μg/kg 体重	替米考星	牛/羊	肌肉	100
			脂肪	100
			肝	1000
			肾	300
			乳	50
		猪	肌肉	100
			脂肪	100
			肝	1500
			肾	1000
		鸡 （产蛋期禁用）	肌肉	150
			皮＋脂	250
			肝	2400
			肾	600
		火鸡	肌肉	100
			皮＋脂	250
			肝	1400
			肾	1200

药物名	残留标志物	动物种类	靶组织	残留限量/(μg/kg)
托曲珠利 ADI:0~2μg/kg 体重	托曲珠利砜	家禽 (产蛋期禁用)	肌肉	100
			皮+脂	200
			肝	600
			肾	400
		所有哺乳类 食品动物 (泌乳期禁用)	肌肉	100
			脂肪	150
			肝	500
			肾	250
敌百虫 ADI:0~2μg/kg 体重	敌百虫	牛	肌肉	50
			脂肪	50
			肝	50
			肾	50
			乳	50
三氯苯达唑 ADI:0~3μg/kg 体重	三氯苯达唑酮	牛	肌肉	250
			脂肪	100
			肝	850
			肾	400
		羊	肌肉	200
			脂肪	100
			肝	300
			肾	200
		牛/羊	乳	10
甲氧苄啶 ADI:0~4.2μg/kg 体重	甲氧苄啶	牛	肌肉	50
			脂肪	50
			肝	50
			肾	50
			乳	50
		猪/家禽 (产蛋期禁用)	肌肉	50
			皮+脂	50
			肝	50
			肾	50
		马	肌肉	100
			脂肪	100
			肝	100
			肾	100
		鱼	皮+肉	50

药物名	残留标志物	动物种类	靶组织	残留限量/(μg/kg)
泰乐菌素 ADI:0～30μg/kg 体重	泰乐菌素 A	牛/猪/鸡/火鸡	肌肉	100
			脂肪	100
			肝	100
			肾	100
		牛	乳	100
		鸡	蛋	300
泰万菌素 ADI:0～2.07μg/kg 体重	蛋:泰万菌素;除蛋外其他靶组织:泰万菌素和 3-O-乙酰泰乐菌素的总和	猪	肌肉	50
			皮＋脂	50
			肝	50
			肾	50
		家禽	皮＋脂	50
			肝	50
			蛋	200
维吉尼亚霉素 ADI:0～250μg/kg 体重	维吉尼亚霉素 M_1	猪	肌肉	100
			皮/脂	400
			肝	300
			肾	400
		家禽	肌肉	100
			皮＋脂	400
			肝	300
			肾	400

附表 3-4　允许用于食品动物，但不需要制定残留限量的兽药

（据 GB 31650—2019《食品安全国家标准　食品中兽药最大残留限量》）

药物名	动物种类	其他规定
醋酸	牛、马	
安络血	马、牛、羊、猪	
氢氧化铝	所有食品动物	
氯化铵	马、牛、羊、猪	
安普霉素	仅作口服用时:兔、绵羊、猪、鸡	绵羊—泌乳期禁用,鸡—产蛋期禁用
青蒿琥酯	牛	
阿司匹林	牛、猪、鸡、马、羊	泌乳期禁用,产蛋期禁用
阿托品	所有食品动物	
甲基吡啶磷	鲑鱼	
苯扎溴铵	所有食品动物	
小檗碱	马、牛、羊、猪、驼	
甜菜碱	所有食品动物	

药物名	动物种类	其他规定
碱式碳酸铋	所有食品动物	仅作口服用
碱式硝酸铋	所有食品动物	仅作口服用
硼砂	所有食品动物	
硼酸及其盐	所有食品动物	
咖啡因	所有食品动物	
硼葡萄糖酸钙	所有食品动物	
碳酸钙	所有食品动物	
氯化钙	所有食品动物	
葡萄糖酸钙	所有食品动物	
磷酸氢钙	马、牛、羊、猪	
次氯酸钙	所有食品动物	
泛酸钙	所有食品动物	
过氧化钙	水产动物	
磷酸钙	所有食品动物	
硫酸钙	所有食品动物	
樟脑	所有食品动物	仅作外用
氯己定	所有食品动物	仅作外用
含氯石灰	所有食品动物	仅作外用
亚氯酸钠	所有食品动物	
氯甲酚	所有食品动物	
胆碱	所有食品动物	
枸橼酸	所有食品动物	
氯前列醇	牛、猪、羊、马	
硫酸铜	所有食品动物	
可的松	马、牛、猪、羊	
甲酚	所有食品动物	
癸甲溴铵	所有食品动物	
癸氧喹酯	牛、绵羊	仅口服用,产乳动物禁用
地克珠利	山羊、猪	仅口服用
二巯基丙醇	所有哺乳类食品动物	
二甲硅油	牛、羊	
度米芬	所有食品动物	仅作外用
干酵母	牛、羊、猪	
肾上腺素	所有食品动物	
马来酸麦角新碱	所有哺乳类食品动物	仅用于临产动物
酚磺乙胺	马、牛、羊、猪	
乙醇	所有食品动物	仅作赋型剂用

药物名	动物种类	其他规定
硫酸亚铁	所有食品动物	
氟氯苯氰菊酯	蜜蜂	蜂蜜
氟轻松	所有食品动物	
叶酸	所有食品动物	
促卵泡素（各种动物天然 FSH 及其化学合成类似物）	所有食品动物	
甲醛	所有食品动物	
甲酸	所有食品动物	
明胶	所有食品动物	
葡萄糖	马、牛、羊、猪	
戊二醛	所有食品动物	
甘油	所有食品动物	
垂体促性腺激素释放激素	所有食品动物	
月苄三甲氯铵	所有食品动物	
绒促性素	所有食品动物	
盐酸	所有食品动物	仅作赋型剂用
氢氯噻嗪	牛	
氢化可的松	所有食品动物	仅作外用
过氧化氢	所有食品动物	
鱼石脂	所有食品动物	
苯噁唑	鹿	
碘和碘无机化合物包括：碘化钠和钾、碘酸钠和钾	所有食品动物	
右旋糖酐铁	所有食品动物	
白陶土	马、牛、羊、猪	
氯胺酮	所有食品动物	
乳酶生	羊、猪、驹、犊	
乳酸	所有食品动物	
利多卡因	马	仅作局部麻醉用
促黄体素（各种动物天然 LH 及其化学合成类似物）	所有食品动物	
氯化镁	所有食品动物	
氧化镁	所有食品动物	
硫酸镁	马、牛、羊、猪	
甘露醇	所有食品动物	
药用炭	马、牛、羊、猪	
甲萘醌	所有食品动物	
蛋氨酸碘	所有食品动物	
亚甲蓝	牛、羊、猪	
萘普生	马	

药物名	动物种类	其他规定
新斯的明	所有食品动物	
中性电解氧化水	所有食品动物	
烟酰胺	所有哺乳类食品动物	
烟酸	所有哺乳类食品动物	
去甲肾上腺素	马、牛、猪、羊	
辛氨乙甘酸	所有食品动物	
缩宫素	所有哺乳类食品动物	
对乙酰氨基酚	猪	仅作口服用
石蜡	马、牛、驹、犊、羊、猪	
胃蛋白酶	所有食品动物	
过氧乙酸	所有食品动物	
苯酚	所有食品动物	
聚乙二醇(分子量范围从 200 到 10000)	所有食品动物	
吐温-80	所有食品动物	
垂体后叶	马、牛、羊、猪	
硫酸铝钾	水产动物	
氯化钾	所有食品动物	
高锰酸钾	所有食品动物	
过硫酸氢钾	所有食品动物	
硫酸钾	马、牛、羊、猪	
聚维酮碘	所有食品动物	
碘解磷定	所有哺乳类食品动物	
吡喹酮	绵羊、马	仅用于非泌乳绵羊
普鲁卡因	所有食品动物	
黄体酮	母畜:马、牛、绵羊、山羊	泌乳期禁用
双羟萘酸噻嘧啶	马	
溶葡萄球菌酶	乳牛、猪	
水杨酸	除鱼外所有食品动物	仅作外用
东莨菪碱	牛、羊、猪	
血促性素	马、牛、羊、猪、兔	
碳酸氢钠	马、牛、羊、猪	
溴化钠	所有哺乳类食品动物	仅作外用
氯化钠	所有食品动物	
二氯异氰脲酸钠	所有哺乳类食品动物和禽类	
二巯丙磺钠	马、牛、猪、羊	
氢氧化钠	所有食品动物	
乳酸钠	马、牛、羊、猪	

药物名	动物种类	其他规定
亚硝酸钠	马、牛、羊、猪	
过硼酸钠	水产动物	
过碳酸钠	水产动物	
高碘酸钠	所有食品动物	仅作外用
焦亚硫酸钠	所有食品动物	
水杨酸钠	除鱼外所有食品动物	仅作外用,泌乳期禁用
亚硒酸钠	所有食品动物	
硬脂酸钠	所有食品动物	
硫酸钠	马、牛、羊、猪	
硫代硫酸钠	所有食品动物	
软皂	所有食品动物	
脱水山梨醇三油酸酯(司盘 85)	所有食品动物	
山梨醇	马、牛、羊、猪	
士的宁	牛	仅作口服用,剂量最大 0.1mg/kg 体重
愈创木酚磺酸钾	所有食品动物	
硫	牛、猪、山羊、绵羊、马	
丁卡因	所有食品动物	仅作麻醉剂用
硫喷妥钠	所有食品动物	仅作静脉注射用
维生素 A	所有食品动物	
维生素 B_1	所有食品动物	
维生素 B_{12}	所有食品动物	
维生素 B_2	所有食品动物	
维生素 B_6	所有食品动物	
维生素 C	所有食品动物	
维生素 D	所有食品动物	
维生素 E	所有食品动物	
维生素 K_1	犊	
赛拉嗪	牛、马	泌乳期除外
赛拉唑	马、牛、羊、鹿	
氧化锌	所有食品动物	
硫酸锌	所有食品动物	

附表 3-5　允许作治疗用,但不得在动物性食品中检出的兽药

(据 GB 31650—2019《食品安全国家标准　食品中兽药最大残留限量》)

药物品	残留标志物	动物种类	靶组织
氯丙嗪	氯丙嗪	所有食品动物	所有可食组织
地西泮(安定)	地西泮	所有食品动物	所有可食组织
地美硝唑	地美硝唑	所有食品动物	所有可食组织
苯甲酸雌二醇	雌二醇	所有食品动物	所有可食组织

药物品	残留标志物	动物种类	靶组织
潮霉素 B	潮霉素 B	猪、鸡	可食组织、鸡蛋
甲硝唑	甲硝唑	所有食品动物	所有可食组织
苯丙酸诺龙	诺龙	所有食品动物	所有可食组织
丙酸睾酮	睾酮	所有食品动物	所有可食组织
赛拉嗪	赛拉嗪	产乳动物	乳

附表 3-6　食品中污染物限量

（据 GB 2762—2022《食品安全国家标准　食品中污染物限量》）

污染物类型	食品	限量（MLs）/（mg/kg）或（mg/L）
铅	包装饮用水	0.01
	生乳、巴氏杀菌乳、灭菌乳	0.02
	发酵乳、调制乳	0.04
	蔬菜（芸薹类蔬菜、叶菜、豆类蔬菜、薯类除外）、新鲜水果（浆果和其他小粒水果除外）	0.1
	芸薹类蔬菜、谷物、豆类蔬菜、薯类、肉类、小水果、浆果、葡萄、鲜蛋、果酒	0.2
	叶菜类蔬菜	0.3
	鱼类、禽畜内脏	0.5
	茶叶	5.0
镉	新鲜水果、蛋及蛋制品、新鲜蔬菜（叶菜蔬菜、豆类蔬菜、块根和块茎蔬菜、茎类蔬菜、黄花菜除外）	0.05
	面粉、玉米、小米、高粱、肉类、茎类蔬菜（芹菜除外）、鱼类	0.1
	大米、豆、叶类蔬菜、芹菜、食用菌及其制品（香菇、羊肚菌、獐头菌、青头菌、鸡油菌、榛蘑、松茸、牛肝菌、鸡枞、多汁乳菇、松露、姬松茸、木耳、银耳及以上食用菌的制品除外）	0.2
	花生、禽畜肝脏、香菇及其制品、木耳及其制品、银耳及其制品	0.5
	禽畜肾脏	1.0
汞	新鲜蔬菜、生乳、巴氏杀菌乳、灭菌乳、调制乳、发酵乳	［总汞（以 Hg 计）］0.01
	稻谷、糙米、大米、玉米、玉米面、小麦、小麦粉	［总汞（以 Hg 计）］0.02
	肉、鲜蛋	［总汞（以 Hg 计）］0.05
	水产动物及其制品（肉食性鱼类及其制品除外）	（甲基汞）0.5
	肉食性鱼类及其制品除外（金枪鱼、金目鲷、枪鱼、鲨鱼及以上鱼类的制品除外）	（甲基汞）1.0
砷	鱼类及其制品	（无机砷）0.1
	大米	（无机砷）0.2
	贝类及虾蟹类（以鲜重计）、其他水产产品	（无机砷）0.5
	食用油脂（鱼油及其制品、磷虾油及其制品除外）	（总砷）0.1
	可可脂及巧克力、食糖	（总砷）0.5
铬	生乳、巴氏杀菌乳、灭菌乳、调制乳、发酵乳	0.3
	新鲜蔬菜	0.5

续表

污染物类型	食品	限量（MLs）/（mg/kg）或（mg/L）
铬	粮食、豆类、肉及肉制品	1.0
	水产动物及其制品、乳粉	2.0
苯并(a)芘	熏烤肉、粮食	5.0（μg/kg）
	植物油	10（μg/kg）
N-二甲基亚硝胺	肉制品	3.0（μg/kg）
	水产制品（水产罐头除外）、干制水产品	4.0（μg/kg）
多氯联苯	水产动物及其制品	20（μg/kg）
亚硝酸盐	乳粉	（以 $NaNO_2$ 计）2.0
	腌渍蔬菜	（以 $NaNO_2$ 计）20

注：多氯联苯：以 PCB28、PCB52、PCB101、PCB118、PCB138、PCB153 和 PCB180 总和计。

附表 3-7　人工放射性核素限制浓度

（据 GB 14882—1994《食品中放射性物质限制浓度标准》）　　单位：Bq/L

品　种	^3H	^{89}Sr	^{90}Sr	^{131}I	^{137}Cs	^{147}Pm	^{239}Pu
粮食	2.1×10^5	1.2×10^3	9.6×10^1	1.9×10^2	2.6×10^2	1.0×10^4	3.4
薯类	7.2×10^4	5.4×10^2	3.3×10^1	8.9×10^1	9.0×10^1	3.7×10^3	1.2
蔬菜及水果	1.7×10^5	9.7×10^2	7.7×10^1	1.6×10^2	2.1×10^2	8.2×10^3	2.7
肉鱼虾类	6.5×10^5	2.9×10^3	2.9×10^2	4.7×10^2	8.0×10^2	2.4×10^4	10.0
鲜乳	8.8×10^4	2.4×10^2	4.0×10^1	3.3×10^1	3.3×10^2	2.2×10^3	2.6

附表 3-8　天然放射性核素限制浓度

（据 GB 14882—1994《食品中放射性物质限制浓度标准》）

品　种	^{210}Po /（Ba/kg）	^{226}Ra /（Ba/kg）	^{223}Ra /（Ba/kg）	天然钍 /（mg/kg）	天然铀 /（mg/kg）
粮食	6.4	1.4×10	6.9	1.2	1.9
薯类	2.8	4.7	2.4	4.0×10^{-1}	6.4×10^{-1}
蔬菜及水果	5.3	1.1×10	5.6	9.6×10^{-1}	1.5
肉鱼虾类	1.5×10	3.8×10	2.1×10	3.6	5.4
鲜乳	1.3	3.7	2.8	7.5×10^{-1}	5.2×10^{-1}

2. 其　　他

附表 3-9　欧盟法规对水产品中兽药残留限量

（据 EEC No 2337/90 条例关于水产品中兽药残留最高限量）

类别	兽药名称[a]	标记残留物	食品种类	最高残留限量/（μg/kg）	残留部位
磺胺类药物	属于磺胺类的所有药物	本体药物	所有用于生产食品的动物类	100	肌肉
二氨基嘧啶衍生物	甲氧苄氨嘧啶	甲氧苄氨嘧啶	所有用于生产食品的动物类（马科动物除外）	50	肌肉

类别	兽药名称*	标记残留物	食品种类	最高残留限量/(μg/kg)	残留部位
青霉素	阿莫西林	阿莫西林	所有用于生产食品的动物类	50	肌肉
	氨苄西林（氨苄青霉素）	氨苄西林（氨苄青霉素）	所有用于生产食品的动物类	50	肌肉
	青霉素（苄青霉素、青霉素G）	青霉素（苄青霉素、青霉素G）	所有用于生产食品的动物类	50	肌肉
	邻氯青霉素	邻氯青霉素	所有用于生产食品的动物类	300	肌肉
	双氯青霉素	双氯青霉素	所有用于生产食品的动物类	300	肌肉
	苯唑西林（苯唑青霉素）	苯唑西林（苯唑青霉素）	所有用于生产食品的动物类	300	肌肉
	达氟沙星	达氟沙星	所有用于生产食品的动物类（牛、绵羊、山羊和家禽除外）	100	肌肉
	二氟沙星	二氟沙星	所有用于生产食品的动物类（牛、绵羊、山羊和家禽除外）	300	肌肉
喹诺酮类	恩诺沙星	恩诺沙星和环丙沙星的总和	所有用于生产食品的动物类（牛、绵羊、山羊、猪、兔和家禽除外）	100	肌肉
	氟甲喹	氟甲喹	所有用于生产食品的动物类（牛、绵羊、山羊、猪、家禽和鲭鱼除外）	200	肌肉
			鲭鱼	600	肌肉
	喹酸	喹酸	所有用于生产食品的动物类	100	肌肉
	沙拉沙星	沙拉沙星	鲑科鱼类	30	肌肉
	红霉素	红霉素A	所有用于生产食品的动物类	200	肌肉
大环内酯类	替米考星	替米考星	所有用于生产食品的动物类（家禽除外）	50	肌肉
	泰乐菌素	泰乐菌素A	所有用于生产食品的动物类	100	肌肉
氟苯尼考及相关化合物	氟苯尼考	氟苯尼考和其代谢物（以氟苯胆碱计数）的总和	所有用于生产食品的动物类（牛、绵羊、山羊、猪、家禽和鲭鱼除外）	100	肌肉
四环素类	甲砜霉素	甲砜霉素	所有用于生产食品的动物类	50	肌肉
	金霉素	本体药物及4-差位异构体的总和	所有用于生产食品的动物类	100	肌肉
	土霉素	本体药物及4-差位异构体的总和	所有用于生产食品的动物类	100	肌肉
	四环素	本体药物及4-差位异构体的总和	所有用于生产食品的动物类	100	肌肉
林可胺类	林可霉素	林可霉素	所有用于生产食品的动物类	100	肌肉
氨基糖苷类	新霉素（包括新霉素B）	新霉素B	所有用于生产食品的动物类	500	肌肉
	巴龙霉素	巴龙霉素	所有用于生产食品的动物类	500	肌肉
	壮观霉素	壮观霉素	所有用于生产食品的动物类（绵羊除外）	300	肌肉
多黏菌素	黏菌素/粘杆菌素	黏菌素/粘杆菌素	所有用于生产食品的动物类	150	肌肉
拟除虫菊酯	氯氰菊酯	氯氰菊酯（异构体的总和）	鲑科鱼类	50	肌肉及皮（天然比例）
酰脲类化合物	溴氰菊酯	溴氰菊酯	有鳍鱼类	10	肌肉
	除虫脲	除虫脲	鲑科鱼类	1000	肌肉
	伏虫隆	伏虫隆	鲑科鱼类	500	肌肉

续表

类别	兽药名称*	标记残留物	食品种类	最高残留限量/(μg/kg)	残留部位
阿维菌素	依马菌素	依马菌素 B1a	有鳍鱼类	100	肌肉及皮（天然比例）
			鲑科鱼类	100	肌肉

* 欧盟法规 EEC No 2337/90 条例将马兜铃酸及其配制品、氯霉素、氯仿、氯丙嗪、秋水仙碱、氨苯砜、二甲基咪唑（地美硝唑）、甲硝唑（甲硝咪唑）、硝基呋喃（包括呋喃唑酮）、洛硝哒唑等 10 种药物列为不设定最高限量的禁用药物。

附表 3-10　欧盟法规对水产品中污染物最高限量

（据 EC No 1881/2006 条例关于水产品中污染物最高限量）

污染物名称	食品类别	最高限量/(mg/kg 净重)
铅	鱼的肌肉	0.30
	甲壳类(不含蟹肉、龙虾及其他类似大型甲壳类的头及胸肉)	0.50
	双壳贝类	1.5
	头足类(去内脏)	1.0
镉	鱼的肌肉(不含下两栏所列品种)	0.05
	鱼的肌肉(包括下列鱼种:鲣鱼、海鲷、鳗鱼、鲱鱼、金枪鱼或竹荚鱼、鲭鱼、沙丁鱼、沙瑙鱼、金枪鱼、鳎鱼、鲐鱼)	0.10
	旗鱼肌肉、凤尾鱼	0.30
	金枪鱼	0.20
	甲壳类(不含蟹肉、龙虾及其他类似大型甲壳类的头及胸肉)	0.50
	双壳贝类	1.0
	头足类(去内脏)	1.0
	水产品及鱼的肌肉(下栏所列种类除外,但适用于除蟹肉、龙虾及其他大型甲壳类的头及胸肉之外的甲壳类)	0.50
汞	下列鱼的肌肉(琵琶鱼、大西洋鲶鱼、鲣鱼、鳗鱼、皇帝鱼、长尾雪棘、庸鲽、枪鱼、鲽鱼、鲻鱼、狗鱼、扁金枪鱼、细鳕、葡萄牙狗鱼、鳐鱼、红鱼、旗鱼、带鱼、海鲷、鲨鱼、鲭鱼或鲷鱼、鲟鱼、剑鱼、金枪鱼)	1.0
二噁英	鱼肉和鱼制品(不含鳗鲡,但适用于除蟹肉、龙虾及其他大型甲壳类的头及胸肉之外的甲壳类)	(1)二噁英总量：4.0pg/g 净重；(2)二噁英及类似二噁英的 PCBs 总量8.0pg/g 净重
	鳗鲡肌肉及制品	(1)二噁英总量：4.0pg/g 净重；(2)二噁英及类似二噁英的 PCBs 总量12.0pg/g 净重
	鱼油(鱼体油、鱼肝油及其他供人类食用的海产品油)	(1)二噁英总量：2.0pg/g 脂肪；(2)二噁英及类似二噁英的 PCBs 总量10.0pg/g 净重
	鱼肝及其衍生产品,但上行所列的海洋鱼油除外	二噁英及类似二噁英的 PCBs 总量25.0pg/g 净重
多环芳烃	熏鱼或熏水产品的肌肉(不含双壳贝类,但适用于除蟹肉、龙虾及其他类似大型甲壳类的头及胸肉之外的熏制甲壳类)	5.0
	鱼肉(不含熏鱼)	2.0
	甲壳类、头足类(不含熏制,但适用于除蟹肉、龙虾及其他类似大型甲壳类的头及胸肉之外的熏制甲壳类)	5.0
	双壳贝类	10.0

注：本表已包含 (EC) No 629/2008、(EC) No 565/2008 的相关内容。